高等职业教育电类基础课系列教材

电工电子技术

第 2 版

主　编　储克森
参　编　王秋根　张　莉　储　明
主　审　周元一

机械工业出版社

本书是在 2006 年出版的《电工电子技术》上册的基础上修订的。教材紧扣高职高专培养目标，并结合高职高专教育特点及当前生源的文化基础和教改精神，正确处理教材的知识传授和能力培养两者之间的关系。在原理的叙述中以定性分析为主，在应用技术上突出了实用性和先进性。

本书共分九章，具体内容是：直流电路、正弦交流电路、线性动态电路的分析、磁路基础知识、二极管及整流电路、晶体管及放大电路、数字电路基础、传感器基础知识、电工测量与安全用电。其中打"*"号的内容可供不同专业选讲。

本书简明实用、图文并茂，方便自学。本书可作为高职高专院校机械类专业"电工电子技术"课程教材，也可作为成人高等教育或工程技术人员培训教材或参考书。

为方便教学，本书配有免费电子课件、习题解答及模拟试卷等，凡选用本书作为授课教材的老师，均可来电索取。咨询电话：010-88379375；Email：cmpgaozhi@sina.com。

图书在版编目（CIP）数据

电工电子技术/储克森主编. —2 版. —北京：机械工业出版社，2012.1
（2025.1 重印）

高等职业教育电类基础课系列教材

ISBN 978-7-111-36601-0

Ⅰ.①电… Ⅱ.①储… Ⅲ.①电工技术－高等职业教育－教材②电子技术－高等职业教育－教材 Ⅳ.①TM②TN

中国版本图书馆 CIP 数据核字（2011）第 243323 号

机械工业出版社（北京市百万庄大街 22 号 邮政编码 100037）
策划编辑：于 宁 责任编辑：于 宁 版式设计：霍永明
责任校对：李秋荣 封面设计：赵颖喆 责任印制：孙 炜
北京中科印刷有限公司印刷
2025 年 1 月第 2 版第 12 次印刷
184mm×260mm·14.25 印张·349 千字
标准书号：ISBN 978-7-111-36601-0
定价：42.00 元

电话服务	网络服务
客服电话：010 – 88361066	机 工 官 网：www.cmpbook.com
010 – 88379833	机 工 官 博：weibo.com/cmp1952
010 – 68326294	金 书 网：www.golden – book.com
封底无防伪标均为盗版	机工教育服务网：www.cmpedu.com

前　言

　　本书是教育部高等职业教育示范专业规划教材《电工电子技术》上册的修订本。修订前到相关院校机械系进行了调研，因为机械类部分专业"电工电子技术"课程学时不多只讲授《电工电子技术》上册内容，为此，本次修订后将《电工电子技术》上册就叫《电工电子技术》，下册改为《电机与电气控制》，这样就与机械类专业人才培养方案课程设置的名称一致。修改后的两本书仍为配套使用教材。

　　为适应教学改革及毕生就业能力拓展的需要，本次修订《电工电子技术》时增加了知识拓展与应用及传感器基础知识，另外将电工测量与安全用电的内容从原《电工电子技术》下册调整到本书。

　　本书是根据当前"机械类专业人才培养方案要求"编写的。教材内容紧扣高职高专培养目标，结合高职高专教育特点及当前生源的文化基础和教改精神，正确处理教材的知识传授和能力培养这两者之间的关系。在原理的叙述中以定性分析为主，在应用技术上突出了实用性和先进性。

　　本书在内容的组织上既考虑电工电子基础知识和技能的学习，又考虑到与机械类专业后续课程的衔接。教材图文并茂，内容结构上循序渐进，语言文字精炼、简洁。各章节附有一定的思考题和习题，便于学生掌握和巩固所学知识。全书附有五个相应的实验与实训，以培养学生分析问题的能力和操作技能；另外在每章后编写了知识拓展与应用，这些内容除拓宽电工电子方面的知识及为后续课程所需知识外，并选编了一些实际应用的电工电子电路供学生自学或根据专业的需要作为选讲。

　　本书由安徽机电职业技术学院储克森主编，他编写了第一、二、九章并对全进行统稿；安徽机电职业技术学院王秋根编写了第三、四章；张莉编写了第五、七章；储明编写了第六、八章。本书由安徽机电职业技术学院周元一担任主审。他详细审阅了编写提纲及书稿，提出了宝贵建议，在此深表感谢！

　　本书在编写时，参阅了许多同行专家编著的教材和资料，得到了不少启发和教益，在此向编著者致以诚挚的谢意。

　　由于编者水平有限，书中难免存在错误和不妥之处，敬请读者批评指正。

编　者

目　　录

第一章 直流电路

所有电气设备的运行都必须有电流的作用。产生电流的一个必要条件就是要构成闭合电路。电流通过的路径称为电路，电路是电工技术的主要研究对象。

本章将讲述直流电路的组成及其模型，电路的基本物理量，常用电路元件及其特性，电路的基本定律和分析方法。学好本章内容，将为以后各章的学习打下良好的基础。

第一节 电路的基本概念

一、电路及电路模型

1. 实际电路的构成和作用

实际电路是为了实现某种特定要求，由电源设备、用电器具、导线和控制装置相互连接而构成的，它提供了电流流通的路径。图 1-1 和图 1-2 所示的就是两个实际电路的例子。

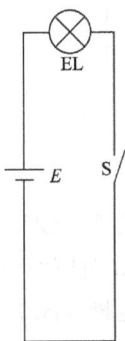

a)　　　b)

图 1-1　手电筒电路

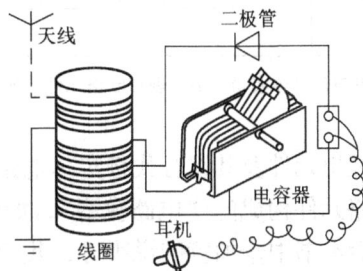

图 1-2　简单收音机电路

图 1-1 是手电筒电路。开关 S 合上后，随着电流的通过，电池将非电能——化学能转换成电能，沿着导电的筒壁将电能传送给电珠，电珠将它吸收的电能转换成所需的非电能——光能。电工技术中，把提供电能的设备或器件称为"电源"，如图 1-1 中干电池 E 就是电源；把吸取电能的设备或器件称为"负载"，如图 1-1 中的电珠 EL 就是负载。电力系统中，发电厂的发电机组就是电源，经传输线将电能传送到各用电单位。又如汽车中的照明电路，发电机和蓄电池组成电源，经导线和控制开关将电能传送到各灯泡。这一类电路的作用是进行能量的转换、传输和分配。

图 1-2 是一个最简单的收音机电路。该电路将施加的电信号——线圈感应出的电压，经

· 2 · 电工电子技术

过处理变换成耳机所需要的电信号，该电信号是电路的输出信号。这一类电路主要作用是对电信号的处理和传递。通常把输入信号称作"激励"，把输出信号称作"响应"。电信系统进行的也是类似的处理，不过它是一个很复杂的实际电路。

复杂的电路有时也称为电网络。

例如在汽车中，为实现不同要求设计有各种具体的电路。如：点火系统电路、空调系统电路、安全系统电路、信号系统电路等。

2. 电路模型

为了便于研究各类具体电路，在电工技术中，常用一些理想电路元件及其组合来表征电气设备和器件的主要电性能。表1-1 中列出了常用的几种理想电路元件及其图形符号。所谓理想电路元件，就是把实际电路元件忽略次要性质，只表征它的主要电性能的"理想化了"的"元件"。

表1-1 常用的几种理想电路元件及其图形符号

元件名称	图　形　符　号	元件名称	图　形　符　号
电阻	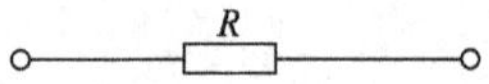 R	电池[①]	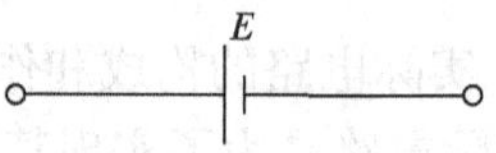 E
电感	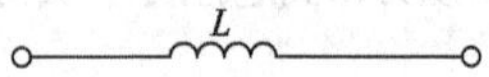 L	理想电压源	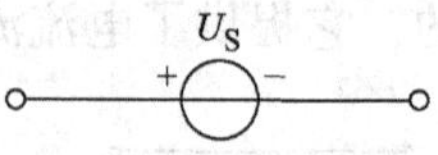 U_S + −
电容	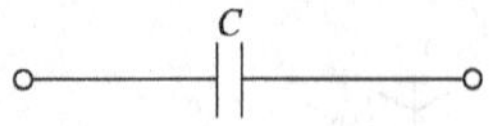 C	理想电流源	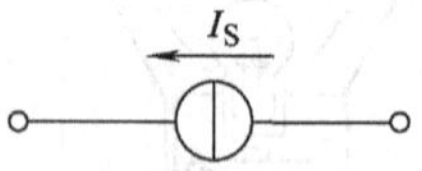 I_S

① 电池是具体实物，不是理想电路元件，如果不考虑内阻，可视为理想直流电压源。

用理想元件及其组合代替实际电路中的电气设备和器件，便形成该实际电路所对应的由理想电路元件构成的"电路模型"，如图 1-1b 即为图 1-1a 对应的电路模型。

今后本书中未加特殊说明时，我们所说的电路均指这种抽象的电路模型，所说的元件均指理想元件。

二、电流和电压(电位)

1. 电流 I

电荷的定向运动形成电流。单位时间内通过导体截面的电荷量定义为电流。在金属导体内，电流是自由电子的定向运动形成的，习惯上将正电荷移动的方向规定为电流的方向。

对直流电流

$$I = \frac{Q}{t} \tag{1-1}$$

对交流电流

$$i = \frac{\mathrm{d}q}{\mathrm{d}t} \tag{1-2}$$

式中，I 和 i 分别为直流电流和交流电流；Q 和 $\mathrm{d}q$ 分别为在时间 t 和 $\mathrm{d}t$ 内通过导体的电荷量。

在国际单位制中，电荷量的单位是库（C）；时间的单位是秒（s）；电流的单位是安（A）；电流的倍数单位有千安（kA）及毫安（mA）等。

$$1kA = 10^3 A \qquad 1mA = 10^{-3} A$$

在电路中，有时对电流的实际方向很难预先准确判断；也有时电流的实际方向随时间在不断地变化，如交流电流就是这样。这就是说，在电路中难以标出电流的实际方向，为了分析与计算方便，引入了电流"参考方向"。

如图 1-3 所示，图中箭头是任意指定的该段电路中电流的"参考方向"，这个方向不一定就是电流的实际方向。在规定了参考方向后，电流成为代数量；若电流值为正，则电流的实际方向与参考方向一致；若电流值为负，则电流的实际方向与参考方向相反。这样，在规定的电流参考方向下，根据计算出的电流值的正负，电流的实际方向也就知道了。

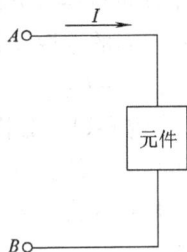

图 1-3　电流参考方向

例如，在图 1-3 所选定的电流参考方向下，已算出电流 $I = 5A$，可知这 5A 的电流实际方向是由 A 端流向 B 端；如果算出的电流 $I = -5A$，说明电流的实际方向与选定的参考方向相反，那么这 5A 的电流实际方向是从 B 端流向 A 端。

必须指出：电流的参考方向可以任意假定，而电流的实际方向是客观存在的，不会因参考方向选取不同而改变。今后电路图上所标定的都是任意选取的电流参考方向。本书将电流的（参考）方向标在所流经的电路段的旁侧。

[**例 1-1**]　如图 1-4 所示的一段电路上的电流参考方向已选定，对图 1-4a，已知 $I_A = -10A$；对图 1-4b，已知 $I_B = 8A$，试指出各图中电流的实际方向。

解：对图 1-4a，$I_A < 0$，电流实际方向与参考方向相反，电流实际方向由 B 端流向 A 端；对图 1-4b，$I_B > 0$，电流实际方向与参考方向相同，电流实际方向由 C 端流向 D 端。电流实际方向是不必在图上标出的。

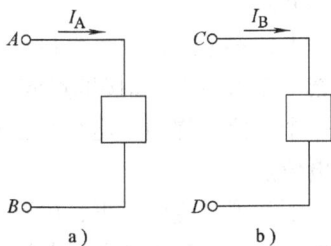

图 1-4　例 1-1 图

2. 电压 U

电荷在电场力作用下形成电流。在这个过程中，电场力推动电荷运动做功。为了表示电场力对电荷做功的能力，我们引入"电压"这个物理量。

如图 1-5 所示的一段电路中，若正电荷 Q 在电场力作用下从 A 点运动到 B 点时，电场力做功是 W，A、B 两点之间的电压 U_{AB} 定义为

$$U_{AB} = \frac{W}{Q} \qquad (1-3)$$

从数值上看，A、B 之间的电压就是电场力把单位正电荷从 A 点移动到 B 点所做的功。在国际单位制中，电荷的单位是库仑（C），功的单位是焦耳（J），电压的单位是伏特（V），电压的倍数单位是千伏（kV）及毫伏（mV）等。

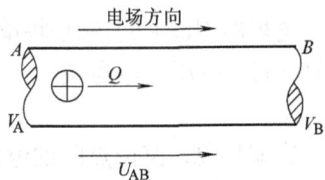

图 1-5　电压的概念

电压也是有方向的，电压的实际方向是电场力移动正电荷的方向，如图 1-5 所示。

有时，电压的实际方向在电路中很难标出。和对待电流一样，可以在所研究的电路两点之间任意选定一个方向作为"参考方向"，在电压参考方向下，再依据电压值的正负，就可以确定电压的实际方向。电压实际方向不必标出。两点间电压的标法可以用箭头，也可用正负号，本书一般情况下用箭头标注参考方向。

如图 1-6 所示，在一段电路上选定电压的参考方向由 A 点指向 B 点。若某一电压值大于零($U>0$)，则电压的实际方向与参考方向相同；如果某电压值小于零($U<0$)，则该电压的实际方向与参考方向相反。电压实际方向是客观存在的，它不因电压参考方向的选取不同而改变。由上述可知，若采用双下标来写电压，则 $U_{AB} = -U_{BA}$。

[例 1-2] 如图 1-6 所示的电压参考方向下，若已知 $U = -100\text{V}$，试回答电压的实际方向。

解： 因为 $U<0$，电压的实际方向与参考方向相反，即由 B 点指向 A 点。

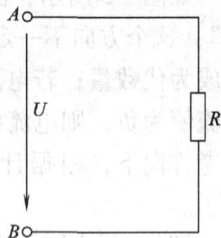

图 1-6 电压参考方向

3. 电位 V

除电压之外，在电路分析中常使用电位 V 这个物理量(在物理学中,把电位称为电势)。在电路中若指定某点(可任意选取)为参考点，如 O 点，电路中其他点，如 A 点，把 A 点到 O 点之间的电压称为 A 点的电位，即

$$V_A = U_{AO}$$

电路中某点的电位就是该点到参考点之间的电压，这就是说，求电位的问题实质上就是求电压的问题。

电位参考点也称零电位点，即 $V_O = 0$。电路中的参考点可以任意选取，但同一电路中只能选一个参考点(如接地点或设备的外壳)。当电位参考点确定后，电路中各点的电位也只有一个数值，称为"电位单值性"。比零电位点高的点为正电位点，比零电位点低的点称为负电位点。

下面简要说明一下，电路中任意两点 A 和 B 的电位(V_A 和 V_B)与这两点间的电压(U_{AB})的关系。

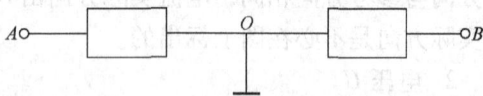

如图 1-7 所示的一段电路中，取 O 为电位参考点，图中符号($\perp$)表示接地。由电位定义可知

图 1-7 电压与电位差

$$V_A = U_{AO} \qquad V_B = U_{BO}$$

则两点电位之差为

$$V_A - V_B = U_{AO} - U_{BO} = U_{AO} + U_{OB} = U_{AB}$$

这里的 $U_{AO} + U_{OB}$ 就是将单位正电荷从 A 点经 O 点再移到 B 点电场力作的功，也就是 A、B 两点间的电压，可写成

$$U_{AB} = V_A - V_B \qquad (1-4)$$

这就是说，某两点间的电压，就是该两点电位之差。一般电压用两个字母标注下脚，电位用一个字母标注下脚。不难看出电位的单位和电压一样，也是伏(V)。在引入电位概念后，就可以说，电压的实际方向是由高电位点指向低电位点。

需要指出：当所选的电位参考点变动时，各点的电位值也相应地变动，但电路中两点间的电压不会改变，这一点不难理解，各点电位值作相同的变化，不会影响它们的差值。

三、电压源与电流源

1. 电压源

电压源是理想电压源的简称。"电压源"是从实际电源中抽象出来的一种理想电路元件。以电池为例，在理想状态下，如电池本身没有能量损耗，这时电池的端电压(用 U_S 表示)是一个确定不变的数值。凡能够维持端电压为定值的二端元件则称为"电压源"，电路图形符号如图 1-8a 所示。

电压源不仅蓄电池、发电机之类，也可由电子线路来实现，如半导体稳压电源等。

电压源提供恒定不变的电压，至于通过电压源的电流是多少，要取决于外接电路。其电流可以是零(外电路断开)和无穷大(外电路短接)之间的任意值。图 1-8b 绘出了直流电压源的电压与电流特性曲线，它是一条平行于电流轴的直线，表明其端电压与电流大小无关。

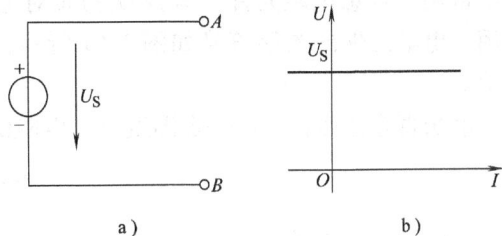

图 1-8 电压源

2. 电流源

电流源是理想电流源的简称。与电压源相对应，电流源也是一种电路理想元件。它向外输出定值电流 I_S。常用的电源，其特性多与电压源较接近，而与电流源接近得较少。光电池、晶体管一类器件构成的电源，其工作特性在某一段与电流源十分接近。电流源的文字及图形符号如图 1-9a 所示。

电流源向外输出定值电流 I_S，至于电流源两端的电压是多少，则取决于外接电路，可以是零(外电路短接)与无穷大(外电路断开)之间的任意值。

图 1-9b 绘出了电流源的电流与电压特性曲线，它是一条平行于电压轴的直线，表示其电流值与电压大小无关。

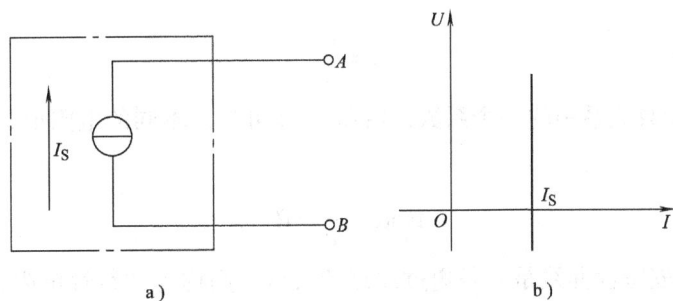

图 1-9 电流源

第二节　电阻及欧姆定律

一、电阻与电阻元件

电流在导体中流动通常要受到阻碍作用，反映这种阻碍作用的物理量称为电阻。在电路图中常用"理想电阻元件"来反映物质对电流的这种阻碍作用。电阻元件的图形符号如图 1-10 所示，文字符号用 R 表示。

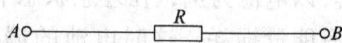

$A \circ\!\!-\!\!\boxed{}^{\,R}\!\!-\!\!\circ B$

图 1-10　电阻元件符号

就长直导体而言，在一定温度下，电阻值可用下式计算：

$$R = \rho \frac{l}{S} \tag{1-5}$$

式中　l——导体长度（m）；

　　　S——导体截面积（m^2）；

　　　ρ——材料的电阻率（$\Omega \cdot m$）。

电阻 R 的单位是欧（Ω），电阻的倍数单位有千欧（$k\Omega$）、兆欧（$M\Omega$）等。

如图 1-11 所示，电阻元件两端加电压 u，通过电阻元件的电流为 i，它们的参考方向一致，如图上所标。电压和电流选取这样相互一致的参考方向称为"关联参考方向"。

电阻元件的电气特征可以通过电压 u 和电流 i 之间的函数关系来表达，即

$$u = f(i) \tag{1-6}$$

或

$$i = F(u) \tag{1-7}$$

电流和电压的这种函数关系称为"伏—安特性"。伏安特性通常是由实际电阻通过实验取得数据将其绘成曲线，称为"伏—安特性曲线"。电阻元件的伏—安特性曲线是通过 u—i 直角坐标系原点的曲线。图 1-12 是一组通过原点的直线，表示这些电阻元件上的电压与电流成正比。

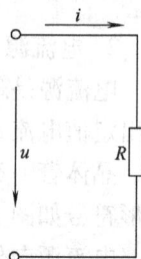

图 1-11　关联参考方向

$$u = Ri \tag{1-8}$$

或

$$i = \frac{u}{R} \tag{1-9}$$

可以说 R 是 u、i 函数关系中的一个系数，由图 1-12 可见，不同的电阻值，只是直线的斜率不同，即

$$\tan\alpha = \frac{u}{i} = R \tag{1-10}$$

若电阻元件的伏—安特性曲线是一条通过原点的直线，则称为"线性电阻元件"，电阻值是一个常数，与 u 或 i 的数值大小无关。在图 1-12 中，可知 $R_1 > R > R_2$。

图 1-13 所示的一组伏—安特性曲线，不是通过原点的直线，这种电阻元件称为"非线性电阻元件"。非线性电阻伏安关系只能用式(1-6)或式(1-7)表示，而不能用式(1-8)或式(1-9)表示。

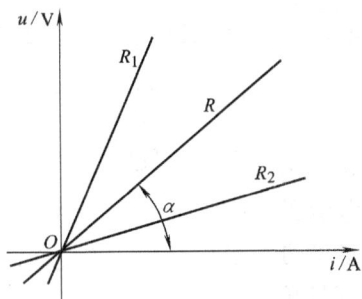

图 1-12　线性电阻伏—安特性曲线　　　　　　图 1-13　非线性电阻伏—安特性曲线

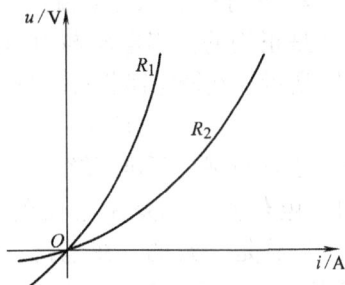

二、电阻值与温度的关系

通过实验可以发现，导体的温度变化，电阻值也跟着变化。如一般金属材料，温度升高后，导体的电阻值会增加。这是因为温度升高会使导体分子的热运动加剧，自由电子在导体中的碰撞、摩擦增多，所以电阻值也就增大了。

各种导电材料的电阻值随温度变化的情况是不一样的。我们取电阻值为 1Ω 的导电材料，测量它的温度变化 $1℃$ 时电阻的变化值，并把这个数值称为"电阻温度系数"，用字母"α"表示。在 $0 \sim 100℃$ 的范围内，各种金属的 α 近似为常数。

按电阻温度系数的定义，每欧电阻温度上升 $1℃$ 电阻的增加值为 $\alpha(1/℃)$，如果原来的电阻为 $R_1(\Omega)$，温度从 $t_1(℃)$ 增加到 $t_2(℃)$，则电阻的总增加值为 $R_1\alpha(t_2 - t_1)(\Omega)$，再加上原来电阻 R_1，就是温度升高后的电阻值 R_2，即

$$R_2 = R_1 + R_1\alpha(t_2 - t_1) \tag{1-11}$$

一般金属材料的 α 是很小的，因此，在温度变化不大时，可近似地认为不变。钨丝的 α 虽然也不大，但白炽灯泡中的钨丝，由于工作温度高达 $1800℃$ 左右，所以它的电阻随温度的上升而增加的现象很显著。

也有一些导体，如石墨、电解液及大多数半导体材料等，温度增加，电阻值反而减小，即电阻温度系数为负值。这是由材料的内因决定的，如电解液由于温度升高，使其离子数增加，导电性能变得更好。

不同材料的电阻率和电阻温度系数，通常可从《电工手册》中查取。

近年来，科学工作者们正在研究超导理论，就是某些金属的电阻随着温度的下降而不断减小。当温度下降到临界温度以下时，其电阻值突然变为零，这种现象称为"超导"现象。我国超导理论的研究一直处于世界领先地位。

三、欧姆定律

1827 年德国物理学家欧姆，在一篇电路的数学研究论文中，论述了用测量电压和电流并用数学方法来描述其相互关系的研究成果，称为欧姆定律，其内容是：通过线性电阻 R 的电流 I 与作用在其两端的电压 U 成正比，即

$$U = RI \tag{1-12}$$

式(1-12)即欧姆定律的表达式。需要强调指出的是，若将欧姆定律用于电路的分析和计

算，式(1-12)只有在电压与电流取"关联参考方向"时，如图1-14a才是正确的。当电压与电流取"非关联参考方向"，如图1-14b所示，欧姆定律公式应写成

$$U = -RI$$

这一点必须引起重视。不难理解，在电阻上，电流总是由高电位点流向低电位点，就是说电压的"实际方向"与电流的"实际方向"总是一致的。在电流、电压选取"关联参考方向"的情况下，电压是正值，电流也一定是正值；电流是负值，电压也一定是负值。而在"非关联参考方向"下，电压、电流中一个是正值，则另一个必定是负值，线性电阻值永为正，所以此时公式中电流前应加负号。公式中的正负号与电流、电压的正负值含义不同。

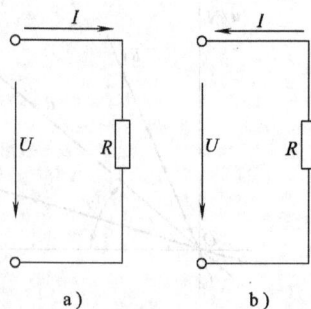

图1-14　一段电阻电路

如图1-15所示，这段电路除含有线性电阻 R 之外，还有一个电压源 U_S。写出这段电路"端点之间电压"与通过该段电路电流函数关系的方程式，在电路分析和计算中是经常碰到的。

若选取端电压与电流为关联参考方向，如图1-15a所示，可以写出

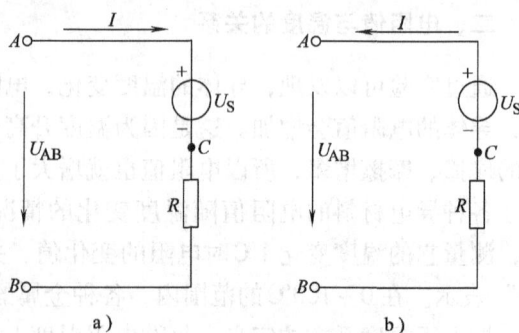

图1-15　一段有源支路

$$U_{AC} = V_A - V_C ; \quad U_{CB} = V_C - V_B$$

从而得到

$$U_{AC} + U_{CB} = V_A - V_B$$

又因为

$$U_{AB} = V_A - V_B$$

则

$$U_{AB} = U_{AC} + U_{CB} \tag{1-13}$$

式(1-13)说明，一段电路的总电压等于各分段电压之和。再将 $U_{AC} = U_S$ 和 $U_{CB} = IR$ 代入式(1-13)得

$$U_{AB} = U_S + IR \tag{1-14}$$

不难看出，若电流方向选为图1-15b所示，式(1-14)将改成

$$U_{AB} = U_S - IR \tag{1-15}$$

综上所述，写一段有源支路两端电压与电流的关系方程，其步骤如下：

1）在该段电路的端点之间标出电压的参考方向（任意选取）。

2）标出该段电路中电流参考方向（也任意选取）。

3）列写方程：等号左边——为该段电路端点间电压。

　　　　　　等号右边——沿所选端电压参考方向，对 U_S，若与端电压方向一致，则取正号，与端电压方向相反，则取负号；对电阻电压，若电流与端电压为关联参考方向，则取正号，反之取负号。

根据上述步骤，对图1-16所示一段电路的参考方向，可很快写出电压与电流关系方程：

$$U_{AB} = U_{S1} - IR_1 - U_{S2} - IR_2$$

如图1-17所示，这是具有两个电压源和两个电阻的无分支闭合电路。根据一段有源支路端电压与电流关系，从左半边看，可以写出

$$U_{AB} = U_{S1} - IR_1$$

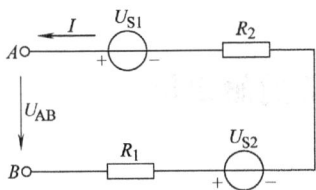

图 1-16　一段有源电路

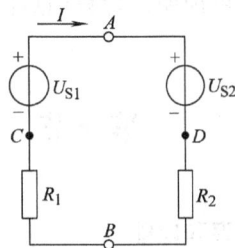

图 1-17　无分支闭合电路

从右半边看，可以写出

$$U_{AB} = U_{S2} + IR_2$$

两式相等，即

$$U_{S1} - IR_1 = U_{S2} + IR_2$$

经整理可得

$$I = \frac{U_{S1} - U_{S2}}{R_1 + R_2}$$

或

$$I = \frac{\sum U_S}{\sum R} \tag{1-16}$$

式(1-16)也可称"全电路欧姆定律"。式中，分母 $\sum R$ 为闭路电路全部电阻之和；分子 $\sum U_S$ 为闭合电路中电压源电压 U_S 的代数和。如果 U_S 方向与电流 I 参考方向相反，则取正号；相同，则取负号。

[例 1-3]　如图 1-17 所示，$U_{S1} = 10V$，$U_{S2} = 15V$，$R_1 = 4\Omega$，$R_2 = 6\Omega$，求无分支闭合电路中的电流及任意两点间电压。

解：任选的电流参考方向已标在图中(取顺时针方向)，利用式(1-16)得

$$I = \frac{\sum U_S}{\sum R} = \frac{U_{S1} - U_{S2}}{R_1 + R_2} = \frac{(10 - 15)V}{(4 + 6)\Omega} = -0.5A$$

计算出的电流小于零($I < 0$)，说明图中电流的实际方向与所选参考方向相反。如果电流的参考方向选逆时针方向，算出的电流将大于零，实际方向就与所选参考方向相同。这就再次证明，参考方向可以任意选择，实际方向是客观存在的，不会因参考方向的选取不同而改变。

按图中的方向求出电流 $I = -0.5A$ 之后，再利用一段有源支路端电压和电流的关系方程，不难求取任意两点之间的电压，如

$$U_{AB} = U_{S1} - IR_1 = [10 - (-0.5) \times 4]V = 12V$$

或

$$U_{AB} = U_{S2} + IR_2 = [15 + (-0.5) \times 6]V = 12V$$

再如

$$U_{CD} = -IR_1 - IR_2 = [-(-0.5) \times 4 - (-0.5) \times 6]V = 5V$$

或

$$U_{CD} = -U_{S1} + U_{S2} = (-10 + 15)V = 5V$$

通过上述计算，可更深刻地领会：没有电路图，或画出了电路图而没有标出参考方向，计算公式是写不出来的，还可以看到，公式中的正负号与物理量的正负值含义不同。所以在

进行电路计算时，为避免错误，应先依据选定的参考方向写出方程式，然后再代入物理量的数值。此例还可说明，计算两点间的电压与所选路径无关，因此，在计算两点间电压时应选最短路径。

第三节　电功率及电气设备的额定值

一、电功率和电能

在通电流的电路中，存在着能量的转换。电源把其他形式的能量转换成电能，负载把电能转换成其他形式的能量。"功"是对能量转换的一种度量，"功率"反映了能量转换的速率。

如果电路元件两端的电压(U)和通过它的电流(I)确定后，则该元件的功率(P)为

$$P = UI \tag{1-17}$$

功率的单位是瓦(W)。这里需要指出的是：式(1-17)是在电路元件上电压、电流取"关联参考方向"下写出的。如果是"非关联参考方向"，在电压、电流乘积之前应冠以"$-$"号($P = -UI$)。按照这样的规定，如果计算出的功率大于零($P > 0$)，则该元件为"耗能或吸收能量"；若小于零($P < 0$)，则该元件"提供或放出能量"。

[**例1-4**]　如图1-18所示，已知：$U_{S1} = 10V$，$R_1 = 1\Omega$，$U_{S2} = 5V$，$R_2 = 2\Omega$，$R_3 = 3\Omega$，$R_4 = 4\Omega$，试计算电路中各元件的功率。

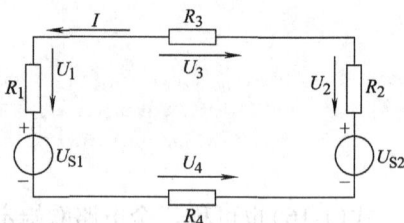

图 1-18　例 1-4 图

解：这是无分支闭合电路，可先将电路中的电流求出，电流参考方向已标在图上，可得

$$I = \frac{-U_{S1} + U_{S2}}{R_1 + R_2 + R_3 + R_4} = \frac{-10 + 5}{1 + 2 + 3 + 4}A = -0.5A$$

再求各元件上的电压。电压源的正负极是给定的，电压 U_S 的方向已知由正极指向负极。电阻上的电压在选定参考方向后，由图1-18可知

$$U_1 = IR_1 = (-0.5A) \times 1\Omega = -0.5V$$
$$U_2 = -IR_2 = -(-0.5A) \times 2\Omega = 1V$$
$$U_3 = -IR_3 = -(-0.5A) \times 3\Omega = 1.5V$$
$$U_4 = IR_4 = (-0.5A) \times 4\Omega = -2V$$

根据计算出的电压、电流值，参照参考方向求取各元件上的功率(**注意**:公式中的正负号与物理量的正负值的区别)。

电阻上的功率

$$P_1 = IU_1 = (-0.5A) \times (-0.5V) = 0.25W \quad (耗能)$$
$$P_2 = -IU_2 = -(-0.5A) \times 1V = 0.5W \quad (耗能)$$
$$P_3 = -IU_3 = -(-0.5A) \times 1.5V = 0.75W \quad (耗能)$$
$$P_4 = IU_4 = (-0.5A) \times (-2V) = 1W \quad (耗能)$$

电压源的功率

$$P_{S1} = IU_{S1} = (-0.5A) \times 10V = -5W \quad （供能）$$
$$P_{S2} = -IU_{S2} = -(-0.5A) \times 5V = 2.5W \quad （耗能）$$

从计算结果可以看出，电阻元件的功率总是大于零（正值），所以称电阻为"耗能元件"。如果将电阻元件的电流与电压关系 $\left(U = IR,\ 或\ I = \dfrac{U}{R} \right)$ 代入式(1-17)，可得

$$P = I^2R \tag{1-18}$$

或

$$P = \frac{U^2}{R} \tag{1-19}$$

不论电流、电压是正值还是负值，二次方之后恒为正。因此，在计算电阻上的功率时，只要知道通过电阻的电流或电阻两端电压，便可直接用式(1-18)或式(1-19)计算。

由图 1-18 可以看出，电压 U_{S1} 大于电压 U_{S2}，在电路中的 U_{S2} 不但不供出电能反而消耗（吸收）电源 U_{S1} 供出的功率。被电源充电的电池就处于这种状态。可以验证，就整个电路而言

$$\sum P = 0 \tag{1-20}$$

即供出功率的和等于消耗功率之和，或者说供出功率与消耗功率的代数和为零。这是"能量守恒"的体现。

下面介绍电能的计算。

"功"和"能"是同一事物的两种形态。"电功"是由消耗"电能"而得到的。因此，"电能"的消耗量，就是用在时间(t)内所做的"电功"来度量的。电能的文字符号用"W"表示，即

$$W = Pt \tag{1-21}$$

电能的单位瓦·秒等于焦耳(J)。实用上，供电部门收取电费时，用度来作为能量单位。1 度等于 1kW·h(千瓦·小时)。1kW 的电炉通电 1h 消耗 1 度电；40W 的电灯使用 25h 也消耗 1 度电。

二、电气设备的额定值

任何电气设备在使用过程中都有一个标准规格或规定限额的问题，在电工术语中称"额定值"。一个电气设备的额定值通常不是一个。除了不同设备的特殊要求外，大都规定了"额定电压"(U_N)，"额定电流"(I_N)或"额定功率"(P_N)等。

1. 额定电压(U_N)

额定电压是与选用材料的绝缘性能有关的。绝缘等级高，承受的电压就高。每一种材料都有"击穿电压"，有时为了防止击穿而规定了低于击穿电压的"额定电压"。另外，不同情况还规定了不同的额定电压等级，各国情况不尽相同。我国在电力供电方面有交流 500kV、220kV、380V、220V；电池有 1.5V、2V 等；电子线路有 4.5V、6V 等。

2. 额定电流(I_N)

额定电流的规定是与电流的"热效应"有关的。电气设备的导体通过电流将产生热量，使电气设备的温度升高。在"额定电流"下，温度会稳定在某一个允许值上不再升高。温度升高与散热条件及环境温度有关，所以额定电流的规定也要考虑使用环境和散热条件的影响。

为了保证设备的安全运行，不致因发热而烧坏，使用中不能超过额定电流。

3. 额定功率和额定电阻

另一类电气设备（如电阻器）为了便于使用，通常是标出额定电阻、额定电流或额定功率。例如，变阻器标的额定电阻与额定电流（300Ω、2A 或 75Ω、3A）；电子线路中的电阻元件常标额定电阻及额定功率（如 10kΩ、1/2W；100kΩ、1/4W）。

应当说明，电气设备的额定值是指在"规定条件下"安全运行的限额。如果条件变了，或者采取了专门措施，限额也是可以"修正"和"突破"的。例如，制造电机时，采用了各种散热措施，降低其温度，这就在同样的允许温升下，可以通过更大的电流，从而提高了电机的使用功率。同样一种电器在热带和寒带的过载能力也是不一样的。

顺便指出：在实际工作中，常说的"负载大小"是指电功率或电流值的大小。如用电阻做负载，当电压一定时，说"增加负载"就是"减小电阻"。

第四节　基尔霍夫定律

基尔霍夫定律和欧姆定律都是电路的基本定律。在讲授基尔霍夫定律之前，先介绍与电路网络结构有关的几个名词。

支路——电路中至少有一个电路元件且通过同一电流的路径称为"支路"。如图 1-19 所示的电路中有 5 条支路，BC 之间没有元件，不是支路。电路模型中的连接导线都是无电阻的直接通路。

节点——3 条或 3 条以上支路的交会点称为"节点"。图 1-19 中只有 3 个节点，因为 B-C 不是一条支路，所以 B、C 实际上是一个节点，或者说 B、C 是等电位点。

回路——由支路组成的闭合路径称为"回路"。图 1-19 中共有 7 个回路。

网孔——对平面网络而言，不包围其他支路在里面的最简单回路称为"网孔"。网孔即平面网络中的洞眼。在图 1-19 中有 3 个网孔。

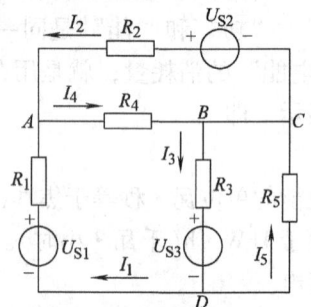

图 1-19　电路网络结构

一、基尔霍夫电流定律（KCL）

电流通过导体时，在同一时间内，从任意横截面的一侧流入的电荷量，总等于从另一侧流出该横截面的电荷量。否则该截面处将会形成电荷的堆积（流入大于流出），或该截面处"自发地"提供电荷（流出大于流入），实际观察没有这种现象发生。结论是：在一段无分支电路上，不论沿线导体的粗细如何，电流处处相等，这个规律称为"电流连续性原理"。

把"电流连续性原理"应用到电网络的节点处，就是流入节点的电流等于从该点流出的电流。如图 1-19 在节点 A 处有

$$I_1 + I_2 = I_4$$

如规定流入节点的电流为正，流出节点的电流为负，那么上式可直接写成

$$I_1 + I_2 - I_4 = 0$$

若写成一般公式为

$$\sum I = 0 \tag{1-22}$$

式(1-22)就是基尔霍夫电流定律的表达式，即节点处电流的代数和为零。式中电流的正负号有两种选取方式，本书采用"流入为正、流出为负"。

基尔霍夫电流定律也称"节点电流定律"，因为它通常用于节点处。可以证明，将基尔霍夫电流定律扩大到对包围着几个节点的闭合面也是适用的。

二、基尔霍夫电压定律（KVL）

在讲电位时曾经讲过，在同一系统中，各点电位只有一个数值，称为"电位单值性原理"。利用这个原理，可以证明，在一个闭合回路中，按一定绕行方向，沿回路一周各段电压的代数和为零。如在图 1-19 中任选一个回路，如包含 R_1、R_3、R_4 和 U_{S1}、U_{S3} 在内的回路 $ABDA$，按顺时针方向（任选的绕行方向）用电压等于电位差的概念依次写出

$$U_{AB} = V_A - V_B ; \quad U_{BD} = V_B - V_D ; \quad U_{DA} = V_D - V_A$$

将上面三个电压相加可得

$$U_{AB} + U_{BD} + U_{DA} = 0$$

写成一般形式即

$$\sum U = 0 \tag{1-23}$$

式(1-23)就是基尔霍夫电压定律的表达式。它只与支路的端电压有关，而与支路元件的性质无关。

如果考虑支路中各元件的性质，应用欧姆定律可以将式(1-23)改写成另一种形式。对照图 1-19 各相应端电压不难写出

$$U_{AB} = I_4 R_4$$
$$U_{BD} = I_3 R_3 + U_{S3}$$
$$U_{DA} = - U_{S1} + I_1 R_1$$

应用式(1-23)，将上面三个电压代入并经整理后可得

$$I_1 R_1 + I_3 R_3 + I_4 R_4 = U_{S1} - U_{S3}$$

写成一般式

$$\sum (IR) = \sum U_S \tag{1-24}$$

式(1-24)即基尔霍夫电压定律的另一种形式。它反映了在一个闭合回路中电阻压降 IR 的代数和等于电压源电压 U_S 代数和。式中各项的正负号与电路图中所选电流的参考方向和所选回路的绕行方向有关。现将列写基尔霍夫电压定律的步骤综述如下：

1）选取各支路中电流的参考方向（任选），并按支路编号。

2）选取回路的绕行方向（任选），同时将回路编号。

3）等号左边 $\sum (IR)$ 中，若电流方向与回路绕行方向一致，则该项前取正号；反之取负号。

4）等号右边 $\sum U_S$ 中，若电压源电压 U_S 方向与回路绕行方向一致，则该项前取负号；若 U_S 方向与绕行方向相反，则取正号。

基尔霍夫电压定律也称"回路电压定律"，因为它通常应用于闭合回路。此定律只要稍作说明也可用于"开口电路"。如图 1-20 所示，将支路 AB 移去形成一个开口，在开口处标

以电压 U_{AB}。**注意**：开口电压反映的是两点间的电压降，应写在 $\sum (IR)$ 一侧。对图 1-20 所选支路电流参考方向和回路绕行方向，基尔霍夫电压定律方程式为

$$U_{AB} + I_1 R_1 + I_2 R_2 - I_4 R_4 = U_{S1} - U_{S2}$$

如果将图 1-20 按以前学的欧姆定律来写方程式则有

$$U_{AB} = -I_1 R_1 + U_{S1} + I_4 R_4 - U_{S2} - I_2 R_2$$

与上面式子实质上是一样的。

[**例 1-5**]　如图 1-21 所示，已知：$I_1 = 2A$，$I_3 = 7A$，$U_{S1} = 10V$，$U_{S2} = 20V$，$R_1 = 4\Omega$，$R_2 = 6\Omega$，$R_3 = 10\Omega$。求 U_{CD}。

解：求 U_{CD} 需要求 I_2，由 KCL 可知

$$I_1 + I_2 - I_3 = 0$$

$$I_2 = I_3 - I_1 = (7 - 2)A = 5A$$

解法 1

从 $C \rightarrow D$ 沿支路 2 和支路 1 可写出

$$U_{CD} = U_{S2} + I_2 R_2 - I_1 R_1 - U_{S1} = (20 + 5 \times 6 - 2 \times 4 - 10)V = 32V$$

解法 2

在 CD 两端标出 U_{CD} 的参考方向，选取开口电路的绕行方向，按 $\sum (IR) = \sum U_S$ 写方程

$$U_{CD} + I_1 R_1 - I_2 R_2 = -U_{S1} + U_{S2}$$

将上式移项，其结果与解法 1 相同。

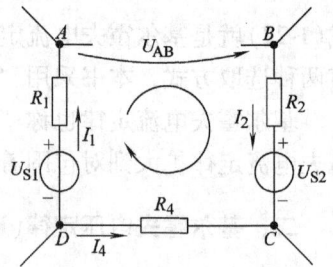

图 1-20　KVL 用于开口电路

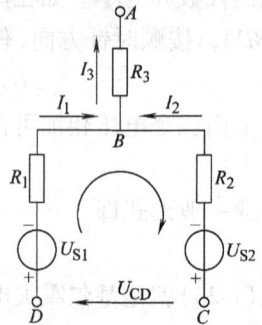

图 1-21　例 1-5 图

第五节　实际电源的等效变换

在第一节中作为理想电路元件介绍了"电压源"和"电流源"两种模型。可以说它们是实际电源"理想化"模型，那么，一个实际电源又是怎样来表征呢？

一、实际电压源

实际电压源都是有内电阻的（内电阻又叫电源的输出电阻）。一个实际电压源，内部都有电压降，电路模型可以用电压源(U_S)与内电阻(R_0)的串联组合来表示，如图 1-22a 所示。"电压源"是"实际电压源"内电阻为零的理想状态，所接负载(R_L)两端获取的是恒定不变的电压。但一个实际电压源所提供给负载(R_L)的电压 U 将随负载的变化而变化。

由图 1-22a 可知：

$$U = U_S - IR_0 \tag{1-25}$$

式(1-25)中后一项就是负载电流通过内电阻时所产生的电压降。将式(1-25)写成

$$U = U_S - \frac{U_S}{R_0 + R_L} R_0$$

可见随着 R_L 的减小（即负载电流的增加）导致电源供出电压(U)的下降。图 1-22b 绘出了 $U = f(I)$ 关系曲线。这种实际电压源端电压随外接负载变化而变化的曲线称为实际电压源的外特性。作为实际电压源总希望内电阻越小越好。

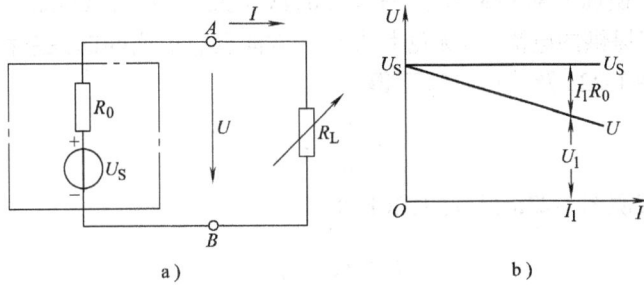

图 1-22　实际电压源

二、实际电流源

与实际电压源对比，作为实际电流源其内部也是有电阻的。例如光电池，被光激发产生的电流，并不能全部外流，其中一部分将在光电池内部流动而不能输送出来。因此，它的电路模型可以用电流源(I_S)与内电阻(分流电阻 R_0)的并联组合来表示，如图 1-23a 所示的方框部分。

"电流源"是"实际电流源"当内阻(R_0)为无穷大(分流电路断开)时的理想状态，所接负载(R_L)可获取恒定不变的电流。但一个实际电流源提供给负载的电流也将随负载的变化而变化。由图 1-23a 可知

$$I = I_S - \frac{U}{R_0} \tag{1-26}$$

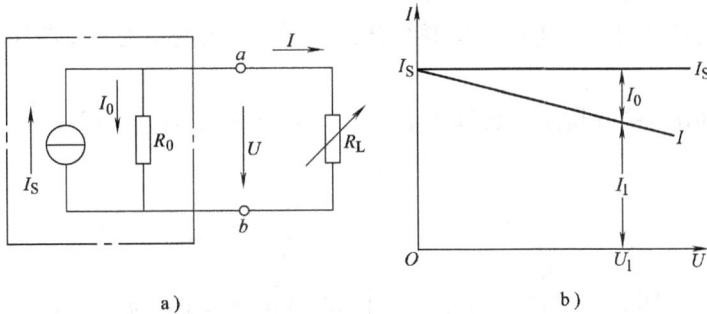

图 1-23　实际电流源

式(1-26)的后一项就是通过 R_0 分流产生的内部电流。将式(1-26)变化为

$$I = \frac{R_0}{R_0 + R_L} I_S$$

可见，随 R_L 的增大(即负载两端电压 U 增大)导致电源供出电流的减小，图 1-23b 绘出了 $I = f(U)$ 的关系曲线。这种实际电流源供出电流受负载影响而变化的曲线称为电流源的外特性。作为实际电流源总希望内电阻越大越好。

三、实际电压源与实际电流源等效变换

上面分别介绍了实际电源的两种模型。在电路分析和计算中，这两种模型是能够等效互

换的。所谓等效即变换前后对负载而言端口处的伏安关系不变，也就是对电源的外电路而言，端电压(U)和其提供的电流(I)无论其大小、方向及它们之间的关系都保持不变。

由实际电压源图 1-22a 及式(1-25)可得

$$I = \frac{U_S}{R_0} - \frac{U}{R_0}$$

将上式与由实际电流源图 1-23a 得到的式(1-26)

$$I = I_S - \frac{U}{R_0}$$

相比较可见：要保持 U、I 关系不变，两式的对应项应当相等，即 $I_S = U_S/R_0$（或 $U_S = I_S R_0$）。电阻 R_0 数值不变，只是换了位置。总结其变换条件如下：

1）由实际电压源变换为等效实际电流源。

$$\left.\begin{array}{l} I_S = \dfrac{U_S}{R_0}（方向与 U_S 相反）\\ 等效电阻 R_0 与电流源 I_S 并联 \end{array}\right\} \quad (1\text{-}27)$$

2）由实际电流源变换为等效实际电压源。

$$\left.\begin{array}{l} U_S = I_S R_0（方向与 I_S 相反）\\ 等效电阻 R_0 与电压源 U_S 串联 \end{array}\right\} \quad (1\text{-}28)$$

需再次强调：这种等效变换，只对电源外部电路是等效的。另外，不难看出，电压源与电流源相比较，前者内电阻 R_0 为零，后者 R_0 为无穷大，不存在等效变换条件，所以电压源与电流源不存在等效变换。

应当指出，把实际电源的等效变换理论，可以推广到一般电路，即 R_0 不一定特指电源内电阻，只要是电压源和一个电阻的串联组合，就可以等效变换为电流源和同一个电阻的并联组合。

[**例 1-6**] 如图 1-24a 所示，已知 $U_{S1} = 12V$，$R_1 = 3\Omega$，$U_{S2} = 36V$，$R_2 = 6\Omega$，$R_3 = 8\Omega$，求 R_3 中的电流 I_3。

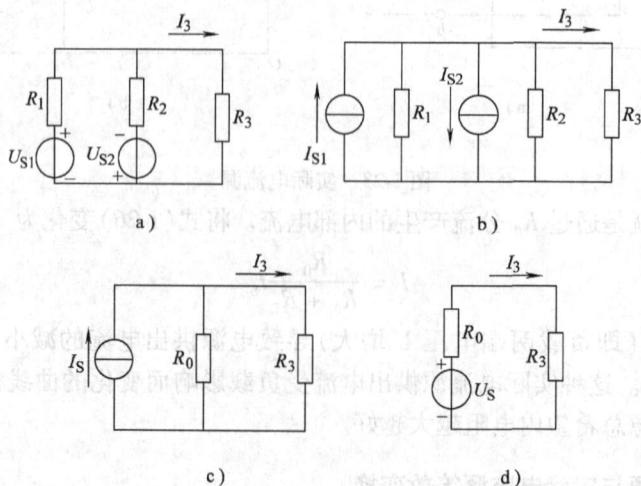

图 1-24 例 1-6 图

解: 由物理学可知此题中的 R_1、R_2、R_3 既不是串联也不是并联。只用欧姆定律和串并联关系是无法求解的，这里可采用电源等效变换方法来求解。步骤如下:

先将图 1-24a 中两个电压源与电阻的串联组合等效变换成图 1-24b 两个电流源与电阻的并联组合，其中:

$$I_{S1} = \frac{U_{S1}}{R_1} = \frac{12}{3}A = 4A \quad （方向向上）$$

$$I_{S2} = \frac{U_{S2}}{R_2} = \frac{36}{6}A = 6A \quad （方向向下）$$

两个电流源可以合并成一个电流源 I_S，其方向可任选，如选为向上，则

$$I_S = I_{S1} - I_{S2} = (4 - 6)A = -2A$$

（上式中 I_{S1} 与 I_S 方向一致为正, I_{S2} 与 I_S 方向相反为负）

R_1 与 R_2 在图 1-24a 中不能并联，但变成图 1-24b，则能并联，可求等效电阻

$$R_0 = \frac{R_1 R_2}{R_1 + R_2} = \frac{3 \times 6}{3 + 6}\Omega = 2\Omega$$

将图 1-24b 可以等效为图 1-24c。上述等效过程 R_3 的位置始终没有变，因此由 I_S、R_0 构成的等效实际电流源对 R_3 是等效的。利用图 1-24c 求出的 I_3 也就是图 1-24a 中通过 R_3 的电流。对图 1-24c 用物理学中的分流原理

$$I_3 = \frac{R_0}{R_0 + R_3}I_S = \frac{2}{2 + 8} \times (-2)A = -0.4A$$

（说明 I_3 实际方向与图中 I_3 参考方向相反）

或将图 1-24c 再等效变换成图 1-24d，图中

$$U_S = I_S R_0 = (-2)A \times 2\Omega = -4V \quad （方向与 I_S 相反）$$

则:

$$I_3 = \frac{U_S}{R_0 + R_3} = \frac{-4V}{(2 + 8)\Omega} = -0.4A$$

四、受控源

前面介绍过的电压源和电流源都是独立源，它们的输出电压或电流是一定值或是一个固定的时间函数，与电路中其他部分的电压或电流无关。而在电路分析中还会遇到另一类电源，它们的电压或电流受电路中其他部分的电压或电流的控制，称为受控源（Controlled Source）。受控源是许多实际电路元件的模型。例如半导体三极管的集电极电流受基极电流的控制，基极电流是控制量，集电极电流是受控量。这种控制与被控制的关系，可以通过受控源予以表达。

受控源通常有两对端钮，一对输入端和一对输出端。输入端施加的是控制量，控制量可以是电压也可以是电流，输出端输出的是被控制的电压或电流。因此按照控制量和被控制量的不同，受控源共有四种形式：电压控制电压源，即 VCVS（Voltage Control Voltage Source）；电压控制电流源，即 VCCS（Voltage Control Current Source）；电流控制电压源，即 CCVS（Current Control Voltage Source）；电流控制电流源，即 CCCS（Current Control Current Source）。其电路符号分别如图 1-25 所示。

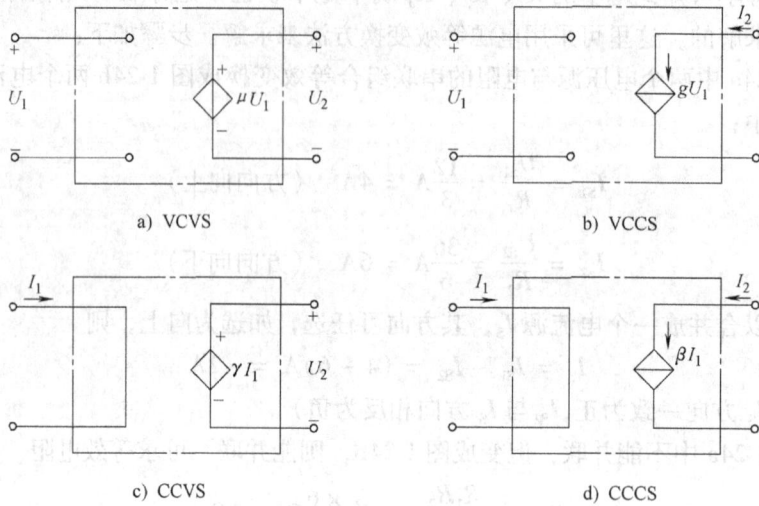

图 1-25　受控源的四种形式

　　根据国家标准规定，受控源用菱形符号表示，其中 μ、γ、g、β 称为控制系数，它们表示受控端与控制端的转移关系。其中

$$\mu = \frac{U_2}{U_1} 称为电压控制电压源的转移电压比；$$

$$g = \frac{I_2}{U_1} 称为电压控制电流源的转移电导；$$

$$\gamma = \frac{U_2}{I_1} 称为电流控制电压源的转移电阻；$$

$$\beta = \frac{I_2}{I_1} 称为电流控制电流源的转移电流比。$$

当这些系数为常数时，被控量与控制量成正比，受控源称为线性受控源。

第六节　电路运行状态

　　电源与负载连接，根据所接负载情况，电路有几种不同的运行状态。本节以实际电压源与负载（R_L）构成的串联电路为例，对电路在断路、短路和负载运行三种状态作简要分析。

一、断路状态

　　如图 1-26 所示，实际电压源由电压源与内电阻串联组合而成（图中点划线的方框部分），开关断开，即电路处于断路状态。

1. 电源端口（$A—C$）

电源电流　　　　　　$I = 0$

电源端电压　　　　　$U = U_{AC} = U_S$

由于电路电流等于零，所以电源内电阻上的电压降

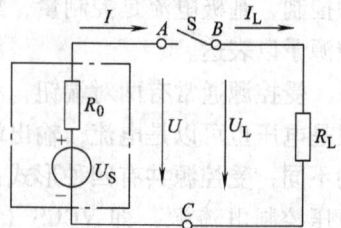

图 1-26　电路断路状态

(R_0I)、电压源提供的功率(U_SI)、电源提供的功率(UI)及内电阻消耗的功率(R_0I^2)都等于零。

2. 负载端口$(B—C)$

负载中的电流　　　$I_L = 0$

负载两端的电压　　$U_L = U_{BC} = 0$

负载消耗的功率　　$P_L = R_LI_L^2 = 0$

二、短路状态

如图 1-27 所示，电路处于短路状态。所谓"短路"，就是电源（或负载）两端用电阻近似为零的导线直接接通。

1. 电源端口$(A—C)$

电源电流　　　$I = \dfrac{U_S}{R_0}$

电源端电压　　$U = U_{AC} = 0$

电压源功率　　$P_S = -U_SI = -\dfrac{U_S^2}{R_0}$

内电阻消耗功率　$P_0 = R_0I^2 = \dfrac{U_S^2}{R_0}$

电源提供功率　$P = UI = 0$

图 1-27　短路状态

这时电压源电压(U_S)全部降落在内电阻(R_0)上，而功率(P_S)全部消耗在内电阻(R_0)上。

2. 负载端口$(B—C)$

这时负载电阻(R_L)也被短路，R_L上的电流(I_L)、电压(U_L)及功率(P_L)都是零。短接线中的电流，等于电压源提供的电流。

应当指出：由于实际电压源内电阻(R_0)很小，所以短路电流将是很大的。电源被短路，后果是严重的，应予避免。

当然，有时为了工作需要，人为地将电路的某一部分或电阻的某一段短路，这种有目的的短路称为"短接"。

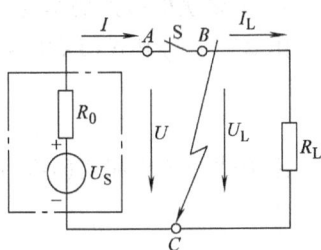

三、负载工作状态

如图 1-28 所示为电源接通一般负载的状态，由图可见

$$I = I_L = \dfrac{U_S}{R_0 + R_L} \qquad (1\text{-}29)$$

$$U = U_L = U_S - IR_0 = I_LR_L$$

$$P_S = -U_SI$$

$$P_0 = I^2R_0$$

$$P_L = I^2R_L$$

下面来进一步分析负载电流的变化，对各部分功率的影响，从而导出负载获取最大功率的条件。

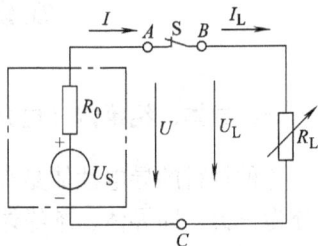

图 1-28　负载工作状态

1. 电压源供出的功率

$$P_S = -U_S I$$

式中，U_S 是常量，P_S 与 I 为线性关系。

2. 内电阻 R_0 上消耗的功率

$$P_0 = R_0 I^2$$

式中，R_0 是常数，P_0 是 I 的二次函数。

3. 负载（R_L）上的功率。

$$P_L = R_L I^2 \qquad (1\text{-}30)$$

可见在电压源电压 U_S 和内电阻 R_0 都不变的情况下 P_L 与 I 也不是线性关系。

4. 负载获得最大功率的条件。

由式(1-29)和式(1-30)可得

$$P_L = \left(\frac{U_S}{R_0 + R_L}\right)^2 R_L \qquad (1\text{-}31)$$

由上式的分析和式(1-31)可知

$$R_L = 0 \text{ 时，} U_L = 0, P_L = 0$$

$$R_L = \infty \text{ 时，} I = 0, P_L = 0$$

说明 R_L 在 $0 \sim \infty$ 之间的变化过程中，会出现获得最大功率的工作状态。

$$P_L = \left(\frac{U_S}{R_0 + R_L}\right)^2 R_L = \frac{U_S^2 R_L}{(R_0 + R_L)^2} = \frac{U_S^2 R_L}{(R_0 + R_L)^2 - 4R_0 R_L + 4R_0 R_L}$$

$$= \frac{U_S^2 R_L}{(R_0 - R_L)^2 + 4R_0 R_L}$$

由上式不难看出，只有 $R_0 - R_L = 0$ 时，分数的分母最小，也就是 P_L 最大。这样就得到负载获得最大功率的条件为

$$R_L = R_0$$

应当指出：负载获得最大功率时，其功率仅为电压源供出功率的一半，供电效率只有 50%。这种情况在电力系统中是不允许的。因此，对传输功率大的电力线路，负载获得最大功率并没有实际意义；但对电子线路来说，其功能是以传递和处理信号为主，传输的能量不大，只希望负载上能获得较强的信号，例如，扩音机的负载是扬声器，要求其音量最大，应选择扬声器的电阻等于扩音机的输出电阻，这叫做"匹配"。

知识拓展与应用一　电阻器简介

一、导体、绝缘体（电介质）和半导体

各种材料的导电性能是有很大差异的。在电工技术中，各种材料按照它们的导电能力，可分为三类，即导体、绝缘体和半导体。

1. 导体

导电能力强的材料称为导体。按其导电的物理过程又可分为两类：

　　第一类导体为金属，如常用的铜、铝、钢铁等属于这一类。金属导体内部含有大量的自由电子，在电场力作用下而移动形成传导电流。这一类材料电阻率小，约为 $10^{-8}\Omega\cdot m$。

　　第二类导体为电解液，如酸、碱、盐的溶液属于这一类。它们含有大量的正、负离子，在电场力的作用下，也能产生定向运动而形成电流。

　　另外，气体电离后，也具有导电能力。

　　2. 绝缘体（又称电介质）

　　这一类材料的导电性能很差，电阻率很大，约为 $10^{7}\sim10^{19}\Omega\cdot m$。这也是由这一类材料的内因决定的，因为它的原子核对其周围的电子"束缚"得很紧，自由电子极少。绝缘体的电阻常以兆欧（$M\Omega$）计算，称为"绝缘电阻"。

　　绝缘体并不是绝对不导电。通常说绝缘体不导电是有条件的，如电压高到一定数值，使电场力超过它的原子核对外围电子的"束缚"力，本来不自由的电子变得"自由"了，绝缘体则变成了导电体。这种情况称为"绝缘击穿"，此时的电压称为"击穿电压"。绝缘击穿往往造成设备损坏和人身触电事故。为了防止绝缘击穿，根据材料的"击穿电压"（也称"绝缘电压"）规定了"允许电压"（也称"额定电压"），可见允许电压应小于击穿电压，而实际工作电压又常小于允许电压。

　　应当指出：绝缘物的绝缘性能除由它的内因决定外，还受外因的影响，如干燥的木材是绝缘的，而受潮湿之后，其绝缘性能会显著降低。这是因为水中溶解有可导电的杂质。

　　另外，使用绝缘材料还应注意环境温度的高低。温度过高会使绝缘物变质，影响其使用寿命。

　　3. 半导体

　　这类材料的导电能力介于导体与绝缘体之间。常见的半导体材料有硅、锗、硒等。它们的电阻率约为 $10^{-5}\sim10^{-7}\Omega\cdot m$。由于半导体材料具有一些特殊的性质，所以在近代电子技术中得到极其广泛的应用。

　　二、常用的几种电阻器简介

　　1. 电阻器的作用和分类

　　电阻器是一种消耗电能的元件，在电路中用于控制电压、电流的大小，或与电容器和电感器组成具有特殊功能的电路等。

　　为了适应不同电路和不同工作条件的需要，电阻器的品种规格很多，按外形结构，可分为固定式和可变式两大类，图 1-29a、b 分别示出了固定电阻器和可变电阻器的外形。固定电阻器主要用于阻值不需要变动的电路；可变电阻器，即电位器，主要用于阻值需要经常变动的电路。

　　电阻器按材料和使用性质，可分为膜式、线绕式、热敏电阻、压敏电阻；按伏—安特性，可分为线性电阻和非线性电阻等。

　　2. 电阻器的主要参数

　　电阻器的参数很多，在实际应用中，一般应常考虑标称阻值、允许误差和额定功率三项参数。

　　电阻器的标称阻值是指电阻器表面所标的阻值，它是按国家规定的阻值系列标注的，因此，选用电阻器时，必须按国家对电阻器的标称阻值范围进行选用。

a) 固定电阻器

b) 可变电阻器

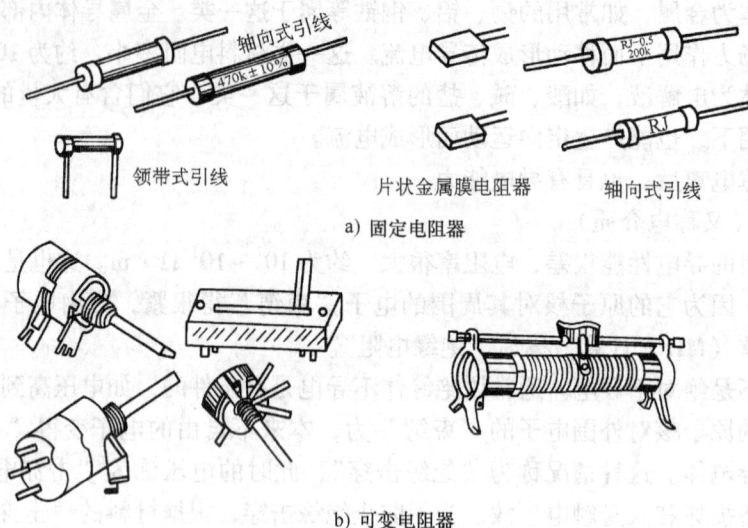

图 1-29　几种常见电阻器的外形

电阻器的实际阻值并不完全与标称阻值相等，存在误差。实际阻值对于标称值的最大允许偏差范围称为电阻器的允许误差。通用电阻的允许误差等级为 ±5%、±10%、±20%。

电阻器接入电路后，通过电流时便要发热，如果电阻器的温度过高，就会将其烧毁。通常在规定的气压、温度条件下，电阻器长期工作时所允许承受的最大电功率称为额定功率。一般情况下，所选用电阻器的额定功率应大于实际消耗功率的两倍左右，以保证电阻器的可靠工作。

本 章 小 结

本章讨论了直流电路的基本概念、基本定律和直流电路的计算，主要内容有：

一、电路及电路基本物理量

1. 电路是电流流过的路径，它主要由电源、负载、连接导线和控制设备等构成，它的作用是进行能量的转换或对电信号进行处理。

2. 电路中最基本的物理量是电压、电流、电动势和功率。

二、本章所介绍的基本概念

1. 理想元件的概念，把实际电器件忽略次要性质，只表征它的主要电性能的"理想化了"的"元件"，如电阻元件、电压源、电流源等。

2. 等效电路的概念，如果两个电路对外电路而言，端口处的伏安关系相同，我们说这两个电路是等效的，这两个电路可以互换。

三、本章所讲述的基本定律

1. 欧姆定律：使用欧姆定律要注意电压和电流的参考方向。

2. KCL、KVL 这两个定律是分析电路的重要定律。

习 题 一

1-1　构成电路的主要组成部分是哪些？电路的主要作用是什么？

1-2　电路模型与实际电路有何不同?

1-3　如图 1-30 所示,选取电路中电流的参考方向由 $A{\rightarrow}B$,当电流 $I=-2A$ 时,电流的实际方向如何?

1-4　如图 1-31 所示一段电路,已知电流的实际方向由 $B{\rightarrow}A$,当 $I=3A$ 时,在图上标出相应的电流参考方向。

1-5　已知 8A 的电流实际方向与参考方向相反,写成 $I=8A$,对吗?

1-6　如图 1-32 所示,已知 $U_{AB}=-100V$,试在图上标出电压参考方向,并指出实际方向如何?

图 1-30　习题 1-3 图　　　　图 1-31　习题 1-4 图　　　　图 1-32　习题 1-6 图

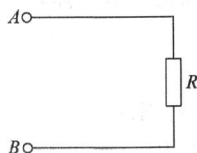

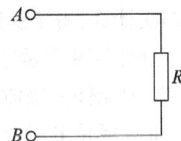

1-7　如图 1-33 所示,已选定电压的参考方向,当电压值为 220V 时,写出 $U=?$(取正值还是取负值),并指出与其相应的实际方向。

1-8　如图 1-34 所示,当取 D 点为参考点时($V_D=0$),$V_A=10V$,$V_C=6V$,$V_B=-4V$。

求:(1) $U_{AB}=?$　　$U_{BC}=?$

(2) 若改取 C 为参考点($V_C=0$),V_A、V_B、V_D 各变为多少伏?此时 U_{AB}、U_{BC} 又是多少伏?

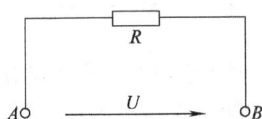

图 1-33　习题 1-7 图　　　　　　　图 1-34　习题 1-8 图

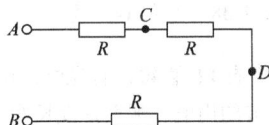

1-9　如图 1-35 所示 U_S 为电压源的电压。问:接入一个负载电阻和再并联一个负载电阻,电压 U_{AB} 是否会变化?通过电压源的电流呢?

1-10　如图 1-36 所示 I_S 为电流源电流。问:接入一个负载电阻和再并联一个负载电阻,电压 U_{AB} 是否会变化?

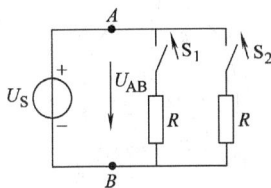

图 1-35　习题 1-9 图　　　　　　　图 1-36　习题 1-10 图

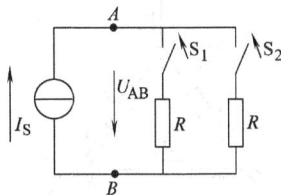

1-11　有一盘截面积 $S=10mm^2$ 的铜线,欲测其长度(l),将其接在 $U=12V$ 的直流电源上,测得电流 $I=2A$,求该铜线的长度。

1-12　一种用于测量温度的铂电阻丝,在常温(20℃)时电阻为 $R_1=118\Omega$,当温度达 100℃时电阻增至 $R_2=154.8\Omega$,求:(1)铂丝的电阻温度系数(α)。

（2）如果将该电阻丝放入电炉内，其阻值增加到450Ω，此时炉温为多少度？

1-13　如图1-37所示为一段有源支路。已知 $I=2A$，$R_1=5\Omega$，$R_2=8\Omega$，$U_{S1}=12V$，$U_{S2}=36V$。

求：（1）U_{AD}，U_{BO}，U_{OC}。

（2）若取 C 为电位参考点（$V_C=0$），V_A、V_O 为多少伏？

1-14　如图1-38所示，已知 $R_1=2\Omega$，$R_2=4\Omega$，$R_3=3\Omega$，$U_{S1}=9V$，$U_{S2}=36V$。求：U_{AD} 和 U_{DB}（在闭合回路中任何两点之间电压都有两条路径可以计算。要求进行两次计算,相互校验）。

1-15　如图1-39所示三个元件。

图1-39a 中元件 A 吸收功率10W，$I_A=2A$，求 U_A。

图1-39b 中元件 B 吸收功率 $-10W$，$U_B=10V$，求 I_B 并标出方向。

图1-39c 中元件 C 上 $U_C=10mV$，$I_C=2mA$，P_C 为吸收功率，标出 I_C 的方向，求 $P_C=?$

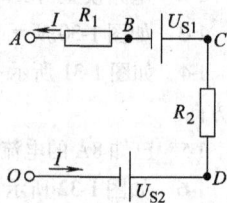

图1-37　习题1-13图

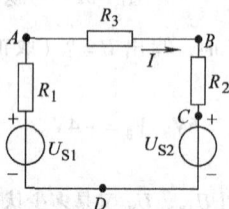

图1-38　习题1-14图

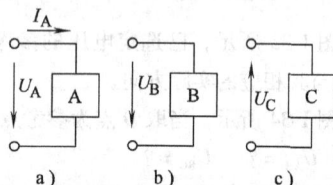

图1-39　习题1-15图

1-16　教室中有12盏40W日光灯，由于学校定时统一控制，平均每天使用4h。宿舍仅有40W电灯1只，由于不注意节约用电，甚至日夜长明，每天平均使用达18h，问一间宿舍和一个教室每天各消耗多少电能？

1-17　一只100Ω、2W的炭膜电阻，它的工作电压最大不能超过多少伏？所允许的最大电流又是多少安？

1-18　220V、40W的灯泡，与220V、100W的灯泡相比，哪个电阻大，大多少？正常工作时哪个电流大，大多少？

1-19　如图1-40所示，已知 $R_1=2\Omega$，$R_2=4\Omega$，$R_3=8\Omega$，$I_A=2A$，$I_C=3A$。求通过 R_1、R_2、R_3 上的电流；对图1-41电阻值同上，$U_{AB}=2V$，$U_{AC}=4V$，求 U_{AO}、U_{BO}、U_{CO}。

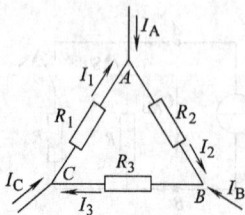

图1-40　习题1-19图1

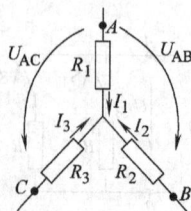

图1-41　习题1-19图2

1-20　如图1-42所示，$R_1=2\Omega$，$R_2=4\Omega$，$U_{S1}=15V$，$U_{S2}=3V$，$I_S=9A$，$R_3=3\Omega$，$R_4=6\Omega$，$U_{S5}=2V$，$R_5=100\Omega$。

求：（1）I_5。

（2）U_{CD}。

1-21 如图 1-43 所示，$R_1 = 3\Omega$，$R_2 = 6\Omega$，$U_S = 9V$。试将该电路等效为一个实际电压源和一个实际电流源。

1-22 如图 1-44 所示，已知 $I_S = 2A$，$R_1 = 4\Omega$，$R_2 = 6\Omega$。试将该电路等效为一个电流源与电阻的并联组合，再等效为一个电压源和一个电阻的串联组合。

1-23 如图 1-45 所示，$U_{S1} = 6V$，$R_1 = 4\Omega$，$R_2 = 8\Omega$，$I_{S2} = 2A$。

求：（1）将电路等效为一个实际电压源。

（2）将电路等效为一个实际电流源。

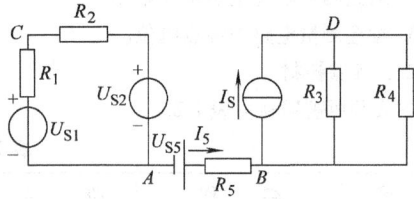

图 1-42 习题 1-20 图

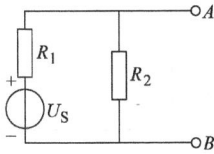

图 1-43 习题 1-22 图 图 1-44 习题 1-23 图 图 1-45 习题 1-24 图

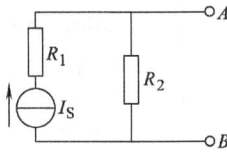

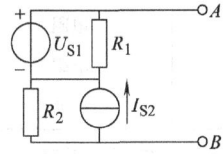

1-24 如图 1-46 所示，实际电压源在断路状态下，用高内阻电压表测得电压 $U_{OC} = 6V$，如图 1-46a 所示，在短路状态下，用低内阻电流表测得电流 $I_{SC} = 12A$，如图 1-46b 所示。求：电压源电压 U_S 及内阻 R_0。

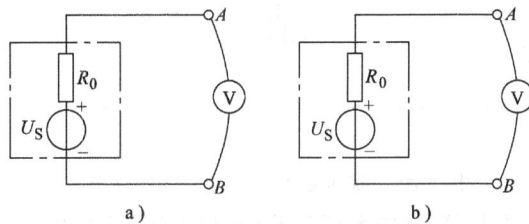

图 1-46 习题 1-25 图

1-25 分别计算图 1-47a、b 各元件上的电流、电压和功率。已知 $U_S = 10V$，$I_S = 10A$，$R = 10\Omega$。

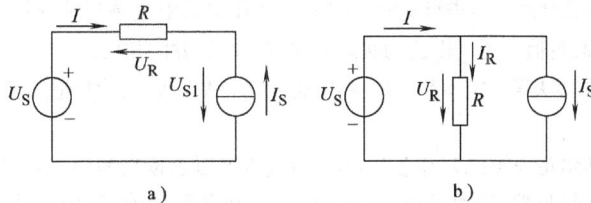

图 1-47 习题 1-26 图

1-26 电源内电阻不变，调整负载电阻使负载获最大功率的条件是 $R_L = R_0$；如果 R_L 不变，调整 R_0，那么负载 R_L 上获最大功率还是这个条件吗？说明理由。

实验与实训一 基尔霍夫定律与电位的测定

一、实验目的

1. 练习和熟悉电路的接线，学会使用直流电压表、直流电流表及稳压电源。

2. 通过测量验证基尔霍夫定律。

3. 学会测量电路中各点电位。

二、实验器材

本实验所需器材见表1-2。

表1-2　实验所需器材

序 号	名 称	符 号	规 格	数 量	备 注
1	直流电压表		0～30V	1	可用万用表代替
2	直流电流表		0～50mA	3	可用万用表代替
3	直流稳压电源	U_1、U_2	2A/0～30V	1	双路或用2只单路
4	电阻	R_1、R_3	510Ω/0.5W	2	
5	电阻	R_2	1kΩ/1W	1	
6	导线			若干	

三、实验内容与步骤

1. 电路如图1-48所示，按图接线。

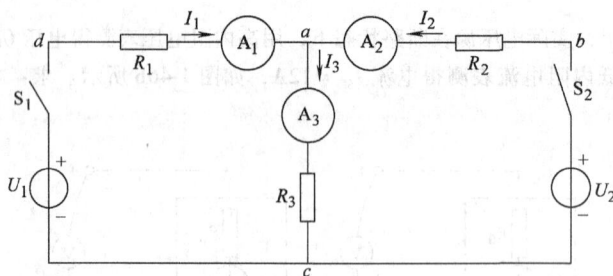

图1-48　基尔霍夫定律与电位的测定

2. 在进行电流表接线时，先按照图示电流假定正方向确定电流表极性；让电流从电流表"＋"端流进，"－"端流出。

3. 检查接线无误后，在S_1、S_2断开的状态下，打开稳压电源的电源开关，将输出电压U_1调至6V，U_2调至24V，然后将开关S_1、S_2闭合。若发现某只电流表指针反偏，则应断开开关S_1、S_2，将指针反偏的电流表"＋"、"－"端钮接线对调，再进行实验。应该注意在实验中记录测量数据时，对"＋"、"－"端钮对调的电流表的读数应取负值，说明电流的实际方向与假定正方向相反。

4. 在节点a上验证基尔霍夫第一定律$\sum I = 0$。将电流表A_1、A_2、A_3的读数记入表1-3中，并计算$\sum I = I_1 + I_2 - I_3$，并填入该表中。

5. 取回路$abca$验证基尔霍夫第二定律$\sum U = 0$。用直流电压表依次测出U_{ab}、U_{bc}、U_{ca}，记入表1-4中（若在测量过程中电压表指针反偏，应对调电压表两测量端，读数取负值记录），并计算出$\sum U = U_{ab} + U_{bc} + U_{ca}$，记入表1-4中。

表1-3　基尔霍夫第一定律实验数据

电 源 电 压	I_1/mA	I_2/mA	I_3/mA	（$\sum I = I_1 + I_2 - I_3$）/mA
$U_1 = 6$V，$U_2 = 24$V				
$U_1 = 20$V，$U_2 = 6$V				

表1-4 基尔霍夫第二定律实验数据

电 源 电 压	U_{ab}/V	U_{bc}/V	U_{ca}/V	$(\sum U = U_{ab} + U_{bc} - U_{ca})/V$
$U_1 = 6V$, $U_2 = 24V$				
$U_1 = 20V$, $U_2 = 6V$				

6. 以 c 点为参考点(零电位点),用直流电压表依次测量 a、b、d 各点电位。测量时电压表"$-$"端接 c 点,"$+$"端依次接 a、b、d 点,若测到某点,表针反向偏转,则需将电压表极性交换后再测,该点电位为负值。将所测数据记入表1-5 中。

表1-5 电位测定实验数据

电 源 电 压	V_a/V	V_b/V	V_c/V
$U_1 = 6V$, $U_2 = 24V$			
$U_1 = 20V$, $U_2 = 6V$			

7. 断开开关 S_1、S_2,调节稳压电源,使输出电压 $U_1 = 20V$,$U_2 = 6V$。重复上述步骤 3~6。

四、实验结果分析

1. 根据表1-3 所记数据,是否满足基尔霍夫第一定律 $\sum I = 0$? 若有误差,请分析原因。

2. 根据表1-4 所记数据,是否满足基尔霍夫第二定律 $\sum U = 0$? 若有误差,请分析原因。

3. 根据表1-5 所记电位数据与表1-4 电压数据进行比较,分析电压与电位的关系。

第二章 正弦交流电路

正弦交流电是指大小和方向都随着时间按正弦规律周期变化的电流、电压和电动势的总称。正弦交流电路，是指含有正弦电源(激励)而且电路各部分所产生的交流量(响应)均按正弦规律变化的电路。如交流发电机中所产生的电动势和正弦波信号发生器所输出的信号电压都是随时间按正弦规律变化的，它们是常用的正弦电源。正弦交流电在生产上和日常生活中应用广泛，具有许多实用意义上的优点。工程中一般所说的交流电(AC)，通常都指正弦交流电。因此，正弦交流电路是电工技术中很重要的一部分，对其基本概念、基本理论和基本分析应很好地掌握，并能运用，为后面学习交流电机、变压器和电子技术打下理论基础。

第一节 正弦交流电路的基本概念

一、正弦交流电的产生

正弦交流电由交流发电机产生。图 2-1a 所示为最简单的发电机结构图，它主要由固定在机壳上的定子和转子构成。转子是绕有线圈的圆柱形铁心，可以绕轴旋转，转子绕组线圈的两端分别接在彼此绝缘的两个集电环 C1、C2 上，每个集电环又和电刷保持良好的接触，发电机转子绕组线圈中所产生的交流电通过电刷 A、B 送往外电路。

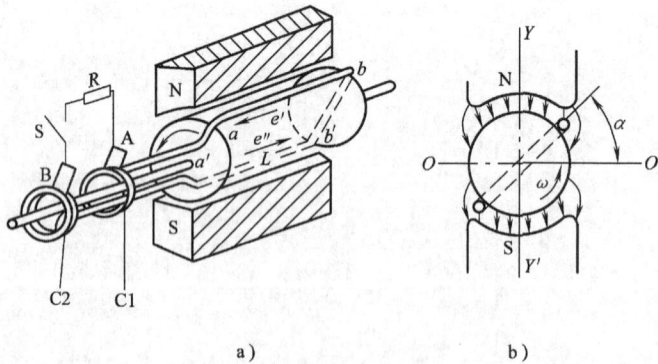

图 2-1 简单交流发电机结构

当单匝线圈 ab、b'a' 在外力的作用下绕轴以角速度 ω 匀速转动时，线圈的 ab、a'b' 边作切割磁感应线运动而产生感应电动势，一旦外电路闭合，即可产生感应电流。线圈的 aa'、bb' 边因不切割磁感应线而无电磁感应现象产生。所以能产生感应电动势的 ab、a'b' 两边称为有效边。由物理学中的知识可知，直导线的感应电动势为

$$e = BLv \tag{2-1}$$

式中，L 为导线的有效长度；v 为运动速度，都是固定不变的。

　　为使发电机产生正弦交流电动势，它的定子磁极 N 和 S 均加工成特殊形状，使转子和定子之间空气隙中的磁感应强度按正弦规律分布，如图 2-1b 所示。在电机的中性面（两极的平分面）上，电枢表面的磁感应强度为零，在极掌的中间处磁感应强度最大（B_m）。磁感应强度的分布随"空间角"α 变化可以写成

$$B = B_m\sin\alpha \tag{2-2}$$

将式（2-2）代入式（2-1），并考虑电机制造上的结构系数 K（包括线圈尺寸、匝数等），可得

$$e = KLvB_m\sin\alpha$$

或

$$e = E_m\sin\alpha$$

式中

$$E_m = KLvB_m$$

为线圈感应电动势的最大值。如果将电动势用感应电压 u（取与 e 参考方向相反）表示可写成

$$u = U_m\sin\alpha \tag{2-3}$$

若将式（2-3）绘成正弦曲线（或称电压波形），如图 2-2 所示。

　　应当指出：上述公式中的角度 α 是从发电机中性面算起的，线圈导体所转过的角度称为"空间角"或"机械角"，但在正弦交流电的分析和计算中用的是"电角"。在只有一对磁极的情况下，电

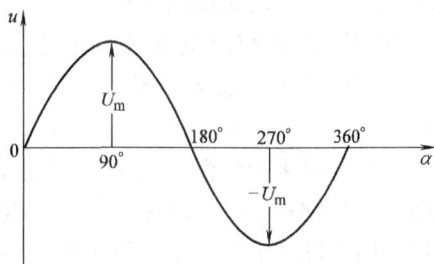

图 2-2　正弦交流电压的波形

角与空间角是相等的。如图 2-3a 所示为两对（四个）磁极的情况，不难看出：电机的线圈在空间只转了 90°，而电压却相应地变化了 180°，当线圈转过 180°，电压则变化了一周 360°。如果把与电压变化相应的角度称为"电角"，用字母 α' 表示，用 p 表示磁极对数，则电角应为空间角的 p 倍，即

$$\alpha' = p\alpha \tag{2-4}$$

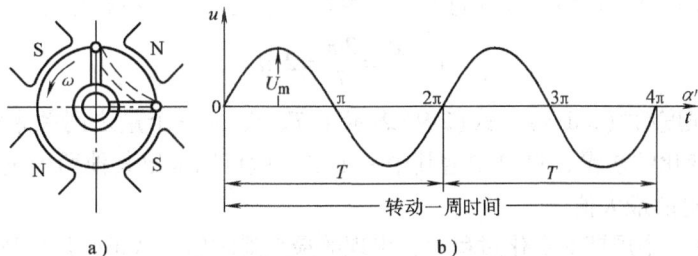

a)　　　　　　　　　　b)

图 2-3　两对磁极情况下电压波形

当引入了磁极对数 p 和电角 α'，正弦电压的表达式可以写成

$$u = U_m\sin p\alpha = U_m\sin\alpha' \tag{2-5}$$

　　在实用中，为了方便常把正弦电压随电角 α' 变化的关系转换为随时间 t 的变化关系，为此引入了"电角频率"（或称电角速度）这个物理量。所谓"电角频率"就是交流电在单位时间内变化的电角度，用字母"ω"表示，即

$$\omega = \frac{\alpha'}{t}$$

将式（2-5）写成正弦时间函数式为

$$u = U_{\mathrm{m}}\sin\omega t \tag{2-6}$$

对正弦电流可以写成

$$i = I_{\mathrm{m}}\sin\omega t \tag{2-7}$$

式(2-6)、式(2-7)分别为正弦电压、电流瞬时值的表达式。习惯上交流电压、电流的瞬时值用英文小写字母"u"、"i"表示，也可写成$u(t)$、$i(t)$。

二、正弦交流电的"三要素"

1. 正弦交流电的周期和频率

图2-4所示为正弦电压的波形曲线，可以看到，电压的大小和方向是随时间作周期性变化的。交流电的"周期"就是交流电的某一值重复出现的最短时间，用字母"T"表示。图2-4中从0点到a点是一个周期，从b点到c点也是一个周期。周期的长短反映了交流电变化的快慢。衡量交流电变化快慢，还常使用另一个物理量——频率，频率为每秒钟变化的周期数，用字母"f"表示。可见频率和周期是互为倒数的关系的，即

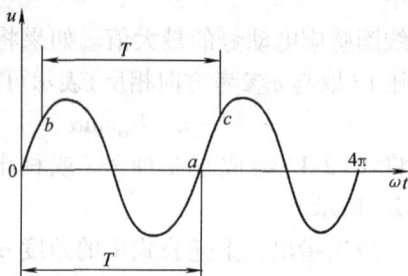

图2-4　正弦交流电压的周期

$$f = \frac{1}{T} \tag{2-8}$$

式中，T的单位是秒(s)；f的单位是赫(Hz)，常用的单位还有千赫(kHz)、兆赫(MHz)。

我国电力工业的标准频率为50Hz，称为工频，它的周期是0.02s。在不同领域还用到其他频率，如有线通信中使用的频率为几百到几千Hz，电热方面为$50 \sim 10^{3}$Hz，而无线电技术方面约在$10^{5} \sim 3 \times 10^{3}$Hz之间等等。

下面介绍频率(f)和角频率(ω)的关系，由角频率的定义式不难导出

$$\omega = \frac{\alpha'}{t} = \frac{2\pi}{T} = 2\pi f \tag{2-9}$$

角频率的单位是弧度/秒(rad/s)。式(2-9)表示了T、f、ω三个量之间关系，它们从不同角度反映了正弦量变化的快慢，只要知道其中一个量，就可以求出其他两个量。

2. 正弦交流电的最大值

最大值就是在一个周期的变化过程中，出现的最大瞬时值。从正弦量的波形曲线上看，最大值也就是波幅的最高点，所以也称"幅值"，交变量的最大值用大写字母下脚标以"m"来表示，如U_{m}、I_{m}分别表示电压、电流的"最大值"。

3. 正弦交流电的相位角(初相、相位差)

(1) 初相角　从图2-1b所示的交流发电机原理图上可以看出，在我们所选定的计时开始时间($t = 0$)，发电机线圈的有效边已经不处在中性面上，而是转过了一个角度

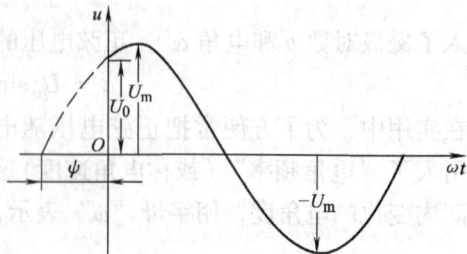

图2-5　正弦电压的初相角波形

（α），这时感应电压也已从周期起点（即交流电从零值开始变正值的瞬间）变化了一个电角（pα），到达 U_0 的数值，其正弦曲线如图2-5所示。因此，要准确完整地描绘一个正弦量仅知道最大值和频率还是不够的，还必须知道计时开始时（$t=0$ 瞬间）电压已从周期起点变化了多少电角。为此，我们把正弦量由负变正的那个零点到计时开始所经过的电角度称为"初相角"，简称"初相"，用字母 ψ 表示，如图2-5所示。

考虑初相后正弦电压和正弦电流瞬时值完整的表达式分别为

$$u = U_m \sin(\omega t + \psi_u) \tag{2-10}$$

$$i = I_m \sin(\omega t + \psi_i) \tag{2-11}$$

式（2-6）和式（2-7）是初相为零的表达式。式（2-10）和式（2-11）中的（$\omega t + \psi$）称为正弦量的相位角，而初相正是 $t=0$ 时的相位角。

应当指出：在习惯上初相角一般不用大于 180° 的角表示。例如，$\psi = 320°$，可化成 $\psi = -40°$ 表示，如图2-6所示。

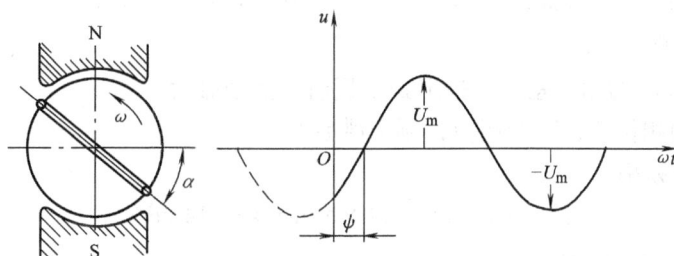

图2-6　正弦电压初相角为负值的波形

（2）相位差　仍以交流发电机原理图为例，图2-7所示可直观地看到发电机的电枢上有两个绕组，注意它们所处的空间位置不同。当电枢旋转时，两个绕组中所感应的电压 u_1 和 u_2 的频率和最大值相同，但初相角是不同的，分别为 ψ_1 和 ψ_2，则两个电压的瞬时值表达式为

$$u_1 = U_{m1} \sin(\omega t + \psi_1)$$

$$u_2 = U_{m2} \sin(\omega t + \psi_2)$$

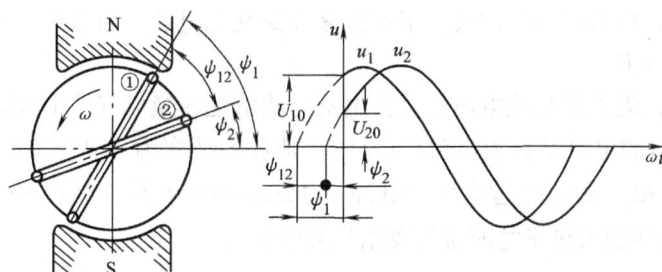

图2-7　正弦电压的相位

它们的相位差（也就是初相角之差）为

$$(\omega t + \psi_1) - (\omega t + \psi_2) = \psi_{12} \text{ 或 } \psi_{21} = \psi_2 - \psi_1 \tag{2-12}$$

应强调指出，必须是同频率的正弦量比较才有意义，这样相位差才是一个固定值。若一个正

弦量比另一个正弦量早达到某一数值（如零值或最大值），就说第一个正弦量在相位上"超前"第二个正弦量，或者说第二个正弦量"滞后"第一个正弦量。如图 2-7 所示，就可以说 u_1 超前 $u_2\psi_{12}$ 角，或说 u_2 滞后 $u_1\psi_{12}$ 角，也可以用 ψ_{21} 表示，显然 $\psi_{21} = -\psi_{12}$。

在比较两个正弦量的相位时，"超前"或"滞后"的角度一般也不取大于 180°。初相角相同的正弦量称为"同相"，相差 180° 的正弦量称为"反相"。

综上所述，要完整地描绘一个正弦量，必须要确切地知道它的频率、最大值和初相角，这三个量称为正弦量的三要素。

顺便指出：我们在讲述正弦量产生时所用的发电机原理图，是磁极（定子）固定、电枢（转子）转动，但实际交流发电机大多是磁场旋转、电枢为固定的，如图 2-8 所示。

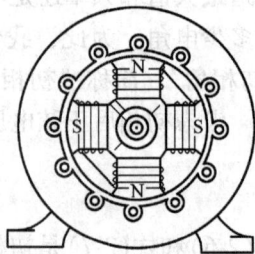

图 2-8　实际发电机原理图

[**例 2-1**]　已知：$i_1 = 10\sin(\omega t + 45°)$A；$i_2 = 5\sin\omega t$ A；$i_3 = 8\sin(\omega t - 150°)$A；$f = 50$Hz。

求：（1）电角频率 ω。

（2）电流 i_1 和 i_2 的相位差，并指出哪个超前，哪个滞后？

（3）i_1 和 i_3 的相位差，哪个超前，哪个滞后？

解：（1）电角频率

$$\omega = 2\pi f = 2 \times 3.14 \times 50\text{rad/s} = 314\text{rad/s}$$

（2）$\psi_1 = 45°$，$\psi_2 = 0°$

$$\psi_{12} = \psi_1 - \psi_2 = 45° - 0° = 45°$$

电流 i_1 超前 i_2 45°，或 i_2 滞后 i_1 45°。

（3）$\psi_1 = 45°$，$\psi_3 = -150°$

$$\psi_{13} = \psi_1 - \psi_3 = 45° - (-150°) = 195°（或 -165°）$$

电流 i_1 超前 i_3 195°，或者说 i_1 超前 $i_3(-165°)$。也就是 i_1 滞后 i_3 165°，i_3 超前 i_1 165°。

三、正弦交流电的有效值和平均值

为了确切反映交流电能量转换的实际效果，电工技术中用有效值来衡量交流量的大小，除了使用有效值外，还常用到平均值，下面就来介绍交流电的"有效值"和"平均值"。

1. 交流电的有效值

在实际电路中，无论是交流电还是直流电都有将电能转换成其他形式能量的问题，对电阻（R）来说，当通过的电流是直流电流（I_{DC}）时，消耗的功率为 I_{DC}^2R，在 t 秒钟内由电能变为热能的能量为 I_{DC}^2Rt。如果通过这个电阻（R）的交流电流为（i），则功率也是时间的函数为 i^2R，它在 t 秒钟内转变为热能的能量需要用积分的概念，即

$$\int_0^t i^2R\mathrm{d}t$$

对同一个电阻元件（R），如果交流电流 i 在一个周期（T）时间内流过电阻产生的热能和某一直流 I_{DC} 在同一时间 T 内流过电阻产生的热能相等，即

$$I_{DC}^2RT = \int_0^T i^2R\mathrm{d}t$$

可得

$$I_{DC} = \sqrt{\frac{1}{T}\int_0^T i^2 \mathrm{d}t}$$

我们把热效应与交流电流等效的直流电流称为"交流电流的有效值",它的文字符号不用 I_{DC},而用大写字母"I"表示,即

$$I = \sqrt{\frac{1}{T}\int_0^T i^2 \mathrm{d}t} \tag{2-13}$$

交流电的有效值等于瞬时值的平方在一个周期时间内的平均值的开方,又称"方均根"值。

式(2-13)中的 i 为任意随时间变化的周期函数。如果电流 i 为正弦电流(设初相为零)

$$i = I_m \sin\omega t$$

将其代入式(2-13)得

$$\begin{aligned}
I &= \sqrt{\frac{1}{T}\int_0^T (I_m \sin\omega t)^2 \mathrm{d}t} \\
&= \sqrt{\frac{I_m^2}{T}\int_0^T \left(\frac{1-\cos 2\omega t}{2}\right) \mathrm{d}t} \\
&= \sqrt{\frac{I_m^2}{2T}(T-0)} = \frac{I_m}{\sqrt{2}}
\end{aligned}$$

即正弦电流的有效值等于其最大值除以 $\sqrt{2}$。

$$I = \frac{I_m}{\sqrt{2}} \tag{2-14}$$

与正弦电流相应的正弦交流电压的有效值可写成

$$U = \frac{U_m}{\sqrt{2}} \tag{2-15}$$

一般电气设备上所标的额定电压和额定电流以及通常所使用的交流电压和电流的数值都指的是有效值。使用交流电压表和交流电流表所测得的数值也都是有效值。

[例2-2] 生产车间的动力电源电压为380V,照明电源的电压为220V,问它们的最大值各为多少伏?

解:国家标准规定的电压等级都是有效值,根据式(2-15)可求:

动力电源电压最大值为　　$U_m = \sqrt{2}U = \sqrt{2} \times 380\mathrm{V} = 537\mathrm{V}$

照明电源电压最大值为　　$U_m = \sqrt{2}U = \sqrt{2} \times 220\mathrm{V} = 311\mathrm{V}$

[例2-3] 如果已知正弦电流的最大值为28.2A,试问用交流电流表进行测量时,电流表的读数为多少?

解:因为交流电流表测得的为有效值,由式(2-14)可求电流表读数为

$$I = \frac{I_m}{\sqrt{2}} = \frac{28.2\mathrm{A}}{\sqrt{2}} = 20\mathrm{A}$$

2. 交流电的平均值

交流电流的平均值是从电荷量这个方面来衡量交流值的一个量。设交流电流为 i,在 $\mathrm{d}t$ 时间内通过电路的电荷量为 $i\mathrm{d}t$,它在正半周期内通过电路的电荷总量为 $\int_0^{\frac{T}{2}} i\mathrm{d}t$;某一直流

电流 I_{DC} 通过该电路，在等于交流电的正半周期时间内通过电路的电荷总量为 $I_{DC} \times \dfrac{T}{2}$，若这两个电荷量相等，即

$$I_{DC} \times \frac{T}{2} = \int_0^{\frac{T}{2}} i \mathrm{d}t$$

可得出

$$I_{DC} = \frac{2}{T} \int_0^{\frac{T}{2}} i \mathrm{d}t$$

我们把这样的一个直流电流称为"交流电流的平均值"，不用字母 I_{DC} 表示，而采用交流平均值的字符 "I_{av}" 表示，即

$$I_{av} = \frac{2}{T} \int_0^{\frac{T}{2}} i \mathrm{d}t \tag{2-16}$$

如果电流 i 为正弦电流 $i = I_m \sin\omega t$，代入式(2-16)

$$I_{av} = \frac{2}{T} \int_0^{\frac{T}{2}} I_m \sin\omega t \mathrm{d}t = \frac{2I_m}{\omega T} \int_0^{\frac{T}{2}} \sin\omega t \mathrm{d}(\omega t)$$

积分后得

$$I_{av} = \frac{2}{\pi} I_m \tag{2-17}$$

对应的正弦交流电压的平均值与最大值的关系可写成

$$U_{av} = \frac{2}{\pi} U_m \tag{2-18}$$

即正弦量在半周期的平均值等于最大值的 $2/\pi$ 倍，当然，正弦量在一个周期内的平均值为零，无意义。

第二节　正弦量的相量表示法

一、复数简介

如果直接利用正弦量的解析式或波形图来分析计算正弦交流电路，将是非常繁琐和困难的。工程计算中通常是采用复数表示正弦量，把对正弦量的各种运算转化为复数的代数运算，从而大大简化了正弦交流电路的分析计算过程，这种方法称为相量法。

复数和复数运算是相量法的数学基础，先对复数的概念进行必要的复习。

1. 复数的表达形式

设 A 为一个复数，其实部和虚部分别为 a 和 b，则复数 A 可用代数形式表示为

$$A = a + jb \tag{2-19}$$

式(2-19)称为复数的"代数形式"表示，此外，复数还可用由实数轴与虚数轴构成的复平面上的一个"矢量"表示。如图 2-9 所示，矢量的长短 $|A|$ 表示复数 A 的"大小"，数学上称为复数的"模数"，ψ 是矢量的方向角，数学上称为复数的"幅角"。一个矢量可以用极坐标形式表示，对应图 2-9，我们可将复数 A 写成极坐标形式

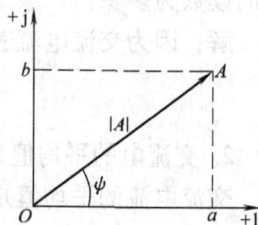

图 2-9　复数的矢量表示

$$A = |A| \underline{/\psi} \tag{2-20}$$

由图 2-9 不难看出复数的代数形式与极坐标形式之间的转换关系

已知代数形式　　　　　　　　　$A = a + jb$

则极坐标形式中

$$\left.\begin{array}{l} |A| = \sqrt{a^2 + b^2} \\ \psi = \arctan \dfrac{b}{a} \end{array}\right\} \tag{2-21}$$

已知极坐标形式　　　　　　　　$A = |A| \underline{/\psi}$

则代数形式中

$$\left.\begin{array}{l} a = |A|\cos\psi \\ b = |A|\sin\psi \end{array}\right\} \tag{2-22}$$

2. 复数的四则运算

（1）加法　将复数化成代数形式，然后实部与实部相加，虚部与虚部相加得到新的复数。

[例 2-4]　已知 $A = 3 + j4$，$B = 10 \underline{/36.9°}$，求 $C = A + B$。

解：需将 B 也化成代数形式

$$B = 10 \underline{/36.9°} = 10\cos36.9° + j10\sin36.9° = 8 + j6$$

则

$$C = A + B = (3 + j4) + (8 + j6)$$
$$= (3 + 8) + j(4 + 6) = 11 + j10 = 14.86 \underline{/42.27°}$$

（2）减法　将复数化成代数形式，然后实部与实部相减，虚部与虚部相减，得到新的复数。

[例 2-5]　已知 $A = 5 \underline{/36.9°}$，$B = 10 \underline{/-120°}$，求：$C = A - B$ 和 $D = B - A$。

解：A 和 B 都应化成代数形式

$$A = 5 \underline{/36.9°} = 4 + j3$$
$$B = 10 \underline{/-120°} = -5 - j8.66$$

则

$$C = A - B = [4 - (-5)] + j[3 - (-8.66)] = 9 + j11.66$$
$$= 14.73 \underline{/52.34°}$$
$$D = B - A = (-5 - 4) + j(-8.66 - 3) = -9 - j11.66$$
$$= 14.73 \underline{/-127.66°}$$

（3）乘法　通常是将复数化成极坐标形式，然后将相乘的复数"模相乘、幅角相加"得到新的复数。

[例 2-6]　已知 $A = 58 \underline{/30°}$，$B = 25 - j36$，求：$C = AB$。

解：需将 B 化成极坐标形式

$$B = 25 - j36 = 43.83 \underline{/-55.22°}$$
$$C = AB = 58 \underline{/30°} \times 43.83 \underline{/-55.22°}$$
$$= (58 \times 43.83) \underline{/30° + (-55.22°)}$$
$$= 2524.14 \underline{/-25.22°}$$

（4）除法　通常也是把复数化成极坐标形式，然后相除的两个复数"模相除、幅角相减"得到新的复数。

[例2-7]　若已知 $A = 38\,\underline{/52°}$，$B = 22\,\underline{/-130°}$，求：$C = \dfrac{A}{B}$，$D = \dfrac{B}{A}$。

解：

$$C = \frac{A}{B} = \frac{38\,\underline{/52°}}{22\,\underline{/-130°}} = \frac{38}{22}\,\underline{/52° - (-130°)} = 1.73\,\underline{/182°}$$

$$D = \frac{B}{A} = \frac{22\,\underline{/-130°}}{38\,\underline{/52°}} = \frac{22}{38}\,\underline{/-130° - 52°} = 0.58\,\underline{/-182°}$$

二、正弦量的复数表示法（相量法）

如前所述，当知道正弦量的最大值（或有效值）、初相角和角频率（或频率）这三个要素，就可以写出该正弦量的瞬时值表达式。在正弦稳态交流电路中，所有的激励和响应都是同频率的正弦量，所以只要知道有效值和初相角两个要素，就能描述一个正弦量；又因为一个复数也可以说是由两个要素构成，即"模数"和"幅角"，这样就可以把正弦量的表示法引入到复数领域。

如 $i = \sqrt{2}I\sin(\omega t + \psi_i)$，$\omega$ 作为已知量，我们用电流的有效值（I）和初角（ψ_i）两个要素，并借用复数来描绘正弦电流，方法是：

1）电流的有效值对应复数的模数。

2）电流的初相角对应复数的幅角。

这样正弦电流可写成复数形式

$$\dot{I} = I\,\underline{/\psi_i} \tag{2-23}$$

依照图2-9的画法可对应画出正弦电流的极坐标形式，如图2-10所示。注意：习惯用 I 打一点（$\dot{I}$）来表示电流的复数形式，不带点的 I 仍为电流的有效值。

仿照电流，正弦电压 $u = \sqrt{2}U\sin(\omega t + \psi_u)$ 的复数形式可以写成

$$\dot{U} = U\,\underline{/\psi_u} \tag{2-24}$$

把用复数形式表示的正弦量称为"相量"，以区别表示复数的"矢量"。

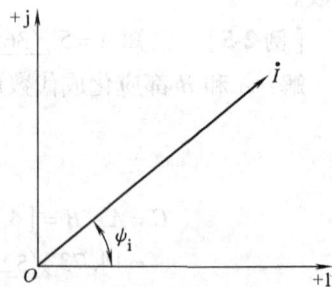

图2-10　正弦电流的极坐标形式

知道正弦量的瞬时值表达式，就可以写出它的"相量"，反之，知道了一个正弦量的相量形式，也可以写出它的正弦量瞬时值表达式。

例如，已知正弦量瞬时值表达式，写出其"相量"。

$$u_1 = \sqrt{2} \times 10\sin(\omega t + 30°)\,\text{V} \rightarrow \dot{U}_1 = 10\,\underline{/30°}\,\text{V}$$

$$u_2 = \sqrt{2} \times 100\sin(\omega t - 50°)\,\text{V} \rightarrow \dot{U}_2 = 100\,\underline{/-50°}\,\text{V}$$

$$i_1 = 5\sin(\omega t + 120°)\,\text{A} \rightarrow \dot{I}_1 = \frac{5}{\sqrt{2}}\underline{/120°}\,\text{A}$$

$$i_2 = \sqrt{2} \times 2\sin(\omega t - 10°)\,\text{A} \rightarrow \dot{I}_2 = 2\,\underline{/-10°}\,\text{A}$$

又如，已知"相量"，写出正弦量瞬时值表达式

$$\dot{U} = 150 \underline{/-120°} \text{ V} \rightarrow u = \sqrt{2} \times 150\sin(\omega t - 120°) \text{ V}$$

$$\dot{I} = \sqrt{2} \times 5 \underline{/106°} \text{ A} \rightarrow i = 10\sin(\omega t + 106°) \text{ A}$$

正弦量用复数表示后，也可用复数平面上的极坐标图形表示，如图2-10所示称为"相量图"。同频率的正弦量化成复数（相量）后，可以画在同一幅相量图中，如 $u = \sqrt{2}U\sin(\omega t + \psi_u)$，$i = \sqrt{2}I\sin(\omega t + \psi_i)$，其"相量"分别为 $\dot{U} = U\underline{/\psi_u}$；$\dot{I} = I\underline{/\psi_i}$ 其相量图如图2-11所示。从相量图中可直观地看到正弦量的大小、初相角及相位差。从图2-11可看到，电压 $\dot{U}$ 超前电流 $\dot{I}$，$\psi_{ui} = \psi_u - \psi_i$。

应当指出：电流相量 $\dot{I}$ 和电压相量 $\dot{U}$ 是正弦量瞬时值 i 和 u 的"代表符号"，它们和瞬时值一样可以在电路图上标出参考方向，而有效值 U、I 或最大值 U_m、I_m 只是数值。

正弦电流和正弦电压也必须在电路图上标出"参考方向"。某一时刻的"实际方向"仍然依据该时刻实际值的正负来判断。如果 $i(t_1) > 0$，则 t_1 时刻电流的实际方向与电路图上的参考方向相同；如果 $i(t_2) < 0$，则 t_2 时刻电流的实际方向与电路图上的参考方向相反。

图 2-11　$\dot{U}$ 与 $\dot{I}$ 的相量图

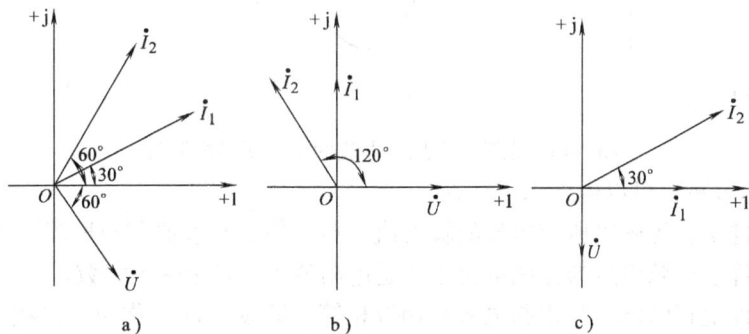

在利用"相量"进行正弦电路的计算时，为了方便，常选定其中一个正弦量的初相角为0，称为"参考相量"，"参考相量"是可以任意选取的。如图2-12a，三个相量没有选哪个作为参考相量；图2-12b是选取 $\dot{U}$ 作为参考相量；图2-12c是选取 $\dot{I}_1$ 为参考相量。不难看出，不同参考相量的选择只影响各相量的初相，并不影响各相量之间的相位差，如 $\dot{U}$ 滞后 $\dot{I}_1$ 90°、$\dot{I}_2$ 超前 $\dot{I}_1$ 30°，对三个图都是一样的。

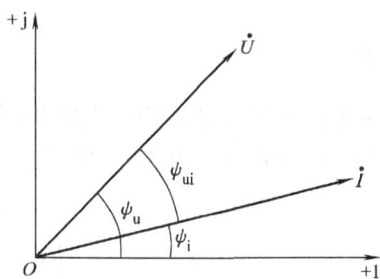

图 2-12　参考相量

第三节　纯电阻、纯电感、纯电容正弦交流电路

一、纯电阻正弦交流电路

在实际使用的电器和设备中，有时就可以忽略次要因素，而只突出其电阻性质，从而可

将其抽象为电阻元件(即所谓"纯电阻"),如电阻电炉、白炽灯等。

1. 电阻元件上正弦电流与电压关系

如图 2-13a 所示,如果电阻元件 R 上电压为

$$u_R = U_{Rm}\sin\omega t \tag{2-25}$$

由于电阻元件上的电流与电压每一个瞬时都应符合欧姆定律,所以

$$i = \frac{u_R}{R} = \frac{U_{Rm}\sin\omega t}{R} = I_m\sin\omega t \tag{2-26}$$

式中

$$I_m = \frac{U_{Rm}}{R} \quad I = \frac{U_R}{R} \tag{2-27}$$

因为电阻 R 是实数,相除之后并不影响正弦量的频率和初相角。若电阻元件上的电压与电流都用相量表示,由式(2-26)和式(2-27)可得

$$\dot{U}_R = U_R\angle 0°, \quad \dot{I} = I\angle 0°$$

则

$$\frac{\dot{U}_R}{\dot{I}} = \frac{U_R\angle 0°}{I\angle 0°} = \frac{U_R}{I}\angle 0°-0° = R \tag{2-28}$$

电阻元件上电压与电流的波形曲线及相量图如图 2-13b 和图 2-13c 所示。

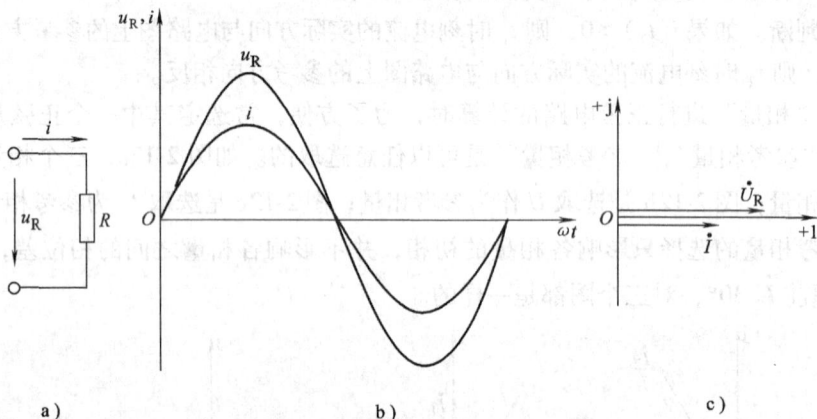

图 2-13　电阻中电压与电流的波形图和相量图

通过上面的分析,可以得出以下结论:

1) 电阻元件上,正弦电压与电流的瞬时值、最大值、有效值和相量都符合欧姆定律。

2) 电阻元件上正弦电压与正弦电流之比是电阻值 R,它是一个实数。

3) 电阻元件上正弦电压与正弦电流初相位相等,即 $\psi_u = \psi_i$,称为"同相"。

2. 电阻元件上的功率

(1) 瞬时功率(p)　电压瞬时值与电流瞬时值的乘积称为瞬时功率(用 p 表示)。为方便,我们取电压初相为零(即参考正弦量),那么电流的初相也为零,若取 u、i 为关联参考方向,瞬时功率可写成

$$\begin{aligned} p &= u_R i = U_{Rm}\sin\omega t I_m\sin\omega t \\ &= U_{Rm}I_m\sin^2\omega t = U_{Rm}I_m\frac{1-\cos 2\omega t}{2} \\ &= U_R I - U_R I\cos 2\omega t \end{aligned} \tag{2-29}$$

图 2-14 绘出了瞬时功率 p 的曲线(每一瞬时 p 都是 u 与 i 的乘积)。两个正弦函数之积仍然是正弦函数(如果将横坐标上移 $U_R I$,即可看出这一特点)。该曲线在 $0 \sim \pi$ 区间,电流、电压都为正值,二者乘积也为正值;在 $\pi \sim 2\pi$ 区间电流、电压都是负值,乘积仍为正值,这正说明电阻元件吸收功率,是耗能元件。

(2) 有功功率(P)　瞬时功率在一个周期内的平均值称"平均功率"(用 P 表示),即

$$P = \frac{1}{T}\int_0^T p\,dt = \frac{1}{T}\int_0^T (U_R I - U_R I\cos2\omega t)\,dt = U_R I$$

$$P = U_R I \qquad\qquad\qquad (2\text{-}30)$$

或 $$P = I^2 R = \frac{U_R^2}{R} \qquad\qquad (2\text{-}31)$$

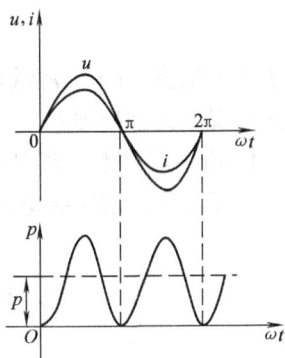

图 2-14　电阻元件的瞬时
功率波形图

注意:式(2-30)与式(2-31)与直流电路中计算电阻上的功率公式完全一样,但这里的 U_R 和 I 不是直流电压和直流电流,而是正弦交流电压有效值和正弦交流电流有效值。这里的平均功率是电阻元件上吸收的功率,是实际作功的功率,所以又称"有功功率"。有功功率 P 的单位和直流功率一样也是瓦(W)或千瓦(kW)。

[例 2-8]　如图 2-13a 所示,电流和电压的参考方向如图中所示,已知:$R = 10\Omega$,$i = 5\sin(\omega t + 30°)\text{A}$

求:(1) 电阻 R 两端电压 U_R 及 u_R。

(2) 电阻消耗的功率。

解:由题可知 $I_m = 5\text{A}$,则 $I = \dfrac{I_m}{\sqrt{2}} = \dfrac{5\text{A}}{\sqrt{2}} = 3.54\text{A}$

$\psi_i = 30°$,电阻上 $\psi_u = \psi_i = 30°$　(电流与电压同相)

(1) $$U_R = IR = 3.54\text{A} \times 10\Omega = 35.4\text{V}$$

$$U_{Rm} = I_m R = 5\text{A} \times 10\Omega = 50\text{V}$$

得 $$u_R = U_{Rm}\sin(\omega t + \psi_u) = 50\sin(\omega t + 30°)\text{V}$$

此题若用相量求解,数值和角度同时求出

由题得 $$\dot{I}_m = 5 \,\underline{/30°}\, \text{A}$$

可求得 $$\dot{U}_{Rm} = \dot{I}_m R = 5 \,\underline{/30°}\, \times 10 = 50 \,\underline{/30°}\, \text{V}$$

瞬时值 $$u_R = U_{Rm}\sin(\omega t + \psi_u) = 50\sin(\omega t + 30°)\text{V}$$

有效值 $$U_R = \frac{U_{Rm}}{\sqrt{2}} = \frac{50\text{V}}{\sqrt{2}} = 25\sqrt{2}\text{V}$$

(2) 电阻功率 $$P = U_R I = 25 \times \sqrt{2}\text{V} \times \frac{5}{\sqrt{2}}\text{A} = 125\text{W}$$

二、纯电感正弦交流电路

如果一个实际线圈的电阻忽略不计,就可以抽象为一个电感元件。电感元件上的电流与电压的关系,由物理学知识,如图 2-15a 所示,取关联参考方向,有

$$u_L = L \frac{\mathrm{d}i}{\mathrm{d}t}$$

对于直流电流，$i = I$（常量），$u_L = 0$，即电感元件在直流电路中相当于短接。那么，在正弦交流情况下又如何呢？

1. 电感元件上正弦电流与正弦电压的关系

为了方便，取正弦电流为参考量，即

$$i = I_m \sin\omega t \tag{2-32}$$

则

$$u_L = L \frac{\mathrm{d}(I_m \sin\omega t)}{\mathrm{d}t} = \omega L \frac{\mathrm{d}(I_m \sin\omega t)}{\mathrm{d}(\omega t)}$$

$$= \omega L I_m \cos\omega t = U_{Lm} \sin\left(\omega t + \frac{\pi}{2}\right) \tag{2-33}$$

式中

$$U_{Lm} = \omega L I_m \quad 或 \quad U_L = \omega L I \tag{2-34}$$

可见，取 $\psi_i = 0$，则 $\psi_u = \dfrac{\pi}{2}$，电流与电压的波形曲线如图 2-15b 所示。

令

$$X_L = \omega L \tag{2-35}$$

则式（2-34）可写成

$$U_{Lm} = X_L I_m \quad 或 \quad U_L = X_L I \tag{2-36}$$

这里的 X_L 称为"感抗"。电感（L）在交流电路中才表现出"抗"。由式（2-36）可知，感抗（X_L）的单位是欧（Ω），也可由式（2-35）导出

$$[X_L] = [\omega][L] = \left[\frac{1}{s}H\right] = \left[\frac{1}{s}s\Omega\right] = [\Omega]$$

如果用相量表示电感上电流与电压的关系，可由式（2-32）和式（2-33）分别写出

$$\dot{I} = I \underline{/0°}; \quad \dot{U}_L = U_L \underline{/90°}$$

则

$$\frac{\dot{U}_L}{\dot{I}} = \frac{U_L \underline{/90°}}{I \underline{/0°}} = X_L \underline{/90°} = jX_L \tag{2-37}$$

或

$$\dot{U}_L = \dot{I} jX_L \tag{2-38}$$

电流与电压的相量图如图 2-15c 所示，通过上述分析，可得出以下结论：

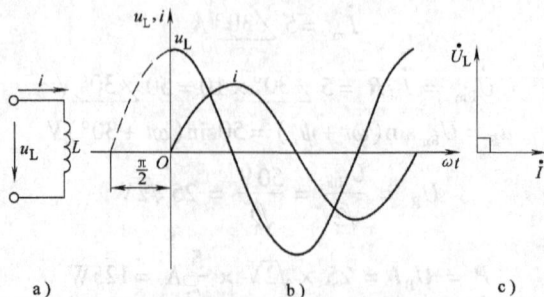

图 2-15　电感元件电压、电流波形图及相量图

1）电感元件上正弦电流和电压瞬时值的关系是微分关系，即遵守电磁感应定律。

2）引入感抗（X_L）后，正弦电流、电压的最大值、有效值，具有欧姆定律形式，如式（2-36）。

3）电流和电压相量之间的关系也具有欧姆定律形式，如式（2-37）、式（2-38）。jX_L 为感抗 X_L 的复数形式。

4）电感元件上，电压、电流是同频率的正弦量，且电压相量超前电流相量 $\pi/2$（即 90°），或电流相量滞后电压相量 $\pi/2$（即 90°）。

2. 电感元件上的功率

（1）瞬时功率（p）　在 u、i 取关联参考方向下

$$p = u_L i = U_{Lm}\sin(\omega t + \pi/2)I_m\sin\omega t$$
$$= U_{Lm}I_m\cos\omega t\sin\omega t$$
$$= U_{Lm}I_m\frac{\sin2\omega t}{2}$$
$$p = U_L I\sin2\omega t \tag{2-39}$$

瞬时功率 p 的变化曲线如图 2-16 所示。p 仍为正弦规律变化，频率为电流（或电压）频率的两倍。

（2）有功功率（P）

$$P = \frac{1}{T}\int_0^T p\,dt = \frac{1}{T}\int_0^T U_L I\sin2\omega t\,dt = 0 \tag{2-40}$$

正弦周期函数在一个周期内的平均值是零，这说明在一个周期内，电感元件吸收的能量与放出的能量是相等的，并没有消耗功率，由此验证了，电感是"储能元件"。

（3）无功功率（Q）　电感元件上电压有效值与电流有效值的乘积定义为"无功功率"，用 Q_L 表示。

$$Q_L = U_L I = I^2 X_L = \frac{U_L^2}{X_L} \tag{2-41}$$

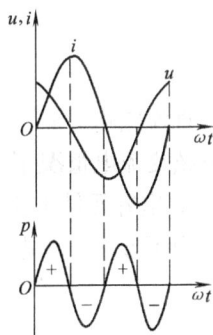

图 2-16　电感元件的瞬时功率波形图

从量纲上看，Q_L 是 U、I 的乘积，单位也应是瓦（W），但为了与有功功率相区别，把无功功率的单位改用"乏"（var）或"千乏"（kvar）。

由式（2-41）可以看出，电感元件上的无功功率反映的是瞬时交变功率的"最大值"，以后会进一步认识无功功率并不是"无用"功率。

[例 2-9]　已知：$i = \sqrt{2}\times10\sin(314t)$ V 通过电感元件后，无功功率 $Q_L = 200$var。

求：（1）电感元件的电感量。

（2）电感元件两端电压 u_L。

解：（1）

$$X_L = \frac{Q_L}{I^2} = \frac{200}{10^2}\Omega = 2\Omega$$

$$L = \frac{X_L}{\omega} = \frac{2}{314}\text{H} = 0.006369\text{H} = 6.37\times10^{-3}\text{H} = 6.37\text{mH}$$

（2）　$\dot{U}_L = \dot{I}(jX_L) = 10\underline{/0°}\times j2\text{V} = 10\underline{/0°}\times2\underline{/90°}\text{V} = 20\underline{/90°}\text{ V}$；$U_L = 20$V

$$u_L = \sqrt{2}\times20\sin(314t + 90°)\text{ V}$$

三、纯电容正弦交流电路

如果实际的电容器不考虑内部损耗等因素，就可以抽象为电容元件。在物理学中已经介

绍过电容元件上电流和电压的关系。如图 2-17a 所示，在 u_C、i 取关联参考方向时

$$i = C \frac{\mathrm{d}u_C}{\mathrm{d}t}$$

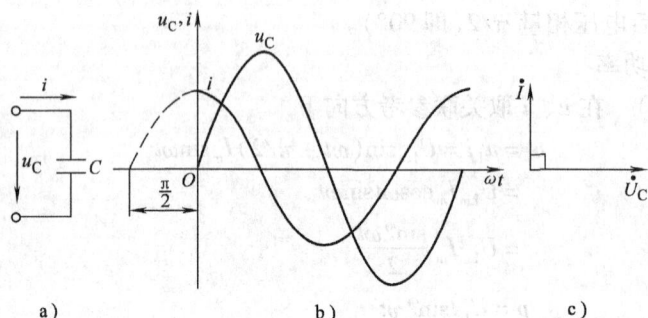

图 2-17　电容元件电压、电流波形图及相量图

对于直流电路，$u_C = U_S$（常数），$i = 0$，因此在直流电路中，电容元件相当于断路。电容元件在正弦交流电情况下又如何呢？

1. 电容元件上正弦电压与正弦电流关系

为了方便，取电压为参考正弦量，即

$$u_C = U_{Cm}\sin\omega t \tag{2-42}$$

则

$$i = C \frac{\mathrm{d}u_C}{\mathrm{d}t} = C \frac{\mathrm{d}(U_{Cm}\sin\omega t)}{\mathrm{d}t} = \omega C U_{Cm} \frac{\mathrm{d}(\sin\omega t)}{\mathrm{d}(\omega t)}$$

得

$$i = I_m\sin(\omega t + \frac{\pi}{2}) \tag{2-43}$$

式中

$$I_m = \omega C U_{Cm}$$

或

$$I_m = \frac{U_{Cm}}{\frac{1}{\omega C}}, \quad I = \frac{U_C}{\frac{1}{\omega C}} \tag{2-44}$$

由上述可见，电压初相角 $\psi_u = 0$，则 $\psi_i = \psi_u + \frac{\pi}{2} = \frac{\pi}{2}$。电压与电流的正弦波形如图 2-17b 所示。

令

$$X_C = \frac{1}{\omega C} \tag{2-45}$$

则式（2-44）可写成

$$I_m = \frac{U_{Cm}}{X_C} \quad 或 \quad I = \frac{U_C}{X_C} \tag{2-46}$$

这里的 X_C 称为"容抗"，单位也是欧（Ω）。容抗的单位我们由式（2-46）可以看出，也可以由式（2-45）导出。

如果将式（2-43）的电流和式（2-42）的电压都用相量表示，即

$$\dot{I} = I\underline{/90°}, \quad \dot{U}_C = U_C\underline{/0°}$$

则

$$\frac{\dot{U}_C}{\dot{I}} = \frac{U_C \underline{/0°}}{I \underline{/90°}} = X_C \underline{/-90°} = -jX_C \qquad (2\text{-}47)$$

电流与电压的相量图如图2-17c所示。

通过上述分析，可得出的结论是：

1）元件上电压与电流瞬时值的关系是微分关系。

2）引入容抗 X_C 后，正弦电压的最大值（或有效值）与电流的最大值（或有效值）具有欧姆定律形式。

3）电流和电压的相量关系也具有欧姆定律形式。式（2-47）中的 $-jX_C$ 是容抗的复数形式，与复数感抗相比复数容抗为负虚数。

4）在相位上电容元件上的电流超前其电压 $\pi/2$（即90°）。

2. 电容元件上的功率

（1）瞬时功率（取 u_C 与 i 为关联方向）

$$p = u_C i = U_{Cm}\sin\omega t I_m \sin\left(\omega t + \frac{\pi}{2}\right)$$

$$p = U_{Cm}I_m\sin\omega t\cos\omega t$$

$$= U_{Cm}I_m\frac{\sin 2\omega t}{2} = U_C I\sin 2\omega t \qquad (2\text{-}48)$$

瞬时功率 p 的曲线如图2-18所示，瞬时功率也是按正弦规律变化，频率为电流（或电压）频率的2倍。

（2）有功功率

$$P = \frac{1}{T}\int_0^T p\mathrm{d}t = \frac{1}{T}\int_0^T U_C I\sin 2\omega t\mathrm{d}t = 0$$

与电感元件一样，电容也是储能元件。当 $p>0$ 时吸收能量，当 $p<0$ 时放出能量，元件本身没有消耗能量。

（3）无功功率 也和电感一样，将电容元件上电压有效值与电流有效值的乘积称为容性无功功率，用 Q_C 表示

$$Q_C = U_C I = I^2 X_C = \frac{U_C^2}{X_C} \qquad (2\text{-}49)$$

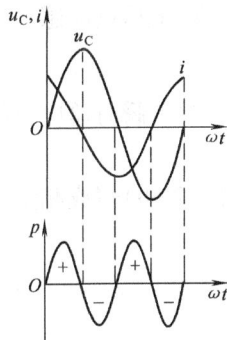

图2-18 电容元件的瞬时功率波形图

Q_C 与 Q_L 一样，单位也用乏（var）表示。

[**例2-10**] 已知 $C=72\mu\mathrm{F}$，接通正弦电压，$u_C = \sqrt{2}\times380\sin(314t+52°)\mathrm{V}$

求：（1）电流 i。

（2）Q_C。

解：由题知 $\dot{U}_C = 380\underline{/52°}\mathrm{V}$，$\omega = 314\mathrm{rad/s}$

$$-jX_C = -j\frac{1}{\omega C} = -j\frac{1}{314\times72\times10^{-6}}\Omega = -j44.23\Omega = 44.23\underline{/-90°}\Omega$$

（1）

$$\dot{I} = \frac{\dot{U}_C}{-jX_C} = \frac{380\underline{/52°}}{44.23\underline{/-90°}}\mathrm{A} = 8.59\underline{/142°}\mathrm{A}$$

$$i = \sqrt{2}\times8.59\sin(314t+142°)\mathrm{A}$$

（2）

$$Q_C = U_C I = 380\mathrm{V}\times8.59\mathrm{A} = 3264.2\mathrm{var} \approx 3.264\mathrm{kvar}$$

第四节　电阻、电感串联电路

上节分别讲述了 R、L、C 三个元件单独存在时接通正弦交流电的情况。在实用电路中，经常遇到的是电阻(R)和电感(L)相串联的情况。例如，不能忽略电阻作用的线圈，就要用 R、L 串联来等效；交流电动机的绕组、荧光灯电路的镇流器与灯管等都可近似等效为 R、L 的串联组合。

一、电阻与电感串联电路电压与电流的关系

如图 2-19 所示，是一个 R、L 串联电路与正弦电压源 u 接通，在电路图上用瞬时值或相量标出交流电压与电流的参考方向。

下面来分析电路总电压(电源电压)u 与电流 i 以及电感电压 u_L、电阻电压 u_R 之间的关系。为了方便我们用相量法，并取电流相量为参考相量，即

$$\dot{I} = I \underline{/0°}$$

电流通过电阻，产生的电阻电压相量为

$$\dot{U}_R = \dot{I}R = IR \underline{/0°} = U_R \underline{/0°}$$

电流通过电感，产生的电感电压相量为：

$$\dot{U}_L = \dot{I}(jX_L) = IX_L \underline{/90°} = U_L \underline{/90°}$$

图 2-19　R、L 串联电路

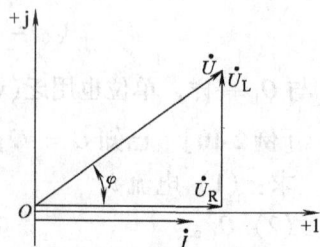

每一瞬时总电压都应该等于各分电压之和

$$u = u_R + u_L \tag{2-50}$$

将式(2-50)写成相量形式

$$\dot{U} = \dot{U}_R + \dot{U}_L = \dot{I}R + \dot{I}(jX_L) = \dot{I}(R + jX_L)$$

或

$$\dot{U} = \dot{I}Z \tag{2-51}$$

将上述电流相量及各电压相量画在相量图上，如图 2-20 所示(习惯画法是同一性质的相量首尾相接,保持初相角不变,以便于相量相加)。

式(2-51)中的

$$Z = R + jX_L \tag{2-52}$$

Z 是一复数，它的实部是电路中的电阻，虚部为电路中的电抗(这里是感抗)，称为"复阻抗"。

图 2-20　电流、电压相量图

二、对复阻抗的认识

上面已经引出了复阻抗 Z，下面来对它作进一步分析。由式(2-51)得

$$Z = \frac{\dot{U}}{\dot{I}} = \frac{U \underline{/\psi_u}}{I \underline{/\psi_i}} = |Z| \underline{/\psi_u - \psi_i} = |Z| \underline{/\varphi}$$

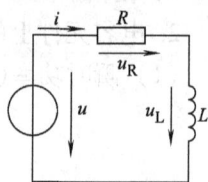

$$Z = R + jX_L = |Z| \underline{/\varphi} \tag{2-53}$$

从式(2-53)可知，Z 的模 $|Z| = \dfrac{U}{I}$，即等于电压的有效值除以电流的有效值，它的单位是欧（Ω），Z 的幅角公式 $\varphi = \psi_u - \psi_i$ 是电压与电流的相位差。所以复阻抗 Z 既反映了电流和电压的"数值"关系，也反映了电流和电压的"相位"关系。

式(2-51)在形式上与欧姆定律相似，通常把它说成是正弦电路中欧姆定律的相量形式。

应当注意：复数电压（$\dot{U}$）和复数电流（$\dot{I}$）是"相量"，它们分别代表正弦电压和正弦电流。Z 尽管也是复数，但它不是正弦时间函数，为了区别这两种复数，在大写字母 Z 上不打点，而用 $|Z|$ 表示 Z 的模数，Z 不是相量。

如果将图 2-20 由 $\dot{U}_R$、$\dot{U}_L$ 和 $\dot{U}$ 组成的直角三角形称为"电压三角形"，那么将它的三个边同除以电流（$\dot{I}$），就成了"阻抗三角形"，如图 2-21 所示。

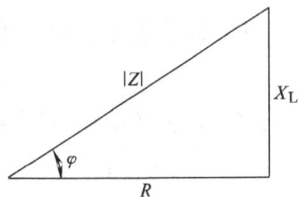

复阻抗 Z 的代数形式和极坐标形式的互相转换，也可借助阻抗三角形进行。如果已知 R 和 X_L，则

图 2-21 阻抗三角形

$$\left. \begin{array}{l} |Z| = \sqrt{R^2 + X_L^2} \\ \varphi = \arctan \dfrac{X_L}{R} \end{array} \right\} \tag{2-54}$$

[例2-11] 已知图 2-19 中 $u = \sqrt{2} \times 220\sin(\omega t + 16°)\text{V}$，$R = 300\Omega$，$X_L = 520\Omega$。
求：（1）电路中的电流 i。
（2）电阻和电感上的电压 U_R 和 U_L。
（3）作相量图。
解：求出电路阻抗
$$Z = R + jX_L = (300 + j520)\Omega = 600\underline{/60°}\ \Omega$$
电压的相量
$$\dot{U} = 220\underline{/16°}\text{V}$$
（1）电路中的电流
$$\dot{I} = \frac{\dot{U}}{Z} = \frac{220\underline{/16°}}{600\underline{/60°}}\text{A} = 0.37\underline{/-44°}\text{A}$$
$$i = \sqrt{2} \times 0.37\sin(\omega t - 44°)\text{A}$$

（2）$\dot{U}_R = \dot{I}R = 0.37\underline{/-44°} \times 300\text{V} = 111\underline{/-44°}\text{V}$
$$U_R = 111\text{V}$$
$$\dot{U}_L = \dot{I}\,jX_L = 0.37\underline{/-44°} \times 520\underline{/90°}\text{V} = 192.4\underline{/46°}\text{V}$$
$$U_L = 192.4\text{V}$$

（3）相量图如图 2-22 所示，$\dot{U}_R$ 与 $\dot{I}$ 同相，$\dot{U}_L$ 超前 $\dot{I}$ 90°（注意 $\dot{U}_L$ 初相角的标法）。总电压的初相角为 16°，$\dot{U}$ 与 $\dot{I}$ 的夹角应为阻抗（幅）角 $\varphi = 60°$，且应看出 $\dot{U} = \dot{U}_R + \dot{U}_L$（而 $U \neq U_R + U_L$）。电感性电路电流滞后于总电压，滞后的角度等于

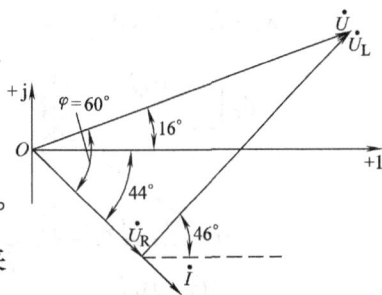

图 2-22 例 2-11 图

阻抗角 φ 。

第五节　R、L、C 串联电路

电阻、电感、电容元件串联电路是具有一般意义的典型电路，因为它包含了三个不同的电路参数，常用的串联电路，都可能认为是它的特例。

一、电流与电压关系

如图 2-23 所示，取电流为参考相量

$$\dot{I} = I \underline{/0°}$$

则 R、L、C 上的电压分别为

$$\dot{U}_R = \dot{I} R, \ \dot{U}_L = \dot{I}\,(jX_L), \ \dot{U}_C = \dot{I}\,(-jX_C)$$

总电压的瞬时值为

$$u = u_R + u_L + u_C$$

相量形式为

$$\begin{aligned}
\dot{U} &= \dot{U}_R + \dot{U}_L + \dot{U}_C \\
&= \dot{I}_R R + \dot{I}\,(jX_L) + \dot{I}\,(-jX_C) \\
&= \dot{I}\,\left[\,R + j(X_L - X_C)\,\right] \\
&= \dot{I} Z
\end{aligned} \tag{2-55}$$

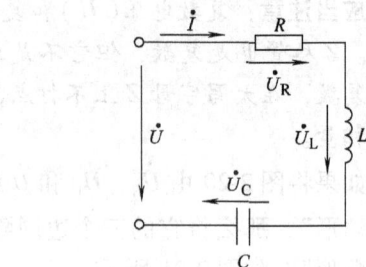

图 2-23　R、L、C
串联电路

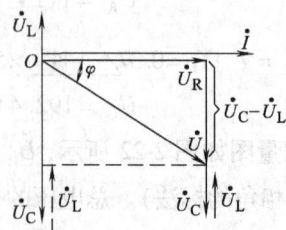

式(2-55)中

$$Z = R + j(X_L - X_C) = R + jX = |Z| \underline{/\varphi} \tag{2-56}$$

Z 是 R、L、C 串联电路的复数阻抗，$X = X_L - X_C$ 为感抗和容抗的代数和，称为"电抗"。

式(2-55)的电压、电流的关系，也称为相量形式的欧姆定律。

二、从阻抗 Z 看电路性质

(1) $X_L > X_C$　感抗大于容抗，在同一电流作用下，$U_L > U_C$，从图 2-24 的相量图可见，电路总电压($\dot{U}$)超前电流($\dot{I}$)φ角，称为"感性"电路。

$$X_L - X_C = X > 0, \quad Z = R + jX = |Z| \underline{/\varphi}, \quad \varphi > 0\,(电路呈感性)。$$

(2) $X_L < X_C$　感抗小于容抗，在同一电流的作用下，$U_L < U_C$，从图 2-25 的相量图可见，电路总电压($\dot{U}$)滞后电流($\dot{I}$)φ角，称为"容性"电路。

$$X_L - X_C = X < 0, \quad Z = R + jX = |Z| \underline{/\varphi}, \quad \varphi < 0\,(电路呈容性)。$$

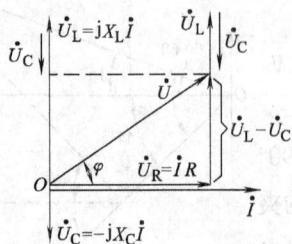

图 2-24　感性电路相量图　　　　　　　　图 2-25　容性电路相量图

(3) $X_L = X_C$ 感抗等于容抗，在同一电流作用下 $U_L = U_C$，从图 2-26 的相量图可见，电路总电压($\dot{U}$)与电流同相，称为"阻性电路"。$Z = R$，$\varphi = 0$，相当于只有电阻的电路。

由上述分析可知，从阻抗角 φ 的正、负可判别电路的性质。

[例 2-12] 有一个 R、L、C 串联电路，已知：$R = 15\Omega$，$L = 30\text{mH}$，$C = 20\mu\text{F}$，外接电压 $u = \sqrt{2} \times 100\sin(\omega t + 30°)\text{V}$，电压频率 $f = 300\text{Hz}$。

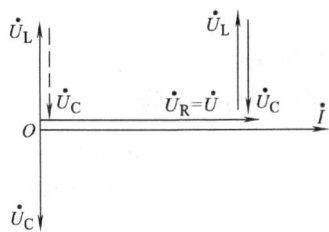

图 2-26 阻性电路相量图

求：（1）电路中的电流 i。

（2）各元件上的电压。

解：参照图 2-23 所示的参考方向。

电路的感抗、容抗及复数阻抗分别为

$$X_L = \omega L = 2\pi f L = 2\pi \times 300 \times 30 \times 10^{-3}\Omega = 56.52\Omega$$

$$X_C = \frac{1}{\omega C} = \frac{1}{2\pi f C} = \frac{1}{2\pi \times 300 \times 20 \times 10^{-6}}\Omega = 26.54\Omega$$

$$Z = R + j(X_L - X_C) = [15 + j(56.52 - 26.54)]\Omega$$
$$= (15 + j29.98)\Omega = 33.52\underline{/63.42°}\ \Omega$$

电压相量由题可知

$$\dot{U} = 100\underline{/30°}\ \text{V}$$

电流的计算

$$\dot{I} = \frac{\dot{U}}{Z} = \frac{100\underline{/30°}\text{V}}{33.52\underline{/63.42°}\Omega} = 2.98\underline{/-33.42°}\text{A}$$

$$i = \sqrt{2} \times 2.98\sin(\omega t - 33.42°)\text{A}$$

各元件上的电压

$$\dot{U}_R = \dot{I}R = 2.98\underline{/-33.42°} \times 15\text{V} = 44.7\underline{/-33.42°}\text{V}$$

$$\dot{U}_L = \dot{I}jX_L = 2.98\underline{/-33.42°} \times 56.52\underline{/90°}\text{V} = 168.43\underline{/56.58°}\text{V}$$

$$\dot{U}_C = \dot{I}(-jX_C) = 2.98\underline{/-33.42°} \times 26.54\underline{/-90°}\text{V} = 79.09\underline{/-123.42°}\ \text{V}$$

$$(u_R、u_L、u_c\ \text{不难写出，略})$$

第六节 正弦交流电路的功率及功率因数

单一元件(R、L、C)接通正弦交流电后，各元件上的功率情况已在前几节讲过，如电阻(R)元件上只有"有功功率"(P)，没有"无功功率"(Q)；电感(L)或电容(C)元件上只有"无功功率"(Q_L 或 Q_C)，而没"有功功率"(P)。现在来分析一般情况下(不是单一元件)电路的功率计算问题。

一、瞬时功率(p)

如图 2-27 所示，若负载接通电压

$$u = \sqrt{2}U\sin\omega t$$

产生的电流为
$$i = \sqrt{2}I\sin(\omega t + \varphi)$$

负载的瞬时功率为

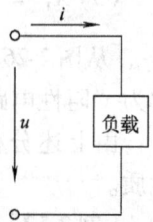

图 2-27　负载
电路图

$$p = ui = \sqrt{2}U\sin\omega t \cdot \sqrt{2}I\sin(\omega t + \varphi)$$

$$= 2UI\sin\omega t\sin(\omega t + \varphi)$$

$$= 2UI \times \frac{1}{2}\left[\cos(\omega t - \omega t - \varphi) - \cos(\omega t + \omega t + \varphi)\right]$$

即
$$p = UI\left[\cos\varphi - \cos(2\omega t + \varphi)\right] \tag{2-57}$$

从式(2-57)可以看出，瞬时功率由两部分组成：第一部分为恒定分量 $UI\cos\varphi$，是一个与时间无关的常量，不论 $\varphi > 0$，还是 $\varphi < 0$，该项永为正值；第二部分为交流分量 $UI\cos(2\omega t + \varphi)$，它的频率是电源频率的两倍。

二、有功功率(P)

上面讲的瞬时功率，是一个随时间按正弦规律变化的量，这个量无论是计算和测量都不方便，而在通常情况下，也不需要计算和测量它，但它是研究交流电功率的基础。

如前所述，"有功功率"即"平均功率"为

$$P = \frac{1}{T}\int_0^T p\,\mathrm{d}t$$

$$= \frac{1}{T}\int_0^T UI\left[\cos\varphi - \cos(2\omega t + \varphi)\right]\mathrm{d}t$$

$$= \frac{1}{T}\int_0^T UI\cos\varphi\,\mathrm{d}t - \frac{1}{T}\int_0^T UI\cos(2\omega t + \varphi)\,\mathrm{d}t$$

得

$$P = UI\cos\varphi \tag{2-58}$$

可见，对一般正弦交流电路来讲，负载有功功率等于负载电流、电压有效值和 $\cos\varphi$ 三者之积。式中的 φ 角为乘积中 U 和 I 的相位差，也是负载的阻抗角。对确定的负载来讲，φ 角也是确定的，$\cos\varphi$ 是常数，称为负载的"功率因数"。

式(2-58)是计算有功功率的一般公式，它包括了单一元件电路有功功率的计算。如电阻电路，$\varphi = 0$，$\cos\varphi = 1$，$P = UI$；当电路只有电感或只有电容，$\varphi = \pm 90°$，$\cos\varphi = 0$，$P = 0$，这和单一元件电路有功功率的计算结果是一致的。

式(2-58)中 $U\cos\varphi$ 从电压三角形可知等于电阻电压 U_R，即

$$P = UI\cos\varphi = U_R I = I^2 R \tag{2-59}$$

这正说明，有功功率只消耗在电阻元件上。

[例2-13]　有一只 R、L 串联电路，已知 $f = 50\mathrm{Hz}$，$R = 300\Omega$，$L = 1.65\mathrm{H}$，端电压有效值 $U = 220\mathrm{V}$。

求：电路功率因数和消耗的有功功率。

解：电路阻抗

$$Z = R + \mathrm{j}\omega L = (300 + \mathrm{j}2\pi \times 50 \times 1.65)\Omega = (300 + \mathrm{j}518)\Omega = 598.60\underline{/59.92°}\,\Omega$$

由阻抗角 $\varphi = 59.92°$，功率因数

$$\cos\varphi = \cos 59.92° = 0.501$$

电路中的电流有效值

$$I = \frac{U}{|Z|} = \frac{220V}{598.60\Omega} = 0.376A$$

有功功率

$$P = UI\cos\varphi = 220V \times 0.376A \times 0.501 = 40.40W$$

或

$$P = I^2R = (0.376^2 \times 300)W = 40.40W$$

三、视在功率(S)

各种电气设备都在其产品铭牌上标出了额定电压和额定电流，它们指的都是有效值，把设备上电压有效值(U)与电流有效值(I)的乘积定义为"视在功率"(S)，即

$$S = UI \tag{2-60}$$

式(2-60)与式(2-58)相比较，"视在功率"与"有功功率"之间只差"功率因数"($\cos\varphi$)。视在功率与有功功率的单位应相同，但为了区别，视在功率的单位称为"伏安"($V \cdot A$)。

四、无功功率(Q)

前面曾经介绍了电感元件(L)和电容元件(C)，在接入正弦交流电路后的功率为"无功功率"：$Q = U_L I, Q_C = U_C I$（这时的 $\dot{U}_L$ 或 $\dot{U}_C$ 都与 $\dot{I}$ 的相位差是90°）。

现在把 L、C 元件上无功功率的概念，推广到一般电路中。例如，一般等效为电阻(R)和电感(L)串联的感性负载，如图2-28所示。这个负载两端的电压 $\dot{U}$ 与通过的电流 $\dot{I}$ 的相位差为 φ（也是该负载复阻抗的阻抗角），图2-29为其相量图。这个负载的功率情况如何呢？

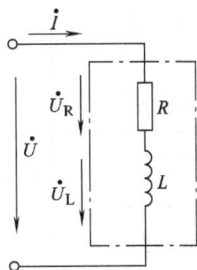

图 2-28　一般负载
等效电路

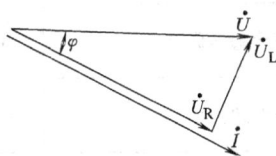

图 2-29　一般负载
电压、电流相量图

电阻(R)上消耗的功率为有功功率

$$P = U_R I$$

从相量图上可见 $U_R = U\cos\varphi$ 所以

$$P = UI\cos\varphi$$

这正是有功功率的一般表示式，它反映的就是电阻上消耗的功率。

再看该负载电感上的功率，即无功功率

$$Q_L = U_L I$$

而式中

$$U_L = U\sin\varphi$$

则
$$Q_L = UI\sin\varphi$$

不难理解，如果是容性负载，$Q_C = U_C I$ 同样会导出
$$Q_C = UI\sin\varphi \quad （这时的 \varphi < 0）$$

所以无功功率的一般公式为
$$Q = UI\sin\varphi \tag{2-61}$$

式中的 Q 应为
$$Q = Q_L - Q_C \tag{2-62}$$

感性电路 $Q > 0$，容性电路为 $Q < 0$。

五、功率三角形

综上所述，可以发现负载的 S、P、Q 三种功率和功率因数 $\cos\varphi$ 在数值上有一定联系，并可用"功率三角形"来表示这一联系，如图 2-30 所示。

$$P = S\cos\varphi$$
$$Q = S\sin\varphi$$
$$S = \sqrt{P^2 + Q^2} = \sqrt{P^2 + (Q_L - Q_C)^2}$$
$$\cos\varphi = \frac{P}{S}$$

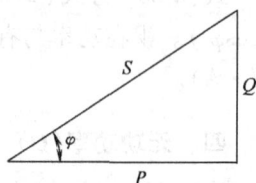

图 2-30　功率三角形

前面曾讲过"电压三角形"和"阻抗三角形"，这里又介绍了"功率三角形"。在同一个电路中，这是三个相似三角形。熟悉它们之间的关系，对交流电路的分析和计算十分有利。表 2-1 总结了阻抗三角形、电压三角形和功率三角形的相似性。

表 2-1　阻抗三角形、电压三角形和功率三角形的相似性

三角形名称 物理量及公式　　项　目	阻抗三角形 （R、L、C 串联）	电压三角形 （R、L、C 串联）	功率三角形
三个边名称	R, $(X_L - X_C)$, $|Z|$	U_R, $(U_L - U_C)$, U	P, $(Q_L - Q_C)$, S
三个边关系	$|Z| = \sqrt{R^2 + (X_L - X_C)^2}$	$U = \sqrt{U_R^2 + (U_L - U_C)^2}$	$S = \sqrt{P^2 + (Q_L - Q_C)^2}$
功率因数计算	$\cos\varphi = \dfrac{R}{|Z|}$	$\cos\varphi = \dfrac{U_R}{U}$	$\cos\varphi = \dfrac{P}{S}$

需要指出的是，电压三角形是相量图，各边为电压相量，应标以箭头，而阻抗三角形和功率三角形的各边不是相量，不应标箭头。

[例 2-14]　荧光灯电路通常被看作 R、L 串联电路，如图 2-31 所示。已知荧光灯的功率为 100W，在额定电压 $U = 220$V 下，其电流 $I = 0.91$A。

求：该荧光灯的功率因数及无功功率。

解：荧光灯所标功率为有功功率
$$P = 100\text{W}$$

则
$$\cos\varphi = \frac{P}{UI} = \frac{100\text{W}}{220\text{V} \times 0.91\text{A}} = 0.5, \quad \varphi = 60°$$

无功功率

荧光灯管（R）

镇流器（X_L）

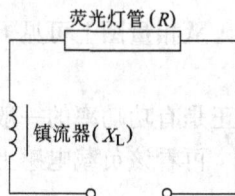

图 2-31　例 2-14 图

$$Q = UI\sin\varphi = 220\text{V} \times 0.91\text{A} \times \sin60° = 173.38\text{var}$$

六、功率因数的提高

前面在讲功率计算时，引出了功率因数($\cos\varphi$)，并分析了它的物理定义。这里将进一步分析提高功率因数的经济价值和提高功率因数的主要方法。

1. 提高功率因数的意义

有功功率是实际做功的功率，所以用电设备的功率大小都是以所需的有功功率表征的，如40W 的电灯泡、10kW 的电动机等。

作为电源设备，只能表示其供电能力，能供给多高电压(U)、多大电流(I)，也就决定了它的供电容量(UI)。供电容量是以视在功率表征的，如100kV · A 的发电机、50kV · A 的变压器等。

功率因数角(φ)是供电电压 U 和电流 I 的相位差，也是负载的阻抗角。由于工农业生产中大量使用异步电动机和变压器，所以工业负载多数为感性的，这是引起功率因数低的主要原因。提高功率因数的意义主要有以下两个方面。

（1）提高电源设备的利用率　当一台发电机按额定电压(U_N)和额定电流(I_N)设计完成后，所具有的额定容量 $U_N I_N = S_N$ 也就确定了，但它所能发送的有功功率 $P = U_N I_N \cos\varphi$ 却不能自主，这里的 $\cos\varphi$ 是由负载决定的。如果负载的功率因数高，同样的发电设备容量（S_N），则可以提供更多的有功功率(P)。

例如，有一台容量 $S_N = 1000\text{kV} \cdot \text{A}$ 的变压器供给有功功率 $P_L = 600\text{kW}$ 的负载，当这个负载的 $\cos\varphi = 0.6$ 时，它所需的视在功率 $S_L = P_L/\cos\varphi = 600\text{kW}/0.6 = 1000\text{kV} \cdot \text{A}$，这台变压器刚好够用，已处满负荷。若将功率因数提高到 $\cos\varphi = 0.8$，则同样这个负载所需的视在功率 $S_L = 600\text{kW}/0.8 = 750\text{kV} \cdot \text{A}$，使变压器还有 $250\text{kV} \cdot \text{A}$ 的富余容量，可供给其他负载使用，因而提高了变压器的使用率。反之，如果负载功率因数只有 $\cos\varphi = 0.5$，所需的视在功率达到$S_L = 1200\text{kV} \cdot \text{A}$，超过了变压器的额定值，将无法进行。

在一个地区，若能把各工厂（用户）的功率因数都提高一些，可在不扩建发电厂或增加发电设备的情况下，能再多建些工厂。

（2）减少输电线路中的电压降和功率损失　在输送同样有功功率和保证供电电压的情况下，从

$$P = UI\cos\varphi$$

可以清楚地看出，$\cos\varphi$ 提高，供电电流 I 将会下降。I 的下降会使线路上的电压降($I|Z_0|$)和功率损失($I^2 R_0$)相应下降，$|Z_0|$ 和 R_0 分别为输电线上的阻抗和电阻。

2. 提高功率因数的主要方法

如前所述，功率因数低的原因主要是感性负载的存在，就工业企业用电来说，主要是大量使用异步电动机，为此可以从两个方面来考虑提高功率因数。

（1）正确选用电动机　厂家生产的电动机，是考虑功率因数这个技术指标的。一般功率因数选择范围是在额定状态下 0.8 以上。如轻载，特别是空载时，功率因数是很低的。因此，应根据拖动机械的需要，正确选用电动机的容量，要避免"大马拉小车"和减少空载时间。

（2）并联接入电容器　如果第一种方法称为"自然法"，那么第二种方法就称为"补偿

法"，就是与感性负载并联接入电容器。用容性电流来补偿(或抵消)感性电流以达到提高功率因数的目的。

图2-32 用阻抗 Z 代表某感性负载，在并入电容器(C)之前，电路中的电流 $\dot{I} = \dot{I_1}$ 滞后于电压($\dot{U}$)的相位差 φ_1(负载的阻抗角)。当并入电容器后，在电源电压不变的情况下(若线路阻抗不计)，不会影响负载电流 $\dot{I_1}$ 的大小和相位，但电源供给的总电路电流 $\dot{I}$ 将由 $\dot{I_1}$ 变成

$$\dot{I} = \dot{I_1} + \dot{I_C}$$

这一变化由图 2-33 的相量图可以清楚地看出，即并联电容后的总电流 $\dot{I}$ 与电源电压 $\dot{U}$ 之间的相位差(φ_2)比原来 φ_1 减小了，所以 $\cos\varphi_2$ 将大于 $\cos\varphi_1$，功率因数提高了。

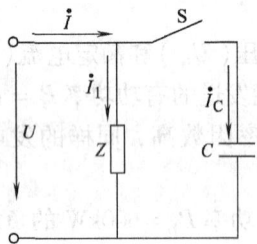

图 2-32　负载并联电容器　　　　　图 2-33　计算补偿电容量相量图

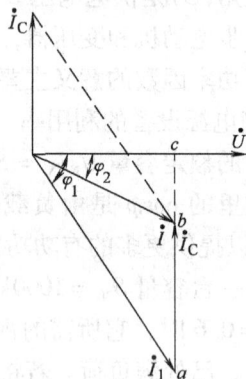

下面来进一步分析所需要电容量的计算。因为 $P = UI\cos\varphi$，就图 2-32 来说，并联电容后总电路的有功功率(P)没有变，只是由于功率因数的变化而引起了总电流的变化。

并联电容前
$$I_1 = \frac{P}{U\cos\varphi_1}$$

并联电容后
$$I = \frac{P}{U\cos\varphi_2}$$

从另一方面，可借助图 2-33 的相量图得出
$$I_C = I_1\sin\varphi_1 - I\sin\varphi_2$$

将 I_1 和 I_2 两式代入
$$I_C = \frac{P}{U\cos\varphi_1}\sin\varphi_1 - \frac{P}{U\cos\varphi_2}\sin\varphi_2$$

或
$$I_C = \frac{P}{U}(\tan\varphi_1 - \tan\varphi_2)$$

式中，I_C 可通过容抗进行计算，即
$$I_C = \frac{U}{X_C} = U\omega C$$

上两式相等，不难导出
$$C = \frac{P}{U^2\omega}(\tan\varphi_1 - \tan\varphi_2) \tag{2-63}$$

在实用中，还常利用功率补偿的概念，即将式(2-63)的电容补偿转换为无功功率补偿。

因为
$$Q_C = \frac{U^2}{X_C} = U^2 \omega C$$

所以
$$Q_C = P(\tan\varphi_1 - \tan\varphi_2) \tag{2-64}$$

式中，P 为负载所需的有功功率。还应注意将功率因数 $\cos\varphi$ 转换成对应的正切 $\tan\varphi$。

第七节　三相交流电路

通常对只供给一种电压的交流电路，称为单相交流电路。三相交流电路是由"三相电源"向负载供电的电路。三相交流电，由于它的特殊优点，在工农业生产中得到了广泛的应用。单相交流电可以从三相电路中方便地引出来。

关于三相电路的分析和计算，仍可以用正弦交流电路相量分析法来处理。但三相交流电路又有它的特殊规律，掌握了这些规律，可使三相电路的分析与计算得以简化。

一、三相交流电动势的产生

三相交流电动势是由三相交流发电机产生的。如图 2-34 所示，在定子圆周的铁心槽中，分别嵌放着三个结构完全相同(几何尺寸、匝数、线径均相同)的线圈 U_1U_2、V_1V_2、W_1W_2，它们在定子圆周上彼此相隔 120°，通常称为三相对称绕组。三相绕组的首端分别用 U_1、V_1、W_1 表示，尾端分别用 U_2、V_2、W_2 表示，称 U 相、V 相、W 相。转子是一对磁极，磁极上绕有由直流电流励磁的励磁绕组，适当选择磁极面的形状，就可使定转子之间空气间隙中的磁感应强度按正弦规律分布。当转子被原动机拖动沿顺时针方向以角速度 ω 作匀速转动时，三相定子绕组即切割转子磁场而感应出三相交流电动势 e_U、e_V 和 e_W。由于绕组完全对称，因此三相感应电动势最大值相等、频率相同、初相位相差 120°。若以 U 相电动势 e_U 为参考相量，则三相电动势瞬时值表达式为

$$\left.\begin{array}{l} e_U = E_m\sin\omega t \\ e_V = E_m\sin(\omega t - 120°) \\ e_W = E_m\sin(\omega t + 120°) \end{array}\right\} \tag{2-65}$$

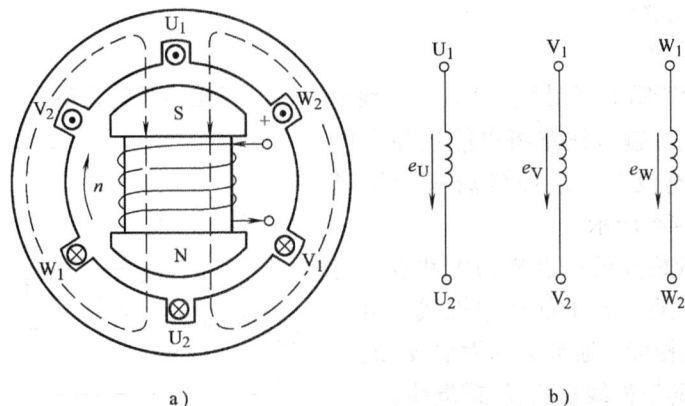

a)　　　　　　　　　　　　　b)

图 2-34　三相交流发电机示意图

式(2-65)中，E_m 为电动势的最大值。三相电动势用相量表示为

$$\dot{E}_U = E\angle 0°,\ \dot{E}_V = E\angle -120°,\ \dot{E}_W = E\angle 120°$$

这种有效值相等、频率相同、各相之间相位差 120°的三相电动势称为三相对称交流电动势，其波形和相量图如图 2-35 所示。

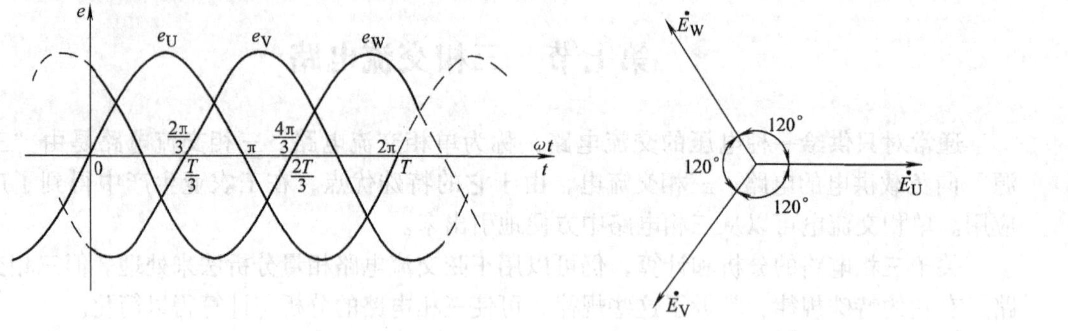

图 2-35　三相交流电动势波形与相量图

三相交流电动势、电压或电流到达正最大值(或零值)的次序称为相序。由瞬时值表达式和相量图可见，以 e_U 为参考相量，e_V 滞后于 e_U 120°，e_W 又滞后于 e_V 120°。如此以 U-V-W-U 的次序循环的称为"顺序"。若相序变成 U-W-V-U 称为"逆序"。

发电机产生的三相对称正弦交流电动势，若将它们输出，在各相绕组端便得到三相对称正弦交流电源电压 u_U、u_V、u_W，称为三相对称相电压，瞬时值表达式为

$$\left.\begin{aligned} u_U &= U_m \sin\omega t \\ u_V &= U_m \sin(\omega t - 120°) \\ u_W &= U_m \sin(\omega t + 120°) \end{aligned}\right\} \tag{2-66}$$

二、三相电源绕组的连接

三相发电机的每一绕组都是独立的电源，均可单独向负载供电，但这样供电需要六根导线。因此，实际上三相电源是按照一定的方式连接之后，再向负载供电的，绕组联结方式有星形联结和三角形联结。

1. 星形(Y)联结

将发电机三相绕组的尾端 U_2、V_2、W_2 接于一点，三相绕组的首端 U_1、V_1、W_1 分别与输电线相接，并通过输电线路将电能送往变电站、配电端或用电设备，这种接法称为星形(Y)联结，如图 2-36 所示。

三相绕组末端相连的一点称为中性点，用"N"表示。从中性点引出的线叫中性线，由于中性线一般与大地相接，通常又称为地线(或零线)。从首端引出的三根线称相线(或端线)，由于它们与大地之间有一定的电位差，因此，俗称火线。

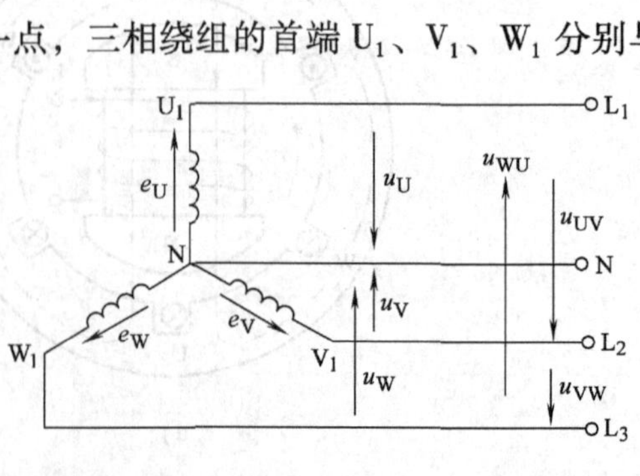

图 2-36　三相电源的星形联结

由三根相线和一根中性线所组成的输电方式称为三相四线制(通常在低压配电系统中采用)。只由三根相线所组成的输电方式称三相三线制(在高压输电中采用)。

三相电源绕组星形联结时可以输出两种电压,即相电压和线电压。

(1) 相电压 即每相绕组的首端与末端之间的电压(即相线与中性线之间的电压),分别用 $\dot{U}_U$、$\dot{U}_V$、$\dot{U}_W$ 表示。

(2) 线电压 即任意两根相线之间的电压(即相线与相线之间的电压),分别用 $\dot{U}_{UV}$、$\dot{U}_{VW}$、$\dot{U}_{WU}$ 表示。

相电压与线电压的参考方向是这样规定的:相电压的参考方向,例如 $\dot{U}_U$ 是由首端 U_1 指向中性点 N;线电压的参考方向,例如 $\dot{U}_{UV}$ 是由首端 U_1 指向首端 V_1,如图 2-36 所示。

根据相电压与线电压的定义,$\dot{U}_{UV}$ 为 U 相电压 $\dot{U}_U$ 与 V 相电压 $\dot{U}_V$ 之间的相量差,同理可得 $\dot{U}_{VW}$、$\dot{U}_{WU}$,即

$$\left.\begin{aligned}\dot{U}_{UV} &= \dot{U}_U - \dot{U}_V \\ \dot{U}_{VW} &= \dot{U}_V - \dot{U}_W \\ \dot{U}_{WU} &= \dot{U}_W - \dot{U}_U\end{aligned}\right\} \tag{2-67}$$

由于三相相电压对称,由式(2-67)可得三相线电压的相量图,如图 2-37 所示。从该图可以推出

$$U_{UV} = 2U_U\cos30°$$

同理可求 U_{VW}、U_{WU},即

$$\left.\begin{aligned}U_{UV} &= \sqrt{3}U_U \\ U_{VW} &= \sqrt{3}U_V \\ U_{WU} &= \sqrt{3}U_W\end{aligned}\right\} \tag{2-68}$$

在工程技术上,一般用 U_L 表示线电压,用 U_P 表示相电压,则式(2-68)可归纳为

$$U_L = \sqrt{3}U_P$$

从图 2-37 还可以看出,线电压的相位超前于对应的相电压30°,即

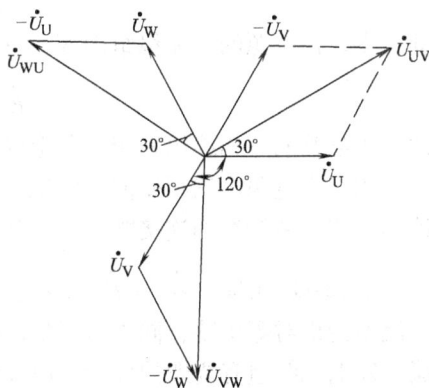

图 2-37 三相电源星形联结相电压、线电压相量图

$$\left.\begin{aligned}\dot{U}_{UV} &= \sqrt{3}\dot{U}_U \angle 30° \\ \dot{U}_{VW} &= \sqrt{3}\dot{U}_V \angle 30° \\ \dot{U}_{WU} &= \sqrt{3}\dot{U}_W \angle 30°\end{aligned}\right\} \tag{2-69}$$

从上述讨论,可归纳出三相电源绕组星形联结具有如下特点:

1) 三相电动势有效值相等,频率相同,各相之间相位差为120°。

2) 相电压和线电压各自对称。

3) 线电压是相电压的 $\sqrt{3}$ 倍,且超前于对应的相电压30°。

2. 三角形(△)联结

将发电机三相绕组首尾端依次连接,如图 2-38a 所示,将三个连接点作为三相电源输出点,向外引出三根线,这种接法称为三角形(△)联结。

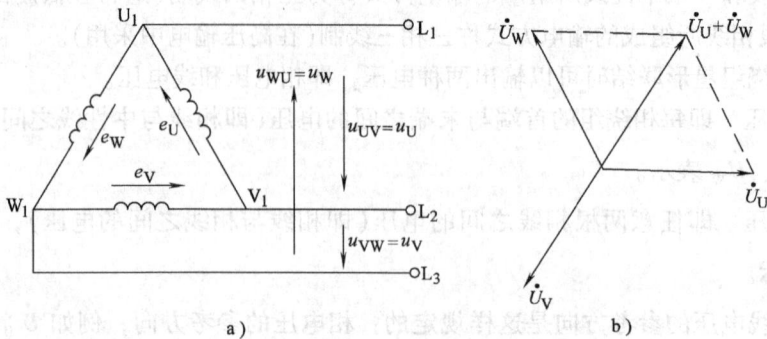

图 2-38　三相电源三角形联结及其相量图

由图 2-38a 可见

$$U_U = U_{UV} \qquad U_V = U_{VW} \qquad U_W = U_{WU}$$

线电压等于相电压，即

$$U_L = U_P$$

相量图如图 2-38b 所示，由相量图可以明显地看出：三个相电压相量和为零，即

$$\dot{U}_U + \dot{U}_V + \dot{U}_W = 0 \qquad\qquad (2\text{-}70)$$

同理可得，在电源的三相绕组内部，三相电动势的相量和也为零，即

$$\dot{E}_U + \dot{E}_V + \dot{E}_W = 0 \qquad\qquad (2\text{-}71)$$

因此，当电源的三相绕组采用三角形联结时，在绕组内部是不会有环路电流（环流）产生的。

三相交流电源由三相交流发电机产生，它通常经过变压器后才能输送给用户，因此这里讨论的三相电源绕组的连接既可指三相交流发电机，也可指三相变压器。

由式(2-71)可知，$\dot{E}_U + \dot{E}_V + \dot{E}_W = 0$。而三相绕组绝对的对称很难做到，所以三角形内的环流不会绝对等于零，同时由于发电机绕组阻抗很小，因此，三角形回路如果产生较大的环流，发电机绕组有烧毁的危险，所以发电机绕组一般不采用三角形联结。而变压器绕组由于某种需要有时采用三角形联结。

三、三相负载的星形联结

平常人们所见到的用电器统称为负载，负载按它对电源的要求又分为单相负载和三相负载。单相负载是指只需要单相电源供电的负载，如电灯、电炉和电脑等。三相负载是指需要三相电源供电的负载，如三相异步电动机、大功率空调器等。在三相负载中，如果每相负载的电阻、电抗分别相等，这样的负载就称为三相对称负载。

在三相电路中，负载的连接方法有两种：星形联结和三角形联结。

1. 三相四线制星形联结

它的接线原则与电源的星形联结相仿，即将每相负载的末端 U_2'、V_2'、W_2' 连成一点（称为中性点）N'，接到三相电源的中性线上；把首端 U_1'、V_1'、W_1' 分别接到三相电源线上。如图 2-39 所示，它由三根相线和一根中性线构成，称之为三相四线制连接。每相负载承受的电压称为负载的相电压，参考方向如图 2-39 所示。

因为三相电源的对称，加在各相负载上的电压大小相等，即

$$U_U = U_V = U_W = U_P = \frac{U_L}{\sqrt{3}}$$

且三相线电压或相电压的相位又互差120°。

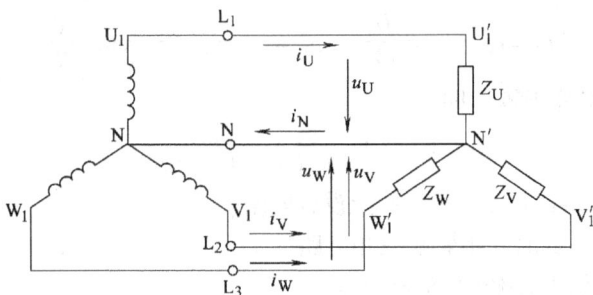

图2-39　三相四线制星形联结

三相电路中的电流有相电流与线电流之分。每相负载中的电流，称为相电流，参考方向与负载的相电压参考方向一致。每根相线中的电流称为线电流，参考方向如图2-39所示。

设电源相电压 $\dot{U}_U$ 为参考相量，则

$$\dot{U}_U = U\underline{/0°} \qquad \dot{U}_V = U\underline{/-120°} \qquad \dot{U}_W = U\underline{/120°}$$

忽略输电线上的阻抗压降，负载各相电压即为电源各相电压，于是每相负载中的电流分别为

$$\dot{I}_U = \frac{\dot{U}_U}{Z_U} = \frac{U\underline{/0°}}{|Z_U|\underline{/\varphi_U}} = I_U\underline{/-\varphi_U}$$

$$\dot{I}_V = \frac{\dot{U}_V}{Z_V} = \frac{U\underline{/-120°}}{|Z_V|\underline{/\varphi_V}} = I_V\underline{/-120°-\varphi_V}$$

$$\dot{I}_W = \frac{\dot{U}_W}{Z_W} = \frac{U\underline{/120°}}{|Z_W|\underline{/\varphi_W}} = I_W\underline{/120°-\varphi_W}$$

式中，各相负载中电流有效值分别为

$$I_U = \frac{U_U}{|Z_U|}, \ I_V = \frac{U_V}{|Z_V|}, \ I_W = \frac{U_W}{|Z_W|} \tag{2-72}$$

各相负载的电压与电流之间的相位差为

$$\varphi_U = \arctan\frac{X_U}{R_U}$$

$$\varphi_V = \arctan\frac{X_V}{R_V}$$

$$\varphi_W = \arctan\frac{X_W}{R_W}$$

中性线上的电流根据基尔霍夫电流定律可知

$$\dot{I}_N = \dot{I}_U + \dot{I}_V + \dot{I}_W \tag{2-73}$$

电压和电流的相量图如图2-40所示(设三相负载为不对称感性负载)。

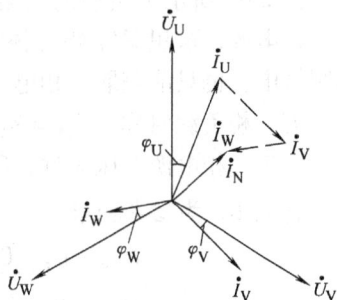

图2-40　电压电流相量图

2. 三相三线制星形联结

若三相负载对称 $Z_U = Z_V = Z_W$

即　　　　　　　　　　$|Z_U| = |Z_V| = |Z_W| = |Z|$，且 $\varphi_U = \varphi_V = \varphi_W = \varphi$

由式(2-72)和式(2-73)，又因为电压对称，所以负载相电流也是对称的，即

$$I_U = I_V = I_W = \frac{U_P}{|Z|}, \quad \varphi_U = \varphi_V = \varphi_W = \arctan\frac{X}{R}$$

因此，这时中性线电流等于零，即

$$\dot{I}_N = \dot{I}_U + \dot{I}_V + \dot{I}_W = 0$$

电流的相量图如图2-41所示。中性线上没有电流流过，故可省去中性线，此时并不影响三相电路的工作，各相负载的相电压仍为对称的电源相电压。

生产上常用的三相异步电动机、三相电阻炉等都是三相对称负载。

在工程技术上，一般用 I_L 表示线电流，用 I_P 表示相电流，由上面分析可知，负载为星形联结时，相电流即为线电流，即 $I_P = I_L$。

3. 三相不对称负载星形联结时中性线的作用

负载的星形联结中，如果三相负载不对称，则三相负载电流不相等，三个相电流的相量和不为零，中性线上有电流通过，此时星形联结只能用三

图 2-41　三相对称负载电流相量图

相四线制，中性线不能省去。因为如果此时断开中性线，各相负载的电压就不再对称，使负载无法正常工作，甚至会造成严重事故，所以在不对称负载的星形联结中，中性线非常重要，它可以使三相不对称负载相电压对称，使各相用电设备正常运行。因此为确保中性线的可靠工作，中性线上(指干线)是不允许安装开关或熔断器的，并要有良好的接地。

另外，三相四线制供电实际上就是电源每一相单独对负载每相供电，故可以保证在每相负载不对称时，各相负载端电压不变，从而使负载正常工作，甚至在某一相发生故障时，也不至于影响其他两相的正常工作，所以中性线的作用是使星形联结的不对称负载保持相电压的对称。

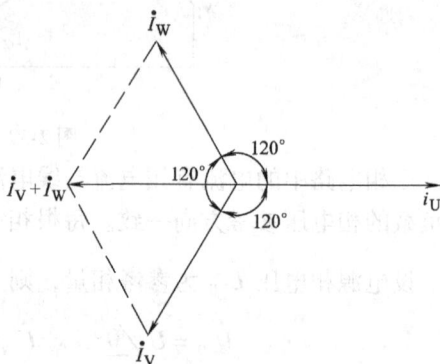

四、三相负载的三角形联结

图2-42所示为负载的三角形联结，此图没有画出对称三相电源，这里只需要三根端线(相线)，采用三相三线制供电，也只能获取三相电源的线电压。

若三相负载对称 $Z_{UV} = Z_{VW} = Z_{WU} = Z = |Z|\underline{/\varphi}$

由于三相电源电压对称，所以三个相电流也对称。

若取 $\dot{U}_{UV}$ 为参考相量

$$\dot{U}_{UV} = U_L\underline{/0°}\text{V}$$

$$\dot{U}_{VW} = U_L\underline{/-120°}\text{V}$$

$$\dot{U}_{WU} = U_L\underline{/120°}\text{V}$$

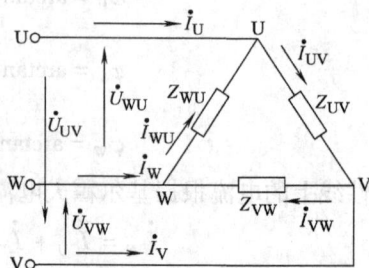

图 2-42　三相负载的三角形联结

则各相电流分别为

$$\left. \begin{array}{l} \dot{I}_{UV} = \dfrac{\dot{U}_{UV}}{Z} = \dfrac{U_L}{|Z|} \angle -\varphi \\[2mm] \dot{I}_{VW} = \dfrac{\dot{U}_{VW}}{Z} = \dfrac{U_L}{|Z|} \angle -120° -\varphi \\[2mm] \dot{I}_{WU} = \dfrac{\dot{U}_{WU}}{Z} = \dfrac{U_L}{|Z|} \angle 120° -\varphi \end{array} \right\} \qquad (2\text{-}74)$$

式(2-74)是一组对称相量。

三个线电流可由基尔霍夫电流定律求得，并作出相量图，如图 2-43（设负载为感性负载）所示，可见，线电流也是对称的，且线电流是相电流的 $\sqrt{3}$ 倍，在相位上线电流比相应的相电流滞后 30°，即

$$\left. \begin{array}{l} \dot{I}_U = \dot{I}_{UV} - \dot{I}_{WU} = \sqrt{3} \, \dot{I}_{UV} \angle -30° \\[2mm] \dot{I}_V = \dot{I}_{VW} - \dot{I}_{UV} = \sqrt{3} \, \dot{I}_{VW} \angle -30° \\[2mm] \dot{I}_W = \dot{I}_{WU} - \dot{I}_{VW} = \sqrt{3} \, \dot{I}_{WU} \angle -30° \end{array} \right\} \qquad (2\text{-}75)$$

由上述讨论可知，对称三角形负载中：

1）各相电流对称，各线电流也对称。

2）线电流是相电流的 $\sqrt{3}$ 倍，即 $I_L = \sqrt{3} I_P$。

3）线电流比相应的相电流滞后 30°。

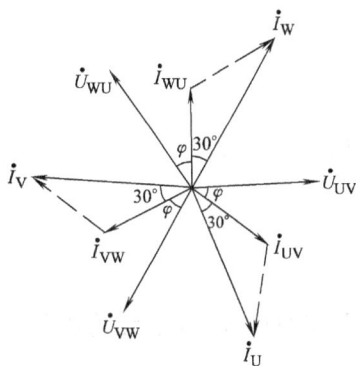

图 2-43　三相对称负载(感性) 三角形联结电流、电压相量图

[例 2-15]　在电源线电压 $U_L = 380V$ 的三相对称负载中，将三只 $R = 55\Omega$ 的电阻接成（1）星形；（2）三角形。试分别求两种接法时的线电流。

解：（1）星形联结时，负载相电压 $U_P = \dfrac{U_L}{\sqrt{3}} = \dfrac{380V}{\sqrt{3}} \approx 220V$，线电流 I_{YL} 等于负载相电流 I_{YP}

$$I_{YL} = I_{YP} = \frac{U_P}{R} = \frac{220V}{55\Omega} = 4.0A$$

（2）三角形联结时，负载相电压 U_P 等于电源线电压 U_L

$$U_P = U_L = 380V$$

负载相电流

$$I_{\triangle P} = \frac{U_P}{R} = \frac{380V}{55\Omega} \approx 6.9A$$

线电流

$$I_{\triangle L} = \sqrt{3} I_{\triangle P} = \sqrt{3} \times 6.9A \approx 12A$$

在相同的电源电压作用下，对称负载作三角形联结的线电流是星形联结时线电流的 3 倍，这是一个重要的结论。

五、三相电路的功率

三相交流电路是三个单相交流电路的组合，因此，不论三相负载采用何种连接方式或三相负载对称与否，三相交流电路的有功功率均为

$$P = P_U + P_V + P_W$$

三相交流电路的无功功率为

$$Q = Q_U + Q_V + Q_W$$

三相交流电路的视在功率为

$$S = \sqrt{P^2 + Q^2}$$

式中，P_U、P_V、P_W、Q_U、Q_V、Q_W 分别为每一相的有功功率和无功功率，即

$$P_U = U_U I_U \cos\varphi_U$$

$$P_V = U_V I_V \cos\varphi_V$$

$$P_W = U_W I_W \cos\varphi_W$$

$$Q_U = U_U I_U \sin\varphi_U$$

$$Q_V = U_V I_V \sin\varphi_V$$

$$Q_W = U_W I_W \sin\varphi_W$$

三相负载对称时

$$U_U = U_V = U_W = U_P$$

$$I_U = I_V = I_W = I_P$$

$$\varphi_U = \varphi_V = \varphi_W = \varphi$$

则各相的有功功率、无功功率及视在功率均分别相等，因此

$$\left. \begin{aligned} P &= 3U_P I_P \cos\varphi \\ Q &= 3U_P I_P \sin\varphi \\ S &= 3U_P I_P \end{aligned} \right\} \tag{2-76}$$

当负载星形联结时，有 $U_P = \dfrac{U_L}{\sqrt{3}}$，$I_P = I_L$

代入式(2-76)中可得

$$P = 3U_P I_P \cos\varphi = 3 \times \frac{U_L}{\sqrt{3}} I_L \cos\varphi = \sqrt{3} U_L I_L \cos\varphi$$

当负载三角形联结时，有 $U_P = U_L$，$I_P = \dfrac{I_L}{\sqrt{3}}$

代入式(2-76)中可得

$$P = 3U_P I_P \cos\varphi = 3 \times U_L \times \frac{I_L}{\sqrt{3}} \cos\varphi = \sqrt{3} U_L I_L \cos\varphi$$

三相对称负载不论是星形联结，还是三角形联结，其总的有功功率可统一写成

$$P = \sqrt{3} U_L I_L \cos\varphi \tag{2-77}$$

同理，可得到无功功率和视在功率分别为

$$Q = \sqrt{3} U_L I_L \sin\varphi \tag{2-78}$$

$$S = \sqrt{3} U_L I_L \tag{2-79}$$

式(2-77)、式(2-78)、式(2-79)中 U_L 为线电压，I_L 为线电流、φ 为功率因数角。

[例2-16] 有一个对称三相负载，$Z = (3 + j4)\,\Omega$，分别将其接成星形和三角形，并接在线电压 $U_L = 380V$ 的对称电源上，如图2-44所示，试求两种连接方式时的有功功率。

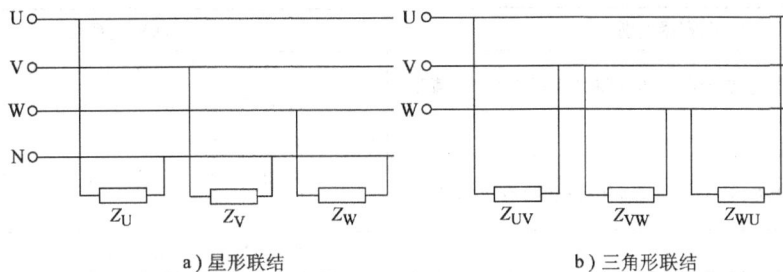

a）星形联结　　　　　　b）三角形联结

图 2-44　例 2-16 图

解：（1）负载作星形联结时，负载相电压为

$$U_{YP} = \frac{U_L}{\sqrt{3}} = \frac{380V}{\sqrt{3}} \approx 220V$$

各相负载阻抗为　　　　　$Z = (3 + j4)\Omega = 5 \underline{/53°}\Omega$

负载各相电流　　　　　$I_{YP} = \frac{U_{YP}}{|Z|} = \frac{220V}{5\Omega} = 44A$

星形联结时　　　　　　$I_{YL} = I_{YP} = 44A$

各相负载功率因数　　　$\cos\varphi = \frac{R}{|Z|} = \frac{3}{5} = 0.6$

三相负载总有功功率为

$$P_Y = \sqrt{3}U_{YL}I_{YL}\cos\varphi = \sqrt{3} \times 380 \times 44 \times 0.6W = 17.36kW$$

（2）负载作三角形联结时，负载相电压 $U_{\Delta P}$ 等于电源线电压 U_L，即 $U_{\Delta P} = U_L = 380V$

负载相电流　　　　$I_{\Delta P} = \frac{U_{\Delta P}}{|Z|} = \frac{U_L}{|Z|} = \frac{380V}{5\Omega} = 76A$

三角形联结时　　　$I_{\Delta L} = \sqrt{3}I_{\Delta P} = \sqrt{3} \times 76A \approx 131.5A$

三相负载总功率为

$$P_\Delta = \sqrt{3}U_{\Delta L}I_{\Delta L}\cos\varphi = \sqrt{3} \times 380 \times 131.5 \times 0.6W = 51.87kW$$

同一电源电压作用下，负载作三角形联结时的有功功率 P_Δ 是星形联结时的有功功率 P_Y 的 3 倍，这是因为在三角形联结时的线电流是星形联结时的线电流的 3 倍。对于无功功率和视在功率也有相同的结论。

知识拓展与应用二　电容器简介

一、电容器的性能和质量

1. 标称容量与允许误差

标称容量是标志在电容器上的名义电容量，常用电容器容量的标称值系列见表 2-2。任何电容器的标称容量都满足表 2-2 中数据乘以 10^n（n 为整数）。

表 2-2　常用电容器容量的标称值系列

电容器类别	标称值系列
高频纸介质、云母介质、玻璃釉介质、高频(无极性)有机薄膜介质	1.0　1.1　1.2　1.3　1.5　1.6　1.8　2.0　2.2　2.4 2.7　3.0　3.3　3.6　3.9　4.3　4.7　5.1　5.6 6.2　6.8　7.5　8.2　9.1
纸介质、金属化纸介质、复合介质、低频(有极性)有机薄膜介质	1.0　1.5　2.0　2.2　3.3　4.0　4.7　5.0　6.0　6.8 8.0
电解电容器	1.0　1.5　2.2　3.3　4.7　6.8

电容器的实际容量与标称值之间的最大允许的差值范围，称为电容量的允许误差。

一般电容器的容量及误差都标志在电容器上。体积较小的电容器常用数字和文字标志。

2. 电容器的额定电压

额定电压是指电容器在规定的温度范围内，能够连续可靠工作的电压。额定电压的大小与电容器内部介质和环境温度有关。选用电容器时，要根据其工作电压的大小，选择额定电压大于实际工作电压的电容器，以保证电容器不被击穿。

3. 电容器的耐压值

一个电容器当加到其两端的电压升高到某一数值时，介质的绝缘性能会被破坏，造成两个极板间的短路，电容器也就不能再使用了。这种现象叫做击穿，此时的电压称为击穿电压。电容器的击穿电压和介质的种类及厚度有直接的关系。

4. 电容器的绝缘电阻

实际上，任何绝缘材料都不是绝对绝缘的。由于介质的种类和厚薄不同，电容器在加上电压之后，会有微弱的电流通过介质，叫做电容器的漏电流。或者说，电容器的两个极板之间有一定的电阻存在（不会是无穷大），这个电阻就叫做电容器介质的绝缘电阻。

绝缘电阻当然越大越好，它和介质的种类以及厚度有关系，和环境条件也有很大关系。温度高了或者电容器受潮，绝缘电阻会显著下降，形成严重的漏电现象。所以一般电容器都用蜡封，质量好的电容器甚至要密封。绝缘电阻太低的电容器一般不能使用。

5. 电容器的介质损耗

电容器中的介质在交变电场（方向不断变化的电场）中要消耗一部分能量。因此，当电容器接到交流电路（电压、电流的大小和方向不断变化的电路）中时，它要消耗一定数量的电能，叫做介质损耗。介质损耗的大小和作为介质的绝缘材料的种类有关系。

介质损耗大的电容器很容易使介质发热，并且环境温度越高，介质损耗越大，严重的时候甚至会烧坏电容器。一般情况下，介质损耗会降低电容器的使用寿命，使电路的工作状态发生变化。在高压（例如电力系统）和高频（例如无线电）电路中，都必须采用低介质损耗的电容器。

在上面这些参数中，最重要的是电容量和额定电压这两个参数。此外，在选择电容器时，根据不同的用途和需要，要适当考虑其他特性要求。例如，电力系统中用的电容器还应考虑选介质损耗小的，高频电子电路中的电容器应考虑介质损耗和温度系数等等。特别要指出的是，在选择电容器时，不能盲目追求高标准、高质量。因为耐压高、误差小、性能稳定的电容器一般都比较昂贵。而在某些场合，电容器误差大和性能不稳定对电路的影响并不大，因此应合理地选择电容器。

二、电容器的种类

电容器的种类很多，按电容量是否可变，可以分为固定电容器、可变电容器和半可变电容器三类；按介质的不同，分为空气电容器、纸介电容器、云母电容器、陶瓷电容器、电解电容器等等。每种电容器都有它自己的用途和特征，下面介绍几种常用的电容器。

1. 固定电容器

固定电容器的电容量是固定的。按照介质的不同，固定电容器又可分为许多种，常见的有纸介电容器、油质电容器、金属化纸介电容器、云母电容器、陶瓷电容器和有机薄膜电容器，如图 2-45 至图 2-50 所示。

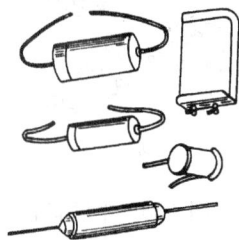

图 2-45 纸介电容器   图 2-46 油质电容器   图 2-47 金属化纸介电容器

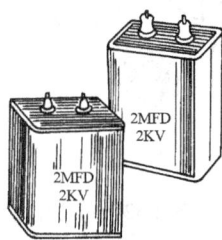

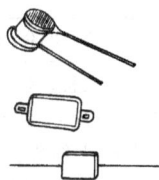

图 2-48 云母电容器   图 2-49 陶瓷电容器   图 2-50 有机薄膜电容器

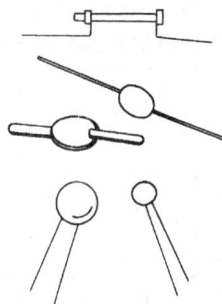

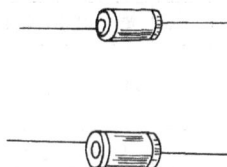

2. 电解电容器

电解电容器的外形如图 2-51a 所示，它由极板所用的材料不同又可以分为铝电解电容器和钽电解电容器等。

电解电容器通常用于电源滤波、音频耦合与音频旁路电路中。由于电解电容器具有固定的极性，只能用于直流或脉动电路。使用时正极应接高电位，负极应接低电位，不能接错，否则会被击穿损坏。电解电容器的符号和一般电容器有些不同，如图 2-51b 所示。

3. 可变电容器

可变电容器的外形如图 2-52a 所示，它是由很多定片和动片所组成的，根据动片与定片之间所用介质不同，通常分为空气可变电容器和聚苯乙烯薄膜可变电容器两种。把两组或三组可变电容器装在一起同轴旋动的称作双连或三连可变电容器，简称双连或三连；而只有一组的称为单连可变电容器，简称单连。它们的容量随动片转动的角度不同而改变。单连和双连可变电容器的符号分别如图 2-52b 所示。

4. 半可变电容器

半可变电容器的外形如图 2-53a 所示，它是由两片或两组小型金属弹片中间夹有云母、陶瓷等介质组成的。用螺钉调节两组金属片间的距离或相对面积，可以改变电容量。半可变电容器容量变化范围较小，而且在使用中不经常改变，通常在电路调试中进行频率的校准。半可变电容器又称微调电容器，简称微调，其图形符号如图 2-53b 所示。

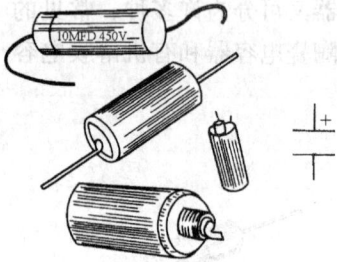

| a) 外形 | b) 符号 | a) 外形 | b) 符号 | a) 外形 | b) 符号 |

图 2-51　电解电容器　　　图 2-52　可变电容器　　　图 2-53　半可变电容器

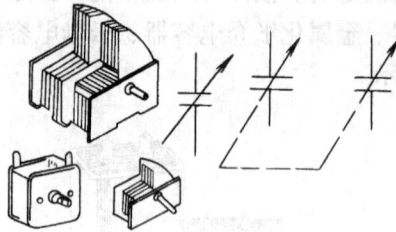

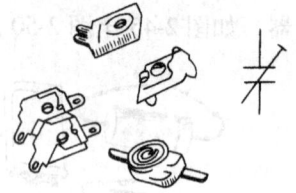

三、电容器的型号

电容器的型号由四个部分组成，各部分的符号及意义见表 2-3。

表 2-3　电容器型号组成部分的代号

第一部分:主称		第二部分:材料		第三部分:特征分类						第四部分:序号
符号	意义	符号	意义	符号	意　　义					对主称、材料、特征相同,仅尺寸、性能指标略有差别,但基本上不影响互换的产品给同一序号,若尺寸、性能指标的差别已明显影响互换时,则在序号后面用大写字母作为区别代号予以区别
					瓷介	云母	玻璃	电解	其他	
C	电容器	C	瓷介	1	圆片	非密封	—	箔式	非密封	
		Y	云母	2	管形	非密封	—	箔式	非密封	
		I	玻璃釉	3	迭片	密封	—	烧结粉、固体	密封	
		O	玻璃膜	4	独石	密封	—	烧结粉、固体	密封	
		Z	纸介	5	穿心	—	—	—	穿心	
		J	金属化纸	6	支柱	—	—	—	—	
		B	聚苯乙烯	7	—	—	—	无极性	—	
		L	涤纶	8	高压	高压	—	—	高压	
		Q	漆膜	9	—	—	—	特殊	特殊	
		S	聚碳酸酯							
		H	复合介质							
		D	铝							
		A	钽							
		N	铌							
		G	合金							
		T	钛							
		E	其他材料							

四、电容器的简易测试

常用的电容器检测仪器有电容测试仪、交流电桥、Q 表（谐振法）和万用表。下面介绍利用万用表的欧姆档对电容器进行简单测试的方法。

1. 电解电容器的测试

测电容器漏电电流，将万用表置于 R×1k 或 R×100 档，用黑表笔接电容器的正极，红表笔接电容器的负极。此时表针迅速向右摆动，然后慢慢退回。待不动时指示的电阻值越大，表示漏电电流越小。表针摆动范围大，说明电容器电容量大。若指针摆动至零附近不返回，则说明该电容器已击穿；若表针不摆动，则说明电容器已开路，失效。

2. 非电解电容器的测试

将万用表置于 R×10k 档，用两表笔分别接电容器两端，测得电阻越大越好，一般在几百 kΩ 至几千 kΩ。若测得电阻很小甚至为 0，则说明电容器已短路。对于大于 5000pF 以上的电容器，表针会快速摆动一下，然后返回电阻无穷大位置附近；表笔换接，摆动的幅度比第一次更大，而后又复原，说明该电容器是好的。电容器的容量越大，测量时万用表表针摆动越大。

3. 可变电容器的检查

主要是用万用表电阻档检查动、定片之间是否碰片。用红、黑表笔分别接动片和定片，旋转轴柄，若表针不动，则说明动、定片之间无短路（碰片处）；若指针摆动，则说明电容器有短路（碰片处）。

本 章 小 结

本章讨论了正弦交流电的基本概念，三相交流电路电压、电流及功率的计算，主要内容是：

一、正弦交流电的基本概念

1. 最大值(或有效值)、角频率(或周期、频率)和初相位是正弦交流电的三个要素。

2. 正弦交流电有解析式、波形图和相量三种表示形式。

3. 理想元件 R、L、C 交流电路的伏安关系，功率是分析交流电路的基础。

二、正弦交流电路的分析与计算

利用复数概念，将正弦量用复数表示，使正弦交流电路的分析计算转化为复数运算或作相量图进行定性分析。

三、三相交流电源

1. 三相交流发电机产生三相交流对称电动势(最大值相等、频率相同、相位互差120°)，输出的三相端电压也是对称的，且相电压最大值或有效值保持恒定，与负载无关。

2. 三相电源有两种连接方法，一种是星形联结的三相四线制，它能提供相电压和线电压两种电源电压；当三相负载对称时，中性线无电流，这时中性线可省去。另一种是三角形联结的三相三线制。

四、三相负载

1. 三相负载有星形联结和三角形联结，采用的接法应使每相负载的电压等于其额定电压。在三相四线制供电系统中，中性线起着至关重要的作用，不能去掉，以保证三相电压不变。

2. 当三相负载对称时，其相电压、相电流也对称，所以只需计算一相的电压、电流，其余两相的电压、电流可依对称关系得到。

3. 三相负载按星形或三角形联结，负载对称或不对称时，要清楚线电压(电流)、相电压(电流)之间的关系。

五、正弦交流电路的功率

1. 正弦交流电路中有功功率、无功功率和视在功率，要弄清其含义。

2. 要懂得功率因数的概念和提高功率因数的意义。

3. 三相负载的总有功功率 P、无功功率 Q 分别是三相负载有功功率、无功功率之和。视在功率 $S = \sqrt{P^2 + Q^2}$，负载为三相对称负载时，$P = \sqrt{3}U_LI_L\cos\varphi$（$\varphi$ 是每相功率因数角），$Q = \sqrt{3}U_LI_L\sin\varphi$ 以及 $S = \sqrt{P^2 + Q^2}$ 或 $S = \sqrt{3}U_LI_L$（对负载星形或三角形联结均适用。）

习 题 二

2-1 正弦交流电的周期、频率如何定义？两者之间关系如何？

2-2 有一正弦交流电源，已知其频率为 $f = 1000\text{Hz}$。问该交流电源的周期、电角频率各为多少？

2-3 已知正弦交流电压和电流分别为：$u = \sqrt{2} \times 220\sin(\omega t + 30°)\text{V}$，$i = 8\sin(\omega t - 20°)\text{A}$。

求：(1) 电流、电压的最大值（I_m 和 U_m）；

(2) 电流、电压的初相角（ψ_i、ψ_u）；

(3) 电流、电压的相位差是多少？哪个超前？哪个滞后？

(4) 画出电流、电压的波形图。

2-4 交流电的有效值、平均值的含义是什么？正弦交流电的有效值、平均值分别与其最大值有什么关系？

2-5 若已知正弦电流的有效值 $I = 20\text{A}$，试问它的最大值和平均值各是多少？

2-6 若正弦电压 $u = 220\sin(\omega t + 60°)\text{V}$，问该电压的有效值和平均值各多少？

2-7 写出下列正弦量对应的相量。

(1) $i_1 = \sqrt{2} \times 10\sin(\omega t - 20°)\text{A}$；

(2) $u_1 = 250\sin(\omega t + 30°)\text{V}$；

(3) $i_2 = 14.1\sin(\omega t - 120°)\text{A}$；

(4) $u_2 = \sqrt{2} \times 300\sin(\omega t + 90°)\text{V}$。

2-8 写出下列相量对应的正弦量。

(1) $\dot{I}_1 = 10\underline{/30°}\text{A}$；

(2) $\dot{I}_2 = 15\underline{/-50°}\text{A}$；

(3) $\dot{U}_1 = 220\underline{/-120°}\text{V}$；

(4) $\dot{U}_2 = \sqrt{2} \times 100\underline{/120°}\text{V}$。

2-9 已知：$i_1 = \sqrt{2} \times 10\sin(\omega t + 30°)\text{A}$，$i_2 = \sqrt{2} \times 5\sin(\omega t - 30°)\text{A}$，求 $i_1 + i_2 = ?$

2-10　已知：$u_1 = \sqrt{2} \times 100\sin(\omega t + 60°)\,\text{V}$，$u_2 = \sqrt{2} \times 50\sin(\omega t - 30°)\,\text{V}$，求 $\dot{U}_1 - \dot{U}_2 = ?$

2-11　有一只 $P = 75\text{W}$ 的电烙铁接在正弦电压 $u = \sqrt{2} \times 220\sin(314t + 60°)\,\text{V}$ 的电源下，

求：（1）电烙铁的等效电阻 R；

（2）通过电烙铁的电流 I 和 i。

2-12　已知电阻炉的电阻 $R = 242\Omega$，接在电压 $\dot{U} = 220\,\underline{/-30°}\,\text{V}$ 的电压源上，

求：（1）电流 I 和 i。

（2）电炉的电功率。

2-13　电阻元件上接电压 $u = \sqrt{2} \times 80\sin(\omega t + 30°)\,\text{V}$，得出的电流为 $I = 5\,\underline{/30°}\,\text{A}$。

求：（1）电阻元件的电阻 R；

（2）电阻元件上的有功功率 P。

2-14　有一电感线圈的电感 $L = 0.626\text{H}$，接通正弦电压 $u = \sqrt{2} \times 220\sin(314t + 120°)\,\text{V}$。

求：（1）线圈的感抗。

（2）电感中的电流 I 和 i。

（3）电感的无功功率 Q_L。

（4）作电压、电流相量图。

2-15　若 $f = 100\text{Hz}$，电感元件上的电流和电压的有效值分别为 $I = 5\text{A}$，$U_L = 220\text{V}$。

求：（1）感抗。

（2）复数感抗。

（3）电感量。

（4）无功功率。

2-16　已知接在电容两端的电压 $\dot{U}_C = 220\,\underline{/0°}\,\text{V}$，若电容 $C = 314\mu\text{F}$，取 u_C、i 为关联参考方向。求 $f_1 = 50\text{Hz}$ 时，电流 $i_1 = ?$，及 $f_2 = 150\text{Hz}$ 时，电流 $i_2 = ?$

2-17　若电容元件上的电压、电流分别为 $U_C = 220\text{V}$，$I = 5\text{A}$。

求：（1）容抗。

（2）复数容抗。

（3）无功功率。

（4）任选电压或电流为参考相量作相量图。

2-18　有一无源二端网络，接通正弦电压 $u = \sqrt{2} \times 220\sin(314t + 75°)\,\text{V}$，得电流相量为 $\dot{I} = 5\,\underline{/15°}\,\text{A}$。

求：（1）该网络的等效阻抗及等效参数。

（2）作电流、电压相量图。

2-19　电感 $L = 25.5\text{mH}$ 与电阻 $R = 6\Omega$ 串联，通过的电流 $\dot{I} = 6\,\underline{/68°}\,\text{A}$，在 u、i 取关联方向 $f = 50\text{Hz}$ 下，

求：（1）电阻电压 U_R 和电感电压 U_L。

（2）总阻抗。

（3）总电压。

（4）作全部相量的相量图。

2-20　由 $R = 30\Omega$，$X_L = 120\Omega$，$C = 39.8\mu\text{F}$ 组成的串联电路，接在 $f = 50\text{Hz}$ 的电源上，若已知电阻上的

电压 $\dot{U}_R = 60\,\underline{/-23.1°}\,\text{V}$。

求：（1）电路中的电流。

（2）u_L、u_C 及总电压 u。

（3）作电流及各电压相量图。

2-21　如图 2-54 所示电路。已知：总电压表读数为 $U = 5\text{V}$，第一号电压表读数为 4V，第二号电压表读数为 9V，试用相量图分析、并计算第 3 号电压表的读数。

2-22　如图 2-55 为 $R—C$ 移相电路。已知：$C = 0.01\mu\text{F}$，输入电压 $u_1 = \sqrt{2}\sin 1200\pi t \text{V}$，今欲使输出电压 $\dot{U}_2$ 的相位比 $\dot{U}_1$ 滞后 60°，则电阻 R 应调到何值？此时 $\dot{U}_2$ 为多少伏？试绘出相量图进行分析计算。

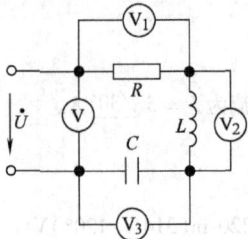

图 2-54　习题 2-21 图　　　　　　　　　　图 2-55　习题 2-22 图

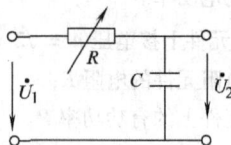

2-23　某工厂一车间使用电压、$U = 220\text{V}$，总有功功率计算值为 $P = 250\text{kW}$，功率因数 $\cos\varphi_1 = 0.65$。今欲将功率因数提高到 $\cos\varphi_2 = 0.85$，应增设多少补偿容量 Q_C，相应的电容量是多少？

2-24　三相对称电动势和三相对称电压的特点是什么？

2-25　三相四线制电源中，什么是相电压和线电压？它们之间有什么关系？

2-26　在电源采用三相四线制输电时，若已知线电压 $u_{UV} = \sqrt{2} \times 380\sin\omega t \text{V}$，试写出该系统相电压 u_U、u_V、u_W 及 u_{VW}、u_{WU} 的表达式，并画出它们的相量图。

2-27　当三相电源按三角形联结时，三相绕组构成闭合回路，三相电动势能否在该闭合回路中产生环流？为什么？若其中一相绕组首尾反接，后果如何？

2-28　取 $\dot{U}_U$ 为参考相量，电源三相绕组按顺序接成星形，$\dot{U}_U = U \underline{/0°} \text{V}$。

（1）正确接法时，写出 $\dot{U}_V$、$\dot{U}_W$、$\dot{U}_{UV}$、$\dot{U}_{VW}$、$\dot{U}_{WU}$ 的表达式。

（2）若 V 相绕组接反了，各相电压与线电压又将怎样？试绘两种情况下的相量图。

2-29　几个单相负载分别接入三相四线制供电系统的三个相上。已知：$Z_U = (3 + j4)\Omega$，$Z_V = 10 \underline{/-30°}\ \Omega$，$Z_W = 22\Omega$。对称电源的线电压中 $\dot{U}_{VW} = 380 \underline{/0°}\text{V}$。求：各相负载中的电流、中线电流，并绘出电流、电压相量图。

2-30　三相对称负载 $Z_U = Z_V = Z_W = Z = (8 - j6)\Omega$，星形联结接入三相对称工频交流电源，已知 $\dot{U}_{VW} = 380 \underline{/0°}\text{V}$。求 i_U、i_V、i_W，并绘出相量图。

2-31　一组星形联结的三相对称负载，接在星形联结的三相对称电源上，若已知 $\dot{U}_{UV} = 380 \underline{/30°}\text{V}$，$\dot{I}_V = 10 \underline{/-75°}\text{A}$。求负载阻抗及其等效电阻和电抗(并指出电抗的性质)。

2-32　三相对称负载，$Z = 9 \underline{/30°}\Omega$ 分别接成三角形、星形时，如果接到相电压 $\dot{U}_U = 220 \underline{/10°}\text{V}$ 三相对称电源上(电路图要求自己画出)。

求：（1）各相电流相量。

（2）各线电流相量。

（3）绘相量图。

2-33　三相对称负载为星形联结时，已知三相对称电源电压 $\dot{U}_{UV} = 380 \underline{/30°}$ V，线电流 $\dot{I}_U = 10 \underline{/-45°}$ A。

求：（1）每相负载阻抗及其性质。

（2）每相负载的有功功率。

（3）三相负载总功率(P、Q、S)。

实验与实训二　荧光灯电路安装与功率因数的提高

一、实验目的

1. 了解荧光灯工作原理，掌握荧光灯电路的安装。

2. 了解提高交流电路功率因数的方法。

二、实验器材

所需器材见表2-4。

表2-4　实验需要的器材

序　　号	名　　称	符　　号	规　　格	数　　量	备　　注
1	交流电流表	A_1、A_2	1A，2A	2 只	
2	交流毫安表	A	250mA，500mA	1 只	
3	交流电压表	V	300V	1 只	
4	单相调压器	T	0.5kVA	1 台	
5	荧光灯		40W	1 套	
6	电容器	C	400V，2μF；400V，475μF	各1 只	
7	单刀开关	S		3 只	
8	木板			1 块	

三、实验内容与步骤

1. 荧光灯电路的组成原理

如图 2-56 所示的由荧光灯管、镇流器(带铁心电感线圈)、辉光启动器组成的电路。

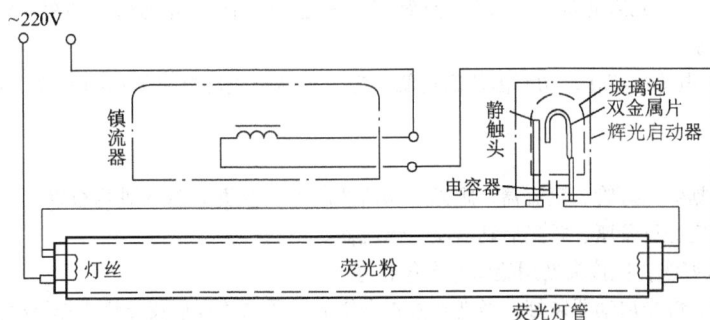

图 2-56　荧光灯的灯管、辉光启动器结构与接线原理图

（1）荧光灯管　在灯管两端各有一对灯管引脚，对外连接交流电源，内接灯丝，灯丝在交流电源的作用下发射电子。灯管内抽真空后充入少量的汞蒸气和少量的惰性气体，如氩、氖、氪等。惰性气体的作用是减少灯丝的蒸发和帮助荧光灯管起辉。

（2）镇流器　镇流器是电感量较大的铁心线圈，它串联在灯管和电源之间，有单绕组式，也有双绕组式。不论采用哪种结构的镇流器，都是配合辉光启动器产生瞬间高电压使灯管起辉。在灯管正常发光后，又起到限制灯管电流的作用。

（3）辉光启动器　辉光启动器底座上固定有两个螺母形电极，使用时将其插在辉光启动器座上。辉光启动器内有电容器(约 $0.005 \sim 0.02\mu F$)并联在玻璃泡两极，玻璃泡内装膨胀系数不同的 U 形双金属片，其内部充入惰性气体。并联电容可减弱荧光灯启动时产生的无线电辐射，减小对邻近无线电音频、视频设备的干扰。

2. 荧光灯工作原理

合上电源开关后，电压先加在辉光启动器的两个电极上，辉光启动器在进行辉光放电时产生热量。U 形双金属片受热膨胀变形，将辉光启动器的两个电极接通，此时电流通路如图 2-57 所示。在此电流的作用下，一方面灯丝被加热，发射大量电子；另一方面，辉光启动器两个电极闭合后，辉光放电消失，电极很快冷却，双金属片恢复原始状态而导致电极断开，这段时间实际是灯丝预热的过程，一般荧光灯约需 0.5 ~2s。

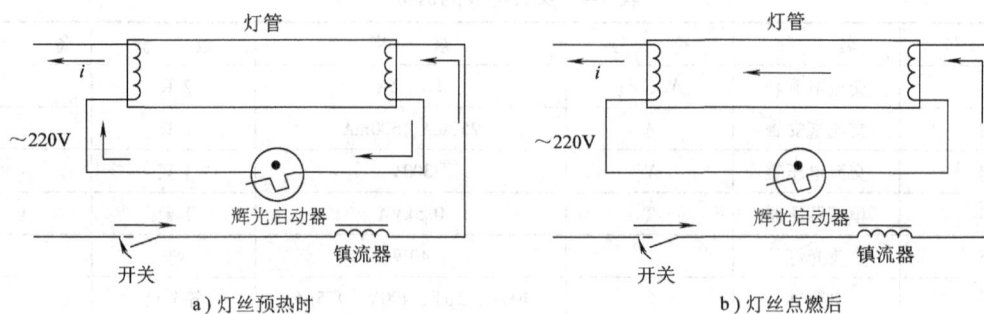

a）灯丝预热时　　　　　　　　　　　　　　　b）灯丝点燃后

图 2-57　荧光灯的电流通路

当辉光启动器中的电极突然切断灯丝预热回路时，镇流器上产生很高的感应电压(约 800 ~1500V)叠加在电源电压上，使得灯管两端获得很高的电压，迫使荧光灯进入发光工作状态。如果辉光启动器经过一次闭合、断开，荧光灯仍然不能点亮，辉光启动器又进行二次、三次重复上述动作，直至点亮荧光灯为止。

灯管点亮后，电路中的电流在镇流器上产生很大的电压降，使灯管两端电压迅速降低，当其小于辉光启动器的起动电压时，辉光启动器不再动作，灯管正常发光，此时电路电流通路如图 2-56b 所示。

3. 功率因数提高

电感性负载由于电感的存在，功率因数都较低，为了提高荧光灯电路的功率因数，通常在其两端并联一定容量的电容器。

4. 荧光灯安装

1）在木板上根据荧光灯管、镇流器、辉光启动器的尺寸，参照图 2-58 进行布置。

2）用木螺钉固定好灯管座、辉光启动器座、镇流器。

3）按图 2-58 接好线，把接头处用绝缘胶布包扎好。

4）将荧光灯管、辉光启动器装好，经老师检查合格后，通电并观察荧光灯工作情况。

5. 荧光灯电路的测量及功率因数提高

1）将安装好的荧光灯按图 2-58 加接上电流表 A_1、A_2 及 A，电容器 C_1 及 C_2，开关 S、S_1、S_2，自耦调压器 T。

2）断开 S_1 及 S_2，闭合 S，调节自耦调压器的输出电压 $U_{AD} = 220V$。

3）待荧光灯正常发光后，用电压表测量 U_{BD}、U_{BE}、U_{ED}，并记录于表 2-5 中。

4）读出电流表 A、A_1、A_2 的指示值，并记录于表 2-5 中。

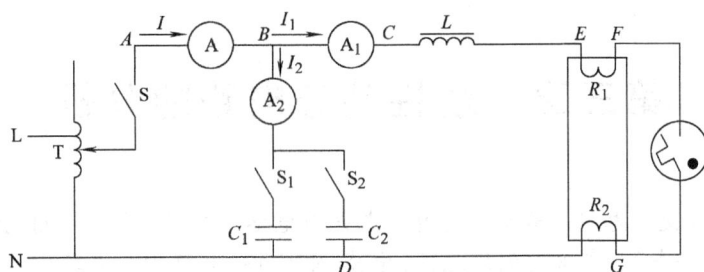

图 2-58 荧光灯实验电路

表 2-5 荧光灯电路功率因数提高实验数据

已 知 数 据		测 量 数 据					
U_{AD}/V	C/μF	U_{BD}/V	U_{BE}/V	U_{ED}/V	I/A	I_1/A	I_2/mA
220	—						
220	2						
220	4.75						
220	6.75						

5）闭合电容器支路 C_1 的开关 S_1，重复 3）、4)步骤测量。

6）断开 S_1，闭合 S_2，重复 3）、4)步骤测量。

7）闭合 S_1 及 S_2，重复 3）、4)步骤测量。

8）切断电源，整理实验器材。

四、实验结果分析

1. 接好荧光灯线路后，若荧光灯不亮，试分析故障的原因。

2. 根据测量的三组数据，分别计算出在不同补偿电容时的功率因数。功率因数补偿是否会出现过补偿现象？

3. 试说明功率因数提高的意义。

* 第三章　线性动态电路的分析

直流电路和正弦交流电路的分析与计算，都是在电路处在稳定状态下进行的。稳定状态简称"稳态"或"静态"。在含有储能元件（电感、电容）的电路中，电路由接通的最初瞬间到稳定状态之间，或者电路由一种稳定状态到另一种稳定状态之间的"过渡过程"称为"瞬时状态"，简称"瞬态"或"动态"。

出现过渡过程的主要原因是：储能元件（L、C）的电流、电压关系是微分或积分关系。电感、电容称为"动态元件"，含有动态元件的电路转换过程中称为"动态电路"。本章将讨论一阶电路的动态过程及其基本计算。

第一节　基 本 概 念

一、电路的瞬态过程现象

含有储能元件（电感、电容）的电路，在一定的条件下处于某一种稳定状态。这时若电路出现开关通断，电源或元件参数发生变化，将引起电路从原来的稳态变到新的稳态。稳定状态的改变，必然伴随着电感、电容内所储能量的变化，根据功率的定义：$p = \mathrm{d}w/\mathrm{d}t$，可以看出，若在某一瞬间储能发生突变，这就意味着电路的功率 p 趋于无穷大，这在实际电路中是不可能的。从而说明电路从一种稳态到另一种新的稳态应是渐变的过程，是一个动态的过渡过程。对于实际的电路，动态的过渡过程通常是短暂的，所以称之为瞬态过程。

在图 3-1 中，开关 S 原来与①点相闭合，电源 U_S 给电容器充电，稳态时 $u_C = U_C = U_S$。若开关 S 合向②点，电容经电阻 R 放电，达到新的稳态时 $u_C = U_C = 0$，电容器两端的电压 u_C 从 U_C 到 0 是通过电容放电来完成的，它需要一段时间。

在图 3-2 中，开关 S 打开时，电流 $i_L = 0$，这是电路的一种稳定状态。如果将开关 S 合上，达到稳态后电流 $i_L = U_S/R$。电流 i_L 从 0（一种稳态）增长到 U_S/R（另一种稳态）是充磁的过程，也需要一定的时间。

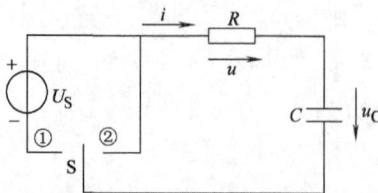

图 3-1　电容元件放电电路　　　　　　图 3-2　电感元件接通电源

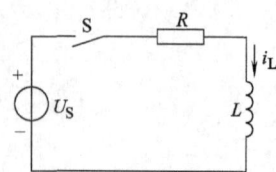

二、换路定律及初始条件的确定

电路的瞬态过程是在电路发生变化时才出现的，我们把电路的改变（如接通、切断、短路等），电信号的突然变动、电路参数的突然变化等统称为电路的换接，简称为换路。

电容两端的电压不能发生突变，可以通过电容上的电压、电流关系 $i_C = C\dfrac{du_C}{dt}$ 来理解，如果电压突变（即时间趋于零），则 i_C 趋于无穷大，这对实际电路是不可能的。

对于电感元件，根据电感电压 $u_L = L di_L/dt$，也能理解 i_L 不能发生突变，否则 u_L 将趋于无穷大。

通过上述分析可知，电容的电压 u_C 和电感的电流 i_L 不可能发生突变，即 u_C 和 i_L 在换路后一瞬间仍然维持换路前一瞬间的值，不仅大小不变，而且方向也不变，然后才开始逐渐变化，这就是换路定律。

一般把换路发生的时间作为计算时间的起点，记为 $t = 0$，则换路前一瞬间记为 $t = 0_-$，换路后一瞬间记 $t = 0_+$。换路是在瞬间完成的，于是可写出换路定律的数学表达式

$$u_C(0_+) = u_C(0_-) \tag{3-1}$$

$$i_L(0_+) = i_L(0_-) \tag{3-2}$$

式中，$u_C(0_-)$、$i_L(0_-)$ 是换路前的稳态值或终了值；$u_C(0_+)$、$i_L(0_+)$ 则是换路后瞬态过程开始的初始值，两者相等，它是换路后进行计算的初始条件。

应当注意：换路定律说 u_C 和 i_L 不能发生突变，是因为它们与储能元件的储能直接有关，而与储能无关的量，如 i_C、u_L 则可以突变，即换路前后，i_C 和 u_L 都有可能发生突变。

本章我们分析电路的瞬态过程是以时间为变量，所以这种方法又称为时域分析法。

[**例3-1**] 如图3-3所示电路，设已知 $U = 12V$，$R_1 = 4k\Omega$，$R_2 = 8k\Omega$，$C = 1\mu F$。求：当开关 S 闭合后 $t = 0_+$ 时，各支路电流及电容电压的初始值。

解：已知在 S 闭合前 $u_C(0_-) = 0$（换路前电容上无电压）。根据换路定律

$$u_C(0_+) = u_C(0_-) = 0$$

由于 R_2 与 C 并联，故有

$$i_2(0_+) = \frac{u_C(0_+)}{R_2} = 0$$

为求 $i_1(0_+)$，可根据基尔霍夫电压定律列出回路电压方程，即

图3-3 例3-1图

$$U = i_1(0_+)R_1 + i_2(0_+)R_2 = i_1(0_+)R_1 + 0$$

可得

$$i_1(0_+) = \frac{U}{R_1} = \frac{12V}{4 \times 10^3 \Omega} = 3 \times 10^{-3}A = 3mA$$

再用基尔霍夫电流定律

$$i_C(0_+) = i_1(0_+) - i_2(0_+) = (3 - 0)mA = 3mA$$

顺便指出：开关在闭合后（换路后），电路各量的数值（稳定值）称 $t = \infty$（无限大）值。如图3-3所示，当开关闭合电路稳定后的直流电路，各无限大值分别为

$$i_1(\infty) = i_2(\infty) = \frac{U}{R_1 + R_2} = \frac{12V}{(4+8) \times 10^3 \Omega} = 1 \times 10^{-3}A = 1mA$$

$$u_C(\infty) = i_2(\infty)R_2 = 1 \times 10^{-3} \times 8 \times 10^3 V = 8V$$

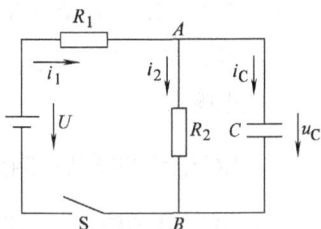

[例 3-2]　如图 3-4 所示电路，已知 $R_1 = 1\text{k}\Omega$，$R_2 = 500\Omega$，$C = 10\mu\text{F}$，$L = 0.1\text{H}$，电流源电流 $I_\text{S} = 10\text{mA}$，在 $t = 0$ 时将开关（S）打开。求：$u_\text{C}(0_+)$，$u_\text{L}(0_+)$，$i_1(0_+)$，$i_2(0_+)$，$i_1(\infty)$，$i_2(\infty)$。

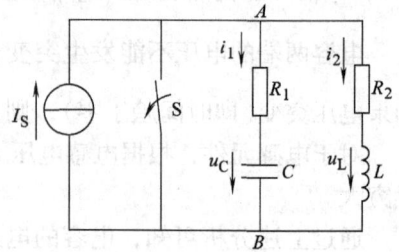

解： 由换路定律，得　$u_\text{C}(0_+) = u_\text{C}(0_-) = 0$

$$i_2(0_+) = i_2(0_-) = 0$$

由 KCL 得 $i_1(0_+) = I_S - i_2(0_+) = I_S - 0 = 10\text{mA}$

为了求 $u_\text{L}(0_+)$，可先求 $u_\text{AB}(0_+)$

$$u_\text{AB}(0_+) = i_1(0_+)R_1 + u_\text{C}(0_+)$$

$$= (10 \times 10^{-3} \times 1 \times 10^3 + 0)\text{V} = 10\text{V}$$

又因为

$$u_\text{AB}(0_+) = i_2(0_+)R_2 + u_\text{L}(0_+)$$

得

$$u_\text{L}(0_+) = u_\text{AB}(0_+) - i_2(0_+)R_2 = 10\text{V}$$

i_1、i_2 的稳定值为

$$i_2(\infty) = I_S = 10\text{mA}$$

$$i_1(\infty) = 0$$

图 3-4　例 3-2 图

第二节　*RC*、*RL* 串联电路的瞬态过程

如图 3-5 所示，开关 S 闭合前，电容器没有充电，称电路处于零状态，即 $u_\text{C}(0_-) = 0$。在零状态下，开关 S 闭合后，直流电源 U 经电阻 R 对电容 C 充电，电路产生的 u_R、i 及 u_C 称为零状态响应。

一、*RC* 电路的零状态响应

在 $t = 0$ 时开关闭合，根据基尔霍夫定律有

或

$$u_\text{R} + u_\text{C} = U$$

$$Ri + u_\text{C} = U$$

因为 $i = C\dfrac{\text{d}u_\text{C}}{\text{d}t}$，代入上式得

$$RC\frac{\text{d}u_\text{C}}{\text{d}t} + u_\text{C} = U$$

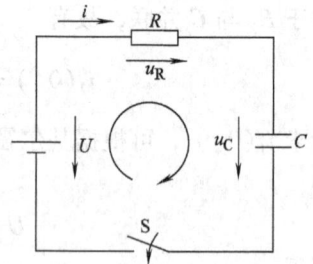

图 3-5　电容充电电路

这是一阶常系数线性齐次微分方程，该微分方程的解为 $u_\text{C} = u_\text{P} + u_\text{h}$，其中 u_P 是特解，u_h 为通解。因为瞬态过程结束，达到稳态，$u_\text{C} = U$，故有特解

$$u_\text{P} = U$$

而其通解 u_h 取决于齐次方程

$$RC\frac{\text{d}u_\text{C}}{\text{d}t} + u_\text{C} = 0$$

可得通解

$$u_\text{h} = A\text{e}^{-\frac{t}{RC}}$$

因此
$$u_C = U + Ae^{-\frac{t}{RC}} \tag{3-3}$$

式中，常数 A 由初始条件确定

因为
$$u_C(0_+) = u_C(0_-) = 0$$

代入式(3-3)
$$0 = U + Ae^{-\frac{0}{RC}}$$

得
$$A = -U$$

所以最后得
$$u_C = U - Ue^{-\frac{t}{RC}} = U(1 - e^{-\frac{t}{RC}}) \tag{3-4}$$

此时电路中的电流

$$i = C\frac{du_C}{dt} C\frac{d}{dt}(U - Ue^{-\frac{t}{RC}}) = \frac{U}{R}e^{-\frac{t}{RC}}$$

u_C 和 i 随时间变化的曲线如图 3-6 所示。

二、RC 电路的零输入响应

如图 3-7 所示，当开关 S 闭合前，电容器已充电到 $u_C(0_-) = U_0$；在 $t = 0$ 时开关 S 闭合后，电路并没有接入其他激励，电容 C 经电阻 R 放电，这时电路中 u_C 和 i 称为零输入响应。

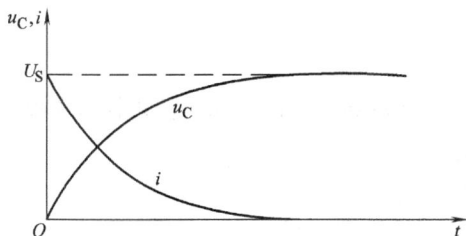

图 3-6   电容充电时 u_C 和 i 随时间变化曲线

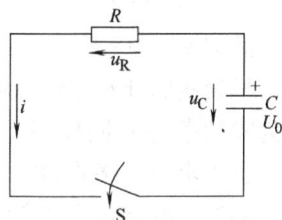

图 3-7   电容放电电路

根据基尔霍夫定律有
$$u_C - u_R = 0$$
或
$$u_C - Ri = 0$$

因为 u_C 与 i 的参考方向相反，把 $i = -C\frac{du_C}{dt}$ 代入上式

$$RC\frac{du_C}{dt} + u_C = 0$$

这是一阶常系数线性齐次微分方程，此方程的通解为
$$u_C = Ae^{-\frac{t}{RC}} \tag{3-5}$$

式中，常数 A 同样由初始条件确定，在 $t = 0$ 时 S 闭合有
$$u_C(0_+) = u_C(0_-) = U_0$$

代入式(3-5)有

$$U_0 = Ae^{-\frac{0}{RC}}$$

所以
$$A = U_0$$

得
$$u_C = U_0e^{-\frac{t}{RC}} \tag{3-6}$$

而电流 i 的变化规律

$$i = -C\frac{\mathrm{d}u_C}{\mathrm{d}t} = -C\frac{\mathrm{d}}{\mathrm{d}t}(U_0\mathrm{e}^{-\frac{t}{RC}}) = \frac{U_0}{R}\mathrm{e}^{-\frac{t}{RC}}$$

u_C 和 i 随时间变化的曲线如图 3-8 所示。

从上述零状态响应和零输入响应分析可以看出，它们具有相同的齐次微分方程，即它们都有相似的通解形式

$$u_h = A\mathrm{e}^{-\frac{t}{RC}}$$

现令 　　　　　　　　　　　$\tau = RC$ 　　　　　　　　　(3-7)

式中，τ 称为 RC 动态电路的时间常数，它由电路参数 R、C 的大小确定，单位为秒(s)；$u_h = A\mathrm{e}^{-\frac{t}{RC}}$ 说明电压 u_h 是随着时间按指数方式衰减的，$\tau = RC$ 越大，衰减就越慢，瞬态过程就长一些；τ 越小，衰减就越快，瞬态过程就短一些。这一点不难理

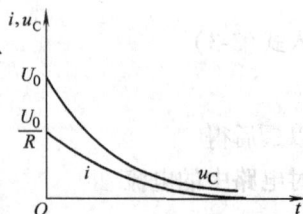

图 3-8　电容放电电压和
电流随时间变化曲线

解，如以放电为例，在一定的初始电压(U_0)之下，电阻越大，放电电流就越小，使电容器上的电荷全部中和，时间就会长一些；从理论上讲，只有经过时间 $t = \infty$，瞬态过程才能结束，但实际上时间过了$(4\sim5)\tau$后，就可以认为瞬态过程基本结束了。当 $t = 5\tau$ 时，u_h 已衰减到初始值的0.007 倍。

此时通解 u_h 可写成 　　　　　　　　　　$u_h = A\mathrm{e}^{-\frac{t}{RC}}$

尽管我们针对零状态和零输入的电路进行了分析，但如果电路在外加直流电源和初始状态为零的条件共同作用下，利用线性电路的叠加定理，也可求出电路的响应，这种由初始状态和输入激励共同产生的响应称为全响应。

[**例 3-3**]　　如图 3-9 所示电路，已知电阻 $R = 2\mathrm{k}\Omega$，电容 $C = 5\mu\mathrm{F}$，电源电压 $U = 100\mathrm{V}$，如开关 S 闭合前电容已充电到 $u_0(0_-) = 50\mathrm{V}$，求开关 S 闭合后电容器电压 u_C 和电路中的电流 i。

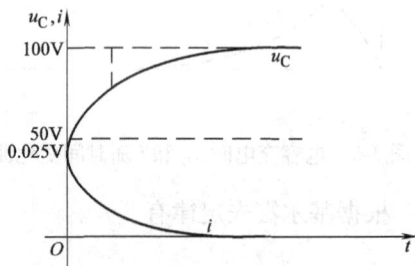

图 3-9　例 3-3 图

解：列写出电路的微分方程为

$$RC\frac{\mathrm{d}u_C}{\mathrm{d}t} + u_C = U$$

稳态时电容两端电压 $u_C = U$，即特解

$$u_P = U = 100\mathrm{V}$$

而通解

$$u_h = A\mathrm{e}^{-\frac{t}{\tau}}$$

式中

$$\tau = RC = (2\times10^3 \times 5\times10^{-6}\mathrm{s}) = 10^{-2}\mathrm{s}$$

所以 　　　　　　　　　$u_C = u_P + u_h = 100 + A\mathrm{e}^{-10^2 t}$

然后根据初始条件，求出常数 A

$$u_C(0_+) = u_C(0_-) = 50\mathrm{V}$$

即 　　　　　　　　　$50 = 100 + A\mathrm{e}^{-10^2\times0} = 100 + A$

$$A = -50$$

电容电压
$$u_C = (100 - 50e^{-10^2 t}) V$$

而
$$i = C\frac{du_C}{dt} = 0.025e^{-10^2 t} A$$

利用叠加定理也可解此题,首先求出零状态响应为

$$u_{C1} = U(1 - e^{-\frac{t}{\tau}}) = 100(1 - e^{-10^2 t}) V$$

而后零输入响应为

$$u_{C2} = U_0 e^{-\frac{t}{\tau}} = 50e^{-10^2 t} V$$

所以全响应

$$u_C = u_{C1} + u_{C2} = (100 - 50e^{-10^2 t}) V$$

两种方法计算结果相同,电压 u_C 和电流 i 的曲线如图 3-9 所示。

三、RL 电路的零状态响应

如图 3-10 所示,直流电源接通前,电路电流 $i(0_-)=0$,设开关 S 在 $t=0$ 时闭合,根据基尔霍夫定律有

$$u_R + u_L = U$$

或
$$Ri + u_L = U$$

而
$$u_L = L\frac{di}{dt}$$

则有

$$\frac{L}{R}\frac{di}{dt} + i = \frac{U}{R}$$

图 3-10 RL 电路
接通直流电压源

上式也是一阶常系数线性非齐次微分方程,它的解同样由其特解 i_P 和相应的齐次方程的通解 i_h 组成,即

$$i = i_P + i_h$$

电路达到稳态时,电流 $i(\infty) = \frac{U}{R}$

所以有特解
$$i_P = i(\infty) = \frac{U}{R}$$

相应齐次方程的通解为

$$i_h = Ae^{-\frac{R}{L}t} = Ae^{-\frac{t}{L/R}}$$

同样令 $\tau = \frac{L}{R}$,可写出电流 i

$$i = \frac{U}{R} + Ae^{-\frac{t}{\tau}} \tag{3-8}$$

式中,常数 A 可以利用电感中电流的初始条件确定

$$i(0_+) = i(0_-) = 0$$

代入式(3-8)中,$0 = \frac{U}{R} + Ae^0$

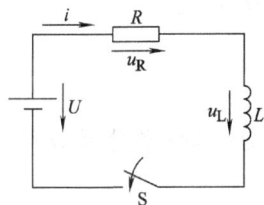

得　　　　　　　　　　　　$$A = -\frac{U}{R}$$

最后求出　　　　$$i = i_p + i_h = \frac{U}{R} - \frac{U}{R}e^{-\frac{t}{\tau}} = \frac{U}{R}(1 - e^{-\frac{t}{\tau}}) \qquad (3-9)$$

电感上的电压响应为

$$u_L = L\frac{di}{dt} = L\frac{d}{dt}\left[\frac{U}{R}(1 - e^{-\frac{t}{\tau}})\right] = Ue^{-\frac{t}{\tau}} \qquad (3-10)$$

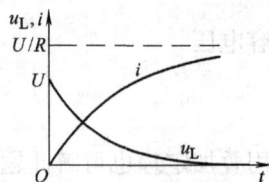

图 3-11　RL 电路接通
电压源时 i、u_L 曲线

i 与 u_L 的曲线如图3-11所示，也是按指数规律变化的。

　　在这里 $\tau = L/R$，它同样也是时间常数，是电路固有的一个常数，单位是秒(s)。不难理解它的物理意义，和 RC 串联电路中的时间常数一样，$\tau = L/R$ 是一个影响瞬态过程快慢的物理量。

四、RL 电路的零输入响应

　　如图3-12所示电路，开关 S 是打开的，电感元件中的电流 $i(0_-) = I_0$，在 $t = 0$ 时开关 S 闭合，根据基尔霍夫定律有

$$u_R + u_L = 0$$

或　　　　　　　　　　　　$$Ri + u_L = 0$$

又因为　　　　　　　　　　$$u_L = L\frac{di}{dt}$$

则　　　　　　　　　　　　$$\frac{L}{R}\frac{di}{dt} + i = 0$$

也是一阶线性常系数齐次微分方程，此方程的通解为

$$i = Ae^{-\frac{t}{\tau}} \qquad (3-11)$$

同样式中常数 A，可以利用电感中电流的初始条件确定

$$i(0_+) = i(0_-) = I_0$$

代入式(3-11)　　　　　　　$$I_0 = Ae^0$$

得　　　　　　　　　　　　$$A = I_0$$

最后解得　　　　　　　　　$$i = I_0 e^{-\frac{t}{\tau}} \qquad (3-12)$$

电感电压　　$$u_L = L\frac{di}{dt} = L\frac{d}{dt}(I_0 e^{-\frac{t}{\tau}}) = -I_0 R e^{-\frac{t}{\tau}} \qquad (3-13)$$

式中，负号表示在瞬态过程中电感两端感应电压的方向与图中所设的参考方向相反。i 与 u_L 的曲线如图 3-13 所示，也是按指数规律变化。

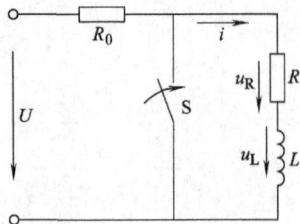

图 3-12　RL 放电电路

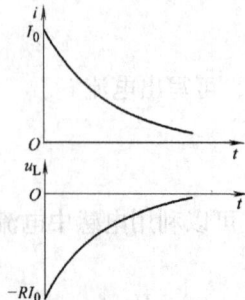

图 3-13　RL 电路放电时 i 与 u_L 曲线图

[例3-4]　如图 3-14 所示,已知 $U = 100V$, $R_0 = 30\Omega$,
$R = 20\Omega$, $L = 5H$, 求:$t = 0$ 时断开开关后的 i 和 u_L。

解:开关断开之前电感中的电流

$$I_0 = i(0_-) = \frac{U}{R} = \frac{100V}{20\Omega} = 5A$$

换路后电路的时间常数

$$\tau = \frac{L}{R'} = \frac{L}{R_0 + R} = \frac{5H}{(30 + 20)\Omega} = 0.1s$$

图 3-14　例 3-4 图

将 τ 和 I_0 代入式(3-12),得

$$i = 5e^{-\frac{t}{0.1}} = 5e^{-10t}A$$

电感电压

$$u_L = L\frac{di}{dt} = 5 \times (-10 \times 5e^{-10t}) = -250e^{-10t}V$$

而该例中电感电压也可以这样求出

$$u_L = -i(R_0 + R) = -I_0(R_0 + R)e^{-\frac{t}{\tau}}V$$

在开关 S 断开的瞬间,$i(0_+)$ 不能发生突变,如果回路电阻$(R_0 + R)$过大,则电感要产生很高的电压 $u_L(0_+) = I_0(R_0 + R)$,严重时会使电感线圈绝缘击穿,使电器元件、设备受损,因此,从这方面来说,回路电阻越小越好。但从另一方面可以看到,$\tau = L/(R_0 + R)$,如果回路电阻小,则 τ 就大,瞬态过程就长,u_L 衰减得就慢。综合考虑应适当选择回路电阻的大小。

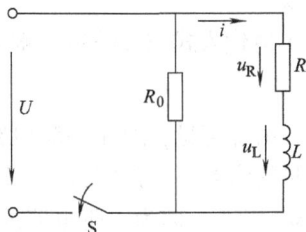

第三节　一阶线性电路动态过程分析

前面我们对 RC 串联电路和 RL 串联电路进行了分析:对零状态(外接的是直流电源)或零输入的电路,首先列出一阶微分方程,把解电路转换成求解该微分方程。实际上通过研究发现,对于只含有一种储能元件的一阶电路,可以不列写和求解微分方程,而可以直接写出响应随时间的变化情况,相比之下要显得便捷。

一、一阶电路的三要素法

通过对一阶电路的动态过程分析我们知道,微分方程的解包括特解和通解两个部分。若电路只接有直流电源,则特解就是一个常数,所以又称之为稳态分量;若为零输入,则其稳态分量是零。而其通解则都具有指数函数形式 $Ae^{-\frac{t}{\tau}}$,它是衰减的,故称其为暂态分量,由于衰减的快慢与外加信号无关,仅与电路中的 R、L、C 参数有关,所以也称为自由分量。这样我们也可以说,方程的解由稳态分量和暂态分量两部分组成。如果将待求的电压或电流用 $f(t)$ 来表示,稳态值用 $f(\infty)$ 来表示,则方程的解可以写成

$$f(t) = f(\infty) + Ae^{-\frac{t}{\tau}} \tag{3-14}$$

根据初始条件可以确定常数 A

$$f(0_+) = f(\infty) + Ae^0$$

所以 $$A = f(0_+) - f(\infty)$$

把 A 值代入式(3-14)得一般表达式

$$f(t) = f(\infty) + [f(0_+) - f(\infty)]e^{-\frac{t}{\tau}} \tag{3-15}$$

由此可见，对于一阶电路，可以根据电压或电流的初始值 $f(0_+)$、稳态值 $f(\infty)$ 和电路的时间常数 τ，直接按式(3-15)写出动态过程电路中电压或电流的时域表达式。$f(0_+)$、$f(\infty)$ 以及 τ 称为一阶电路的三要素。这种不列电路方程求解，而直接求出三要素再写出瞬态过程中电流或电压函数的方法称为三要素法。

三要素法中的初始值 $f(0_+)$、稳态值 $f(\infty)$ 容易求出，下面介绍时间常数的求取。

时间常数 τ 决定着暂态分量衰减的快慢、持续时间的长短，从其表达式可以看出它仅与电路结构参数有关，而与外加电源及初始条件无关。

如果分析的一阶电路包含分支电路或多个电源，而不是简单的 RC 或 RL 串联电路，同样只要把换路后的电源去掉，采用戴维宁定理，计算出由储能元件断开的二端向电路看去的等效电阻 R，然后再对多个储能元件，找出它们的连接关系进行化简，算出化简后的 C 或 L，这时就可求出时间常数 τ。

[例3-5]　如图3-15所示，开关S原为闭路状态，电容元件上的电压已达稳定。已知：$R_1 = R_2 = 1\mathrm{k}\Omega$，$C = 5\mu\mathrm{F}$，$U = 20\mathrm{V}$，求：开关于 $t = 0$ 时断开后 u_C、i_C、i_1、i_2 的函数式，并绘出曲线。

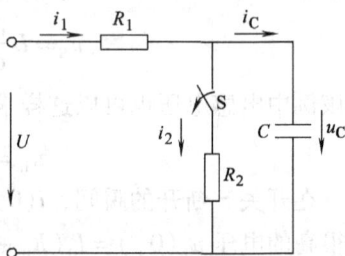

图　3-15

解： 利用三要素法

$$u_C(0_+) = u_C(0_-) = U\frac{R_2}{R_1 + R_2} = 20 \times \frac{1}{1+1}\mathrm{V} = 20 \times \frac{1}{2}\mathrm{V} = 10\mathrm{V}$$

$$u_C(\infty) = U = 20\mathrm{V}$$

$$\tau = RC = R_1 C = 1 \times 10^3\Omega \times 2 \times 10^{-6}\mathrm{F} = 2 \times 10^{-3}\mathrm{s}$$

将计算所得数据代入式(3-15)

$$u_C = 20\mathrm{V} + (10 - 20)e^{-\frac{t}{2 \times 10^{-3}}}\mathrm{V} = 20 - 10e^{-500t}\mathrm{V}$$

$$i_C = C\frac{\mathrm{d}u_C}{\mathrm{d}t} = 2 \times 10^{-6} \times \frac{\mathrm{d}}{\mathrm{d}t}(20 - 10e^{-500t}) = 0.01e^{-500t}\mathrm{A}$$

$$i_2 = 0$$

$$i_1 = i_C = 0.01e^{-500t}\mathrm{A}$$

u_C 和 i_C 的变化曲线如图3-16所示。

[例3-6]　如图3-17所示，已知 $R_L = 20\Omega$、$L = 100\mathrm{H}$、$R_1 = 30\Omega$、$R_L' = 50\Omega$、$U = 100\mathrm{V}$，求开关S于 $t = 0$ 闭合后的 i 和 u_L。

解： 利用三要素法

$$i(0_+) = i(0_-) = \frac{U}{R_L + R_1 + R_L'} = \frac{100\mathrm{V}}{(20 + 30 + 50)\Omega} = 1\mathrm{A}$$

$$i(\infty) = \frac{U}{R_L + R_1} + \frac{100\mathrm{V}}{(20 + 30)\Omega} = 2\mathrm{A}$$

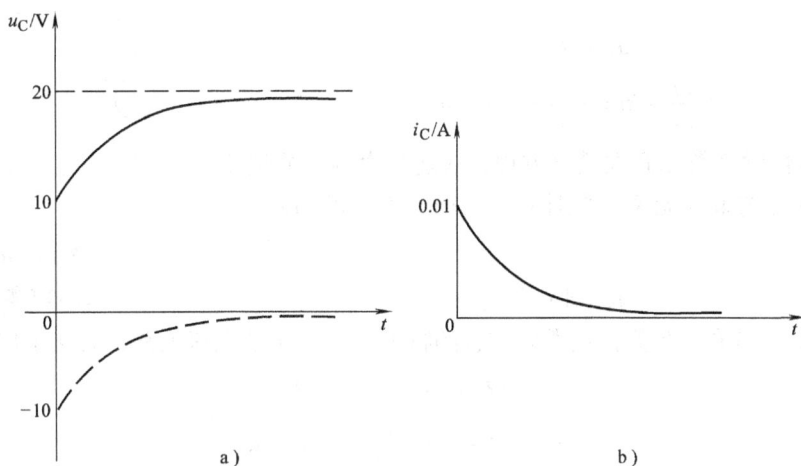

图 3-16 例 3-5 u_C、i_C 的变化曲线

$$\tau = \frac{L}{R} = \frac{L}{R_L + R_1} = \frac{100\text{H}}{(20+30)\,\Omega} = 2\text{s}$$

代入三要素法公式(3-15)

$$i = \left[2 + (1-2)\text{e}^{-\frac{t}{2}}\right]\text{A} = (2 - 1\text{e}^{-0.5t})\text{A}$$

$$u_L = L\frac{\mathrm{d}i}{\mathrm{d}t} = 100 \times \left[-0.5 \times (-1\text{e}^{-0.5t})\right]\text{V} = 50\text{e}^{-0.5t}\text{V}$$

i 和 u_L 的变化曲线如图 3-18 所示。

以上我们仅是对一阶电路外加直流激励或零输入情况

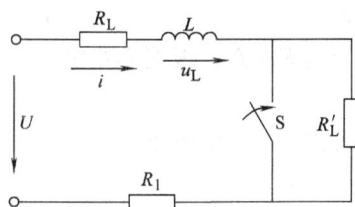

图 3-17 例 3-6 图

进行了分析。下面以 RL 串联电路为例,分析一下其在正弦交流电激励下的零状态响应。

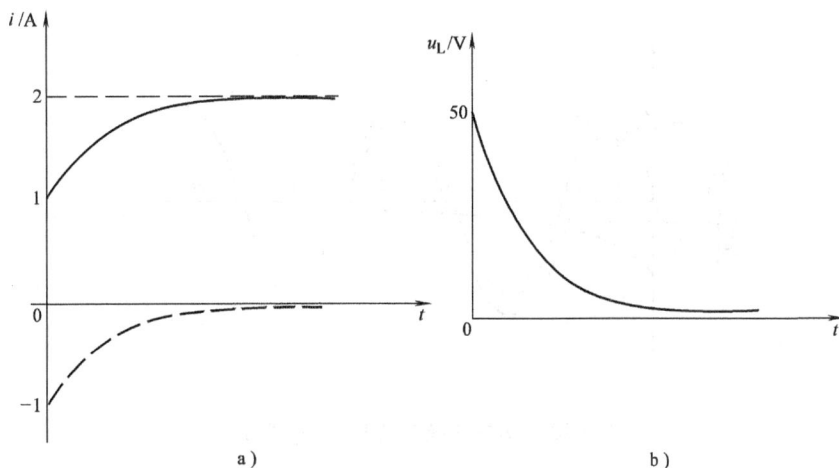

图 3-18 例 3-6 i、u_L 的变化曲线

二、正弦激励下一阶电路分析

如图 3-19 所示电路中,在时间 $t = 0$ 时接入电源电压 $u = U_m\sin(\omega t + \psi)$。电路电压方程

式为
$$u_L + Ri = u$$

则
$$L\frac{di}{dt} + Ri = U_m\sin(\omega t + \psi)$$

是一阶线性常系数非齐次微分方程，解还是由两部分组成。

暂态分量 i_h 与输入无关，是对应齐次微分方程的通解，形式

仍为
$$i_h = Ae^{-\frac{t}{\tau}}$$

图 3-19　*RL* 接通
正弦电源电路

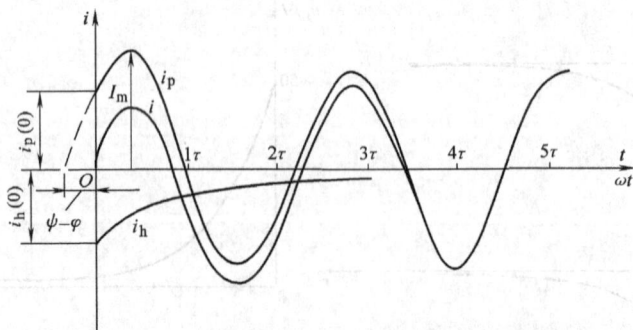

稳态分量 i_P 与输入有关，是微分方程的特解，可按正弦交流电路的解法求出
$$Z = R + j\omega L = |Z|\underline{/\varphi}$$

式中
$$|Z| = \sqrt{R^2 + (\omega L)^2}, \quad \varphi = \arctan\frac{\omega L}{R}$$

所以
$$i_P = \frac{U_m}{|Z|}\sin(\omega t + \psi - \varphi) = I_m\sin(\omega t + \psi - \varphi)$$

因此
$$i = i_P + i_h = I_m\sin(\omega t + \psi - \varphi) + Ae^{-\frac{t}{\tau}} \tag{3-16}$$

因为是零状态，根据换路定律，有初始条件
$$i(0_+) = i(0_-) = 0$$

代入式(3-16)中解出
$$A = -I_m\sin(\psi - \varphi)$$

最后得正弦激励零状态电流时域表达式为
$$i = I_m\sin(\omega t + \psi - \varphi) - I_m\sin(\psi - \varphi)e^{-\frac{t}{\tau}} \tag{3-17}$$

i 的变化曲线如图 3-20 所示，图中也给出 i_P、i_h 的波形。电路经过 $(4\sim5)\tau$ 的时间后进入正弦稳定状态。

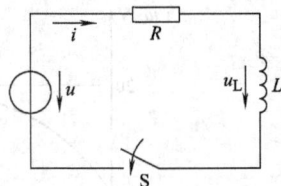

图 3-20　*RL* 在正弦激励下 i_P、i_h 曲线

当然利用公式 $u_L = L\frac{di}{dt}$ 也可求出电感电压，这里不再叙述。

暂态分量 A 值的大小与 $(\psi - \varphi)$ 角的大小有关，ψ 取决于电源接通的时间，φ 取决于电路中的参数，从式(3-17)我们分析两种特殊情形：

1) 当 $\psi - \varphi = 0$、π 时，取决于 $\sin(\psi - \varphi) = 0$，可见电路的暂态分量为 0，电源接通后，

立即进入正弦稳态而无瞬态过程。

2）当 $\psi - \varphi = \pm \dfrac{\pi}{2}$，$\sin(\psi - \varphi) = \pm 1$，暂态

分量的初始值最大，$i_h(0_+) = I_m$。如果电路 $\tau = \dfrac{L}{R}$

较大，则由于 i_h 衰减较慢，在接近 $T/2$ 处电流 i 可达到最大值，其值接近正弦稳态分量幅值 I_m 的 2 倍，即

$$i_{max} \approx 2I_m$$

这一点从图 3-21 可以看出。

以上我们分析的是正弦激励下 RL 串联电路的 零状态响应，如果在换路之前，初始条件不为零，

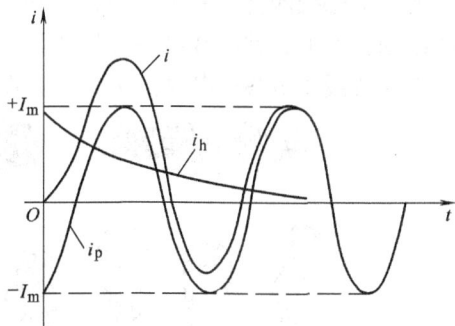

图 3-21 RL 在正弦激励下 i 与 i_h 关系曲线图

则可根据叠加定理求出电路的全响应，对于正弦激励下的 RC 串联电路的解法与其相似。

知识拓展与应用三 电感器简介

一、电感器的主要参数

1. 电感量

电感量是反映电感线圈存储磁场能量的能力，也反映电感器通过变化电流时产生感应电动势的能力。

电感量的大小与线圈的圈数、线圈的直径、线圈内部是否有铁心或磁心、线圈的绕制方式有关系。圈数越多，电感量越大。线圈内有铁心、磁心的，比同样的空心线圈的电感量大得多。

2. 品质因数（Q 值）

品质因数是电感线圈的一个主要参数，它反映了线圈质量的高低。通常也称为 Q 值。Q 值与构成线圈的导线粗细、绕法、单股线还是多股线有关。如果线圈的损耗小，Q 值就高；反之，损耗大，则 Q 值就小。

3. 分布电容

由于线圈每两匝（或每两层）导线可以看成是电容器的两块金属片，导线之间的绝缘材料相当于绝缘介质，即相当一个很小的电容，这一电容称为线圈的分布电容。另外，线圈与地之间、线圈与屏蔽盒之间也存在分布电容。由于分布电容的存在，将使线圈的品质因数 Q 值下降，稳定性变差。减小分布电容的方法有：减小线圈骨架的直径；用多股细导线绕制线圈；采用间绕法、蜂房式绕法绕制线圈。

4. 额定电流

额定电流是指电感器长期工作而不至损坏的最大电流，这也是电感器的一个重要参数。电感器工作在大电流电路中，在选用时必须考虑额定电流这一参数。

二、电感器的种类

电感器的种类很多，而且分类方法也不一样。通常按电感器的形式分为固定电感器、可变电感器、微调电感器。按磁体的性质，分为空心线圈、铁心线圈和磁心线圈。按结构特

点，分为单层电感器、多层电感器、蜂房电感器等。

各种电感线圈都具有不同的特点和用途。但它们都是用漆包线、纱包线、镀银裸铜线，绕在绝缘骨架上、铁心或磁心上构成的，而且匝与匝之间要彼此绝缘。为适应各种用途的需要，电感线圈做成各式各样的形状，如图 3-22 所示。

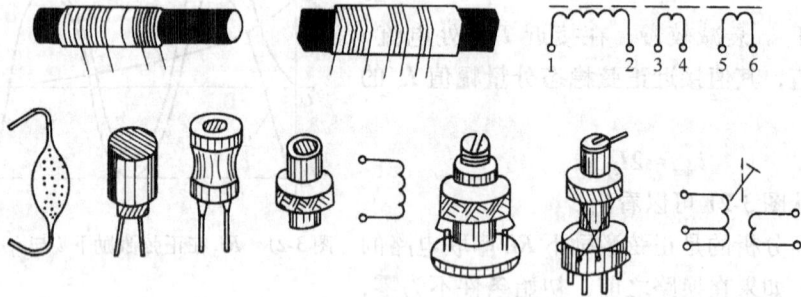

图 3-22　电感器外形及符号

1. 固定电感器

固定电感器又称色码电感器，是将铜线绕在磁心上，再用塑料壳或用环氧树脂包封而组成的，固定电感器的体积小，重量轻，结构牢固可靠，防潮性能好，安装方便。它广泛应用于各种电子设备中。

目前，大部分国产固定电感器都是将电感量、误差直接标在外壳上，而不再采用色环法。若采用 E_{12} 系列，允许误差分别用罗马数字"Ⅰ"、"Ⅱ"、"Ⅲ"表示，分别为 ±5%，±10%，±20%。

2. 单层电感器

单层电感器的电感量较小，大约在几微亨（μH）至几十微亨（μH），适应于高频电路中。线圈的绕制常采用密绕和间绕，间绕指线圈每匝间都相隔一定的距离，所以它的分布电容小。若采用粗导线绕制，可获得高 Q 值（150 ~ 400）和高稳定性。电感值大于 15 μH 时的线圈常采用密绕，密绕线圈体积小，但它的匝间电容较大，使 Q 值和稳定性下降。

3. 多层电感器

电感值大于 300 μH 时常采用多层电感线圈。多层线圈的匝和匝、层与层之间分布电容大，同时线圈层与层之间的电压相差较多，当线圈两端具有较高电压时，容易发生跳火、绝缘击穿等问题，为避免上述情况发生，可采用分段绕制。

4. 蜂房电感线圈

将导线以一定的偏转角（约为 19° ~ 26°）在骨架上缠绕为蜂房式，可减少线圈的分布电容。

5. 带磁心的电感线圈

线圈加装磁心后，电感值和品质因数都将增大，所以带磁心的电感线圈应用很广。例如，晶体管收音机中的天线线圈、振荡线圈等。磁心材料有锰锌铁氧体、镍锌铁氧体等。

6. 铁心电感器

铁心电感器是在硅钢片或坡莫合金叠成的铁心上绕制线圈而成的。其外形和电路符号如图 3-23 所示。铁心电感器电感量较大。

7. 可变电感器

其电感值可平滑均匀地改变，一般采用以下三种方法：①在线圈中插入磁心或铁心，通过改变它们的位置来调节线圈的电感量；②在线圈上安装一个滑动的触点，通过改变触点的位置来改变线圈的电感量；③将两个线圈串联，然后通过均匀改变两线圈的相对位置达到互感量的变化，而使线圈的电感量随之变化。

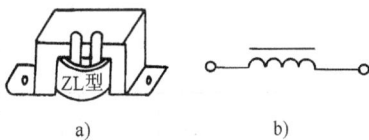

图 3-23　铁心电感器

三、电感器的简单检测方法

首先从外观上检查，看线圈有无松散、发霉现象，引脚有无折断；然后用万用表测量，若直流电阻为无穷大，则说明线圈内或线圈与引出线间已经断路；若直流电阻比正常值小很多，则说明线圈内有局部短路；若直流电阻为零，则说明线圈被完全短路。具有金属屏蔽罩的线圈，还需测量它的线圈和屏蔽罩间是否有短路。

本 章 小 结

本章对线性动态电路进行了分析和简单计算，主要内容是：

一、瞬态过程基本概念

含有 C、L 储能元件的电路，换路后只要其储能发生改变，电路就必定有瞬态过程，因为储能不能发生突变。电路参数 τ 决定着瞬态过程的长短，相对来说，电路一般经过 $(4 \sim 5)\tau$ 之后，便可认为进入了稳态。

因为电容端电压和电感中电流不能跃变，通常用 $u_C(0_+) = u_C(0_-)$、$i_L(0_+) = i_L(0_-)$ 表述，并称之为换路定律。

二、一阶电路的分析计算

对只含有储能元件 C 或 L 的电路，根据基尔霍夫定律可列出对应的微分方程，由于该微分方程是一阶的，所以此电路也称为一阶电路；然后求解微分程，其解包括通解和特解两部分，也可以说，其解由稳态分量和暂态分量两部分组成。既然如此，我们就可以求出电路的稳态分量 $f(\infty)$，时间常数 τ，再根据初始条件 $f(0_+)$，直接写成电路中待求的电压或电流一般表达式

$$f(t) = f(\infty) + [f(0_+) - f(\infty)] e^{-\frac{t}{\tau}}$$

此方法称为三要素法。

习 题 三

3-1　如图 3-24 所示，已知 $I_S = 10\text{mA}$，$R_1 = R_2 = 2\text{k}\Omega$，$C = 3\mu\text{F}$，在 $t = 0$ 时开关 S 拉开，求 $u_C(0_+)$、$i_1(0_+)$、$i_2(0_+)$ 及 $i_3(0_+)$。

3-2　如图 3-25 所示，已知 $R_1 = R_2 = 10\Omega$，$U_S = 2\text{V}$，当 $t = 0$ 时开关 S 闭合，求：$i_1(0_+)$、$i_2(0_+)$、$i(0_+)$ 及 $u_L(0_+)$。

3-3　如图 3-26 所示，电源电压 $U_S = 10\text{V}$，$R_0 = 0.5\text{k}\Omega$，$R = 4.5\text{k}\Omega$，$u_C(0_-) = 0\text{V}$，在 $t = 0$ 时合上开关 S，且知在 $t = 80.5\text{ms}$ 时，$u_C = 8\text{V}$，求电容 $C = ?$，$i = ?$

3-4　如图 3-27 所示，已知：$U_S = 12\text{V}$，$R_1 = 1\text{k}\Omega$，$R_2 = 2\text{k}\Omega$，$R_3 = 3\text{k}\Omega$，$C = 10\mu\text{F}$，电路处于稳态，求：$t = 0$ 时打开开关 S 后的 u_C 和 i_3。

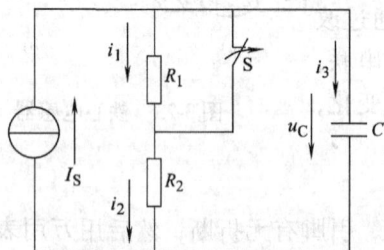

图 3-24　习题 3-1 图

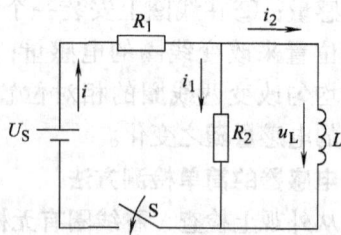

图 3-25　习题 3-2 图

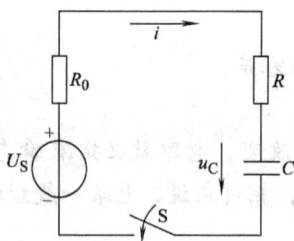

图 3-26　习题 3-3 图

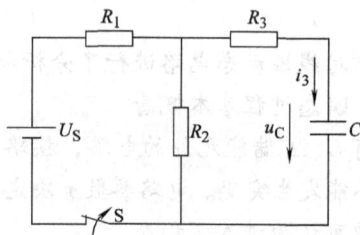

图 3-27　习题 3-4 图

3-5　如图 3-28 所示，已知：$R = 10\Omega$，$L = 0.5\text{H}$，$U = 100\text{V}$。求：（1）时间常数 τ；（2）开关 S 接通后 0.1s 时的电流 i_L。

3-6　如图 3-29，已知：$U_S = 10\text{V}$，$R_1 = 2\text{k}\Omega$，$R_2 = R_3 = 4\text{k}\Omega$，$L = 200\text{mH}$，开关断开前电路已处于稳态，求：开关断开后 i_1、i_2、i_3；u_L。

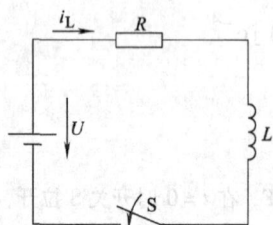

图 3-28　习题 3-5 图

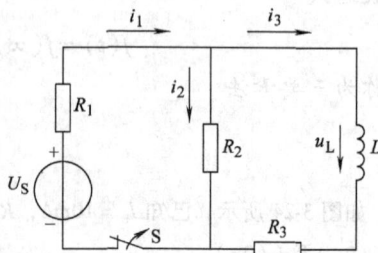

图 3-29　习题 3-6 图

3-7　如图 3-30 所示，开关闭合前电路已处于稳态，求 $t = 0$ 时，开关闭合后的 i 和 u_L。已知：$R_1 = 6\Omega$，$R_2 = 4\Omega$，$L = 20\text{mH}$，$U = 100\text{V}$。

3-8　如图 3-31 所示，已知 $u(t) = \sqrt{2} \times 220\sin(314t + 60°)\text{V}$，$R = 100\Omega$，$L = 0.32\text{H}$，原来开关 S 是闭合的，电路处于稳态，求：$t = 0$ 时开关 S 断开后的电流 i。

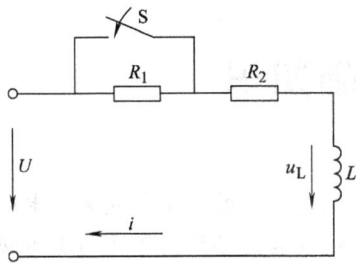

图 3-30 习题 3-7 图

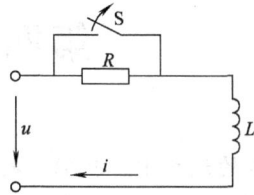

图 3-31 习题 3-8 图

第四章　磁路基础知识

在学物理的过程中，我们对磁场已有初步的了解。随着社会的进步与发展，电磁学已成为我们探知物理世界必不可少的基础理论，而且在生产技术和科学研究等方面有着极其重要而广泛的应用。

本章我们首先介绍与磁路有关的基础知识，然后讲述磁路与铁心线圈电路。

第一节　铁 磁 材 料

一、磁场的几个基本物理量

1. 磁感应强度(B)

磁感应强度是用来表示磁场中某点磁场的强弱和方向的物理量，它是一个矢量，用 B 表示。若在磁场中的一点垂直于磁场方向放置一段长为 Δl、通有电流 I 的导体，其受到的电磁力为 ΔF，则该点磁感应强度的大小为

$$B = \frac{\Delta F}{I \Delta l}$$

该点磁感应强度的方向就是放置在这点的小磁针 N 极所指的方向，即该点磁场的方向。

在国际单位制中，磁感应强度的单位是特斯拉(T)。

用磁感应线可以形象地描述磁场情况。磁感应强度大的地方，磁感应线密，反之则疏；磁感应线上各点的切线方向就是该点磁场的方向。因为磁场中的每一点只有一个磁感应强度，所以磁感应线是互不相交的。

电流 I 及电流在磁场中受到的力 ΔF、磁感应强度 B 三者的方向可由"左手定则"来确定，如图 4-1 所示。

如果磁场内各点的磁感应强度大小相等、方向相同，就称为均匀磁场。

2. 磁通(Φ)

磁场的情况可以用磁感应线来描述，为了描述磁场中某一面积上的磁场情况，便引入了"磁通"这个物理量。以均匀磁场为例，我们把磁感应强度 B 和与它所垂直穿过

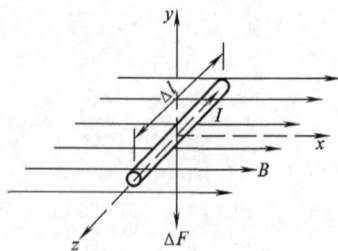

图 4-1　左手定则示意图

的平面面积 ΔS 的乘积，称为穿过该面积的磁感应强度矢量的通量，简称磁通，用 Φ 表示。

设在磁感应强度为 B 的均匀磁场中，有一个与 B 的方向垂直的面积为 ΔS 的平面，则穿过该面积的磁通为

$$\Phi = B \Delta S \tag{4-1}$$

式中，Φ 称为 B(矢量)在面积 ΔS 上的通量。若面积 ΔS 与磁感应强度 B 不垂直，如图 4-2 所示，则穿过 ΔS 的磁通为

$$\Phi = B\Delta S\cos\beta \tag{4-2}$$

式中，β 为 B 与 ΔS 的法线方向的夹角。

在国际单位制中，磁通的单位是韦伯（Wb）。

用磁感应线来描述磁场时，穿过单位面积的磁感应线数目就是磁感应强度 B，而穿过某一面积 S 的磁感应线总数就是磁通 Φ。磁感应线都是没有起止的闭合曲线，穿入任一封闭曲面的磁感应线总数必定等于穿出该曲面的磁感应线总数，即磁场中任何封闭曲面的磁通恒等于零。

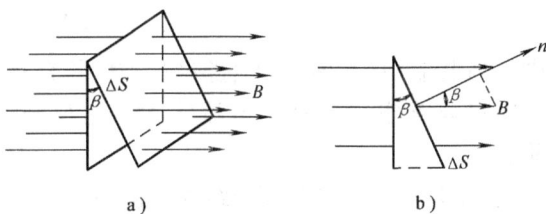

图 4-2　面积 ΔS 的磁通

3. 磁导率(μ)

实验证明，磁场中某处的磁感应强度 B 的大小，除与产生这个磁场的电流的大小、导线的形状和位置等因素有关外，还和磁场所在空间介质的种类有关。这说明不同介质的导磁性能不一样，我们把反映物质导磁性能强弱的这个参数称为磁导率，用 μ 来表示，不同的物质，μ 有不同的数值。

在国际单位制中，磁导率的单位是亨/米(H/m)。

真空的磁导率用 μ_0 来表示，其值为

$$\mu_0 = 4\pi \times 10^{-7}\text{H/m}$$

为了比较不同介质对磁场的影响，在其他条件相同的情况下，把该物质中的磁感应强度 B 与真空中的磁感应强度 B_0 相比较，令 $\mu_r = B/B_0$，μ_r 称为相对磁导率，它是一个比值，没有单位。

工程上常采用把某介质的磁导率 μ 与真空磁导率 μ_0 进行比较，这表示的也是介质的相对磁导率，$\mu_r = \mu/\mu_0$，上述两种比较方法结果是一样的，即

$$\mu_r = \frac{B}{B_0} = \frac{\mu}{\mu_0} \tag{4-3}$$

根据物质的导磁性能，把物质分成两类：第一类为"非铁磁物质"，如空气、铝、铜等，$\mu_r \approx 1$，导磁性能差。第二类为"铁磁物质"，如铁、钴等，$\mu_r \gg 1$，在同样大小电流的情况下，铁磁材料中的磁感应强度，要比空气中大得多。因此，在电工技术中，如变压器、电机、电磁铁的铁心都采用铁磁材料。

4. 磁场强度及安培环路定律

介质中的磁感应强度除与产生该磁场的电流有关外，还与处于该磁场中的介质磁导率有关，而在此处我们引入一个新的物理量磁场强度 H 来表示征磁场的特性，即它只与产生它的电流有关，而与处于其中的介质的磁导率无关。此时磁场强度

$$H = \frac{B}{\mu} \tag{4-4}$$

磁场强度是矢量，方向与 B 相同。在国际单位制中，磁场强度的单位是安/米(A/m)。

引用了磁场强度这一物理量，可以较方便地分析计算不同介质的磁场。磁场强度的大小与产生该磁场的电流之间的关系可由安培环路定律来确定。

安培环路定律：磁场强度矢量沿任一闭合路径的线积分等于该闭合路径所包围的全部电流的代数和，数学表达式为

$$\oint_l H\mathrm{d}l = \sum I \tag{4-5}$$

式中，当电流 I 的方向与闭合路径的方向符合右手螺旋定则时取正，反之则取负。

安培环路定律也称全电流定律，它反映了磁场的另一个基本性质。

[**例 4-1**] 有一条长直导线通过的电流为 I，求距离导线轴心为 r 处 P 点的磁场强度 H。

解：如图 4-3 所示，通过 P 点以 r 为半径作一圆形闭合路径，此路径便于进行线积分，P 点的磁场强度 H 为切线方向，且 H 在这路径上处处相等，而闭合路径所包围的电流只有导线电流 I，所以根据式(4-5)有

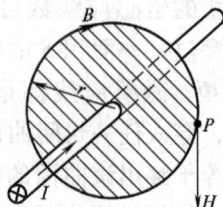

图 4-3　例 4-1 图

$$H\oint_l \mathrm{d}l = I$$

$\oint_l \mathrm{d}l$ 就是圆周的长度

所以有
$$H2\pi r = I$$

得
$$H = \frac{I}{2\pi r} \tag{4-6}$$

[**例 4-2**] 如图 4-4 所示的环形线圈，是一个均匀密绕在圆环上的线圈。设线圈内半径为 r_1，外半径为 r_2，线圈匝数为 N，电流为 I，求线圈中心线上的磁场强度。

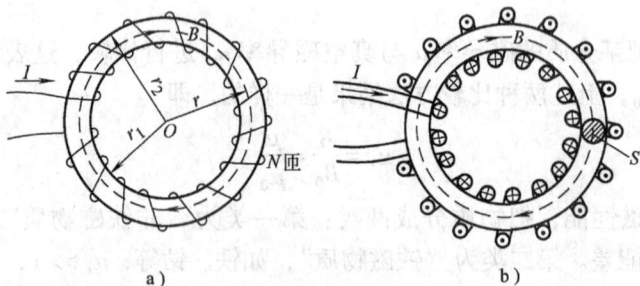

a)　　　　　　　　　　b)

图 4-4　例 4-2 图

解：线圈的平均半径为

$$r = \frac{r_1 + r_2}{2}$$

取 r 为半径，O 为圆心的这样一个圆形闭合路径，此路径就是线圈的中心线，并且与该路径磁感应线重合。同样应用安培环路定律有

$$\oint_l H\mathrm{d}l = H2\pi r$$

而
$$\sum I = NI$$

于是有
$$H2\pi r = NI$$

$$H = \frac{NI}{2\pi r} \qquad (4\text{-}7)$$

只要我们知道环形线圈内介质的磁导率 μ，就能求出其中的 B。

二、铁磁材料的磁化

物质由于在外磁场的作用下而显示出磁性，我们称该物质（材料）被磁化了。铁磁物质在外磁场的作用下显示很强的磁性，是由它的内部结构决定的，内部天然地分成许多小的磁性区域，叫做磁畴。如图 4-5 所示，一般磁畴体积为 10^{-6} cm^3。在没有外磁场或外力（如摩擦）的作用下，各磁畴块的磁场方向不同，磁性相互抵消，所以铁磁材料一般情况下不显示磁性，如图 4-5a 所示。

当把铁磁材料置于磁场强度为 H 的磁场中时，铁磁材料的磁化通过磁畴的变动来进行。在外磁场力的作用下，磁畴向外加磁场的方向转动，因为，在铁磁材料内部，磁畴的磁性不能相互抵消，从而形成了很强的与外加磁场方向相同的附加磁场，合成后的磁场大大增强了，如图 4-5b 所示。当大多数磁畴的方向与外加磁场方向基本相同时，如图 4-5c 所示，这时再增强外加磁场，附加磁场不再增加了，这种现象叫做磁饱和。

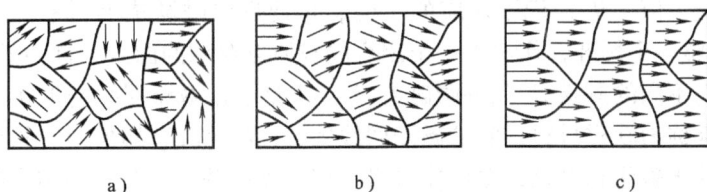

a)　　　　　　b)　　　　　　c)

图 4-5　磁畴示意图

铁磁性材料中存在磁畴，可以通过实验验证：在磨光的铁磁物质表面撒一层极细的铁粉，在显微镜下可以观察到铁粉沿着磁畴边界积聚的情况。

任何铁磁材料都有一个特定的温度，在这个温度以上时，它的磁性完全消失，该温度称为居里点。

铁磁材料的磁导率 μ 很大，而且不是一个常数，即在 $B = \mu H$ 中，B 与 H 不是线性关系，我们一般用磁化曲线来描绘铁磁物质的磁性能。下面介绍磁化曲线的作法。

图 4-6a 所示为测试磁化曲线的示意图。将待测的铁磁材料制成截面积为 S，平均周长为 l 的环形铁心，并绕以 N 匝线圈，调节可变电阻 R，改变励磁电流 I 的大小，同时用磁通表

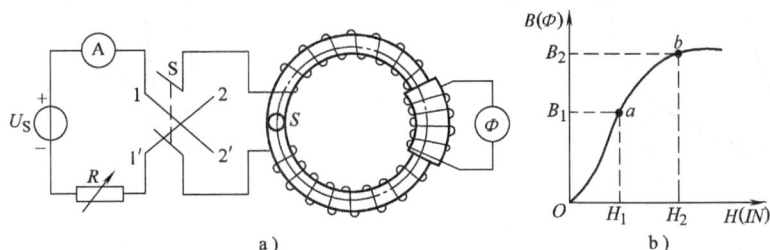

a)　　　　　　　　　　b)

图 4-6　测试磁化曲线示意图

测出对应的磁通 Φ，这样可作出一条 Φ-I 曲线，如图 4-6b 所示，称为起始磁化曲线。根据 $B = \Phi/S$ 和 $H = NI/(2\pi r)$，也可以作出 B-H 的磁化曲线。Φ-I 关系曲线与 B-H 关系曲线只是坐标比例不一样。

从起始磁化曲线可以看出，随着磁场强度 H 从 O 开始增加，（原先并无磁化现象），磁感应强度 B 开始缓慢增加，随后迅速增加（Oa 段），而后在相同的 ΔH 变化量的情况下，B 又缓慢增加（ab 段），b 点之后，即使 H 再增加，B 的增加又趋缓，这段称为饱和磁化阶段，这种现象称为磁饱和。由曲线可以看出，B/H 不是常数，也就是 μ 不是常数，根据公式 $B = \mu H$，对照起始磁化曲线，可以判断 μ 的整个变化情况。

通过实验我们还发现，铁磁材料在磁化的过程中（和作起始磁化曲线一样），当外加磁场增加到某一最大值 H_m 后，B 达到最大值 B_m，再把 H 逐渐减小，B 值也随之减小，但却不沿着起始磁化曲线减小，而是沿 ab 曲线下降，如图 4-7 所示。这种 B 值落后于 H 的现象称为磁滞。H 虽然减小到零，但 B 却不为零，说明铁磁材料仍保持一定的磁性，这是由于，尽管外加磁场为零，但被改变方向和边界的磁畴仍没有完全恢复到原来状态，所以还显磁性，图 4-7 中的 B_r 称为剩磁。如果要将剩磁去掉，这里可改变电流方向，使得外加磁场反向增加，铁磁材料反向磁化，当 H 达到 $-H_c$ 时，B 才回到零，这里 H_c 称为矫顽磁力；然后逐步增加反向磁场至最大值 $-H_m$，记下对应的 $-B_m$，再使反向磁场减小到零，又从零开始加正向磁场到 H_m，完整一个循环，作出了一个闭合的与原点对称的曲线，称为磁滞回线。

不同的材料有不同的剩磁 B_r 和矫顽磁力 H_c，于是根据磁滞回线的形状，常把铁磁材料分成两类：第一类称为软磁材料，它的磁滞回线狭长，B_r 和 H_c 都很小，此类材料的基本特征是磁导率高、易于磁化和退磁，多用作电机、变压器的铁心。第二类称为硬磁材料，它的剩磁 B_r 和矫顽磁力 H_c 都很大，特点是能保持很强的剩磁，不易退磁，所以多用于制造永久磁铁。图 4-8 为不同材料的磁滞回线。

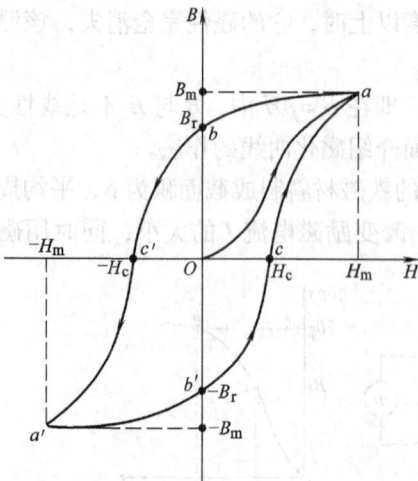

图 4-7　磁滞回线

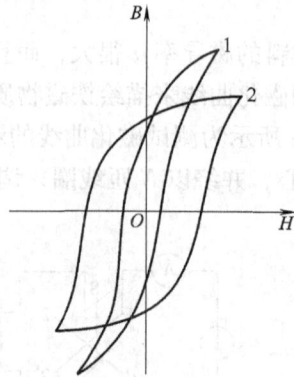

图 4-8　不同材料的磁滞回线

1—软磁材料　2—硬磁材料

第二节　直流磁路简介

一、磁路

从前面的分析，我们已经知道，铁磁材料具有高导磁性，即磁导率很大。因此在电工技术中，就用磁导率很大的铁磁材料做成各种形状的铁心，并绕上线圈，通以较小的励磁电流，在铁心中会产生很强的磁通（或磁感应强度）。与此相对比，周围非铁磁材料（一般为空气）中的磁通就非常小，实际上，磁通的绝大部分被约束在人为制成的闭合铁心之中，这种人为制作的磁通经过的路径叫做磁路。图 4-9a、b、c 所示分别为变压器、电机和电磁铁的铁心磁路。

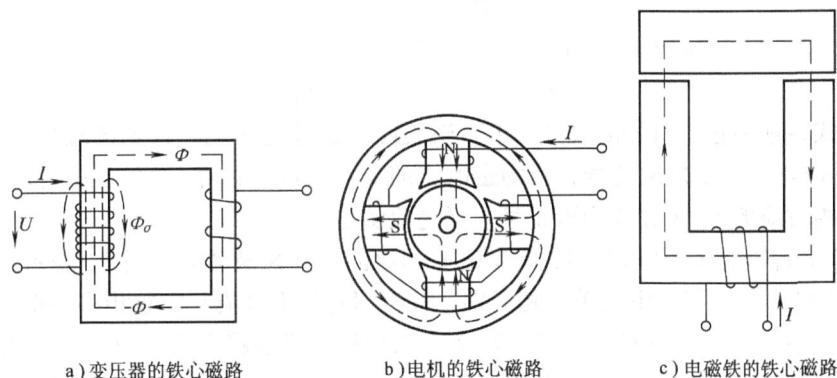

a）变压器的铁心磁路　　　　b）电机的铁心磁路　　　　c）电磁铁的铁心磁路

图 4-9　铁磁材料中的磁路

从图 4-9 可看出，变压器的磁路全是由铁磁材料组成的，而电机和电磁铁的磁路还包括空气隙，由于空气的导磁性能很差，所以造成整个磁路的导磁性能大大下降。

空气的导磁性能尽管很差，但总还有一小部分磁通穿出铁心经过周围的非铁磁材料（空气）而闭合，称为漏磁通，如图 4-9a 中的 Φ_σ。而把绝大部分在铁心内闭合的磁通称为主磁通。漏磁通与主磁通相比要小很多，在计算时，一般可以忽略不计，分析问题时也可不考虑。

二、磁路定律

1. 磁路的基尔霍夫第一定律

磁感应线总是闭合的环形曲线，因此，对任何一个有限的闭合曲面而言，穿出的磁通必然等于穿入的磁通，仿照基尔霍夫电流定律，规定穿入闭合曲面的磁通为正，穿出闭合曲面的磁通为负，则得出这一闭合曲面上穿出与穿入的磁通的代数和为零，即

$$\sum \Phi = 0 \tag{4-8}$$

这就是磁通连续性原理。

如果我们把这一有限的闭合曲面看成一个广义的点，就有穿入任一节点的磁通等于穿出该节点的磁通，称为磁路的基尔霍夫第一定律。

在图 4-10 中，如已知磁通 Φ_1、Φ_2，把闭合曲面 S 看成一个广义的点 A，可以求出磁通 Φ_3

$$\Phi_1 + \Phi_2 - \Phi_3 = 0$$

所以 $\qquad \Phi_3 = \Phi_1 + \Phi_2$

2. 磁路的基尔霍夫第二定律

用安培环路定律，对磁路进行计算时，我们把磁路中的每一支路按各处材料或截面不同划分成若干段，每一段中因其材料和截面相同，所以 B 及 H 处处相同。这样可以方便地求出各段磁场强度 H 与平均长度 l 的乘积，而对于任一回路就有

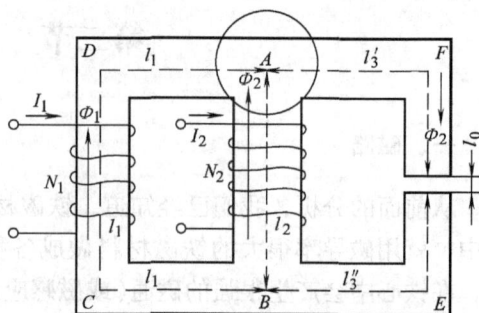

图 4-10 磁路第一定律

$$\sum (Hl) = \sum (IN) \qquad (4\text{-}9)$$

对于图 4-10 所示磁路的回路 $ABCDA$，有

$$H_1 l_1 - H_2 l_2 = I_1 N_1 - I_2 N_2$$

对于图 4-10 所示磁路的回路 $AFEBA$（ $l_3 = l'_3 + l''_3$ ），有

$$H_2 l_2 + H_3 l_3 + H_0 l_0 = I_2 N_2$$

上述两式各项前正、负号的规则如下：当某段 H 的参考方向与回路的绕行方向相同时，该段的 Hl 前取正号，反之取负号；当励磁电流的参考方向与回路的绕行方向符合右手螺旋定则时，则相对应的 I、N 在式中取正号，反之取负号。

式(4-9)中右边的每一项 IN 都是产生磁通的原因，称为磁动势，用 F_m 表示。磁动势的单位为安培(A)，但为了与电流单位相区别，并根据它是由电流与匝数相乘而得，可把它的单位叫做"安匝"。式中左边的每一项 Hl 又可称为每一段磁路上的磁位差，并用 U_m 表示。因此，磁路的基尔霍夫第二定律可以叙述为：磁路中沿任意闭合回路磁位差 U_m 的代数和等于磁动势 F_m 的代数和，数学表达式为

$$\sum U_m = \sum F_m \qquad (4\text{-}10)$$

3. 磁路欧姆定律

设一段磁路的长度为 l，截面积为 S，磁介质的磁导率为 μ，则磁路中有

$$B = \mu H$$

即 $\qquad \dfrac{\Phi}{S} = \mu H$

所以 $\qquad \Phi = \mu H S = \dfrac{Hl}{\dfrac{l}{\mu S}} = \dfrac{U_m}{R_m} \qquad (4\text{-}11)$

式中 $\qquad R_m = \dfrac{l}{\mu S} \qquad (4\text{-}12)$

称为长度为 l，截面积为 S，磁导率为 μ 的磁路的"磁阻"。磁阻的单位为 1/亨(1/H)。

在形式上看式(4-11)与电路中的欧姆定律相似，故称其为磁路的欧姆定律。

由于铁磁材料的磁导率不是一个常数，所以其构成的磁路的磁阻也是变化的。因此，在一般情况下不能用磁路欧姆定律来进行磁路的计算，但对磁路作定性分析时，则常用到磁路欧姆定律。例如，在磁路中有一小段气隙，由于空气的磁导率 μ_0 远小于铁磁材料，所以这

时整个磁路里的磁阻会显著增大。

电路中的一些物理量及其基本定律，我们比较了解，而磁路中的相关物理量和基本定律与电路中的有许多相似之处，现把它们列在表 4-1 中，进行对比，有利于我们对磁路中物理量和基本定律的理解。

表 4-1　磁路与电路比较

	电　路	磁　路
势	电动势 E	磁动势 $F_m = IN$
流	电流 I	磁通 Φ
阻	电阻 $R = \dfrac{l}{\gamma S}$	磁阻 $R_m = \dfrac{l}{\mu S}$
压	电压 IR	磁位差 $U_m = Hl$
基尔霍夫定律	$\sum I = 0$	$\sum \Phi = 0$
	$\sum (IR) = \sum U_S$	$\sum (Hl) = \sum (IN)$
欧姆定律	$I = \dfrac{U}{R}$	$\Phi = \dfrac{U_m}{R_m}$

当然磁路和电路有着本质的区别：如电路中有电动势，但电流可为零，而磁路中有磁动势就必须有磁通。电流代表某质点的运动，电路中只要有电流，实际上总有能量损耗，磁通并不代表某种质点的运动。在维持恒定磁通的磁路中，磁阻不消耗能量等等。

第三节　交流铁心线圈

具有铁心的线圈通以直流电，线圈产生的磁通是不随时间变化的，这样在铁心和线圈中不会产生感应电压，功率损耗主要是线圈内阻上的功率损耗。而如果通以交流电，由交变电流产生的磁通能随时间变化，则这时会在铁心和线圈中产生感应电压，除了线圈内阻上有功率损耗外，铁心中也会有损耗，所以交流铁心线圈电路中电磁关系比较复杂，这里主要研究交流铁心线圈。

一、正弦电压下的铁心线圈

如图 4-11 所示，为一个具有闭合铁心的线圈，各量的参考方向如图所示。

当在线圈两端加正弦电压后，在铁心线圈中产生交变磁通，这个磁通分成两部分，主磁通 Φ 和漏磁通 Φ_σ，它们都会在线圈中产生感应电压 u_L 和 u_σ。另外，线圈本身还有电阻，电流通过时也会有电压降 u_R，这时线圈两端电压平衡方程式为

$$u = u_L + u_\sigma + u_R$$

由于铁心的磁导率远大于空气的磁导率，线圈本身的电阻也很小，因此，u_R 也很小，那么在漏磁通和电阻忽略不计的情况下（也即忽略 u_σ 和 u_R），外加电压就与主磁通的感应电压相平衡，则有

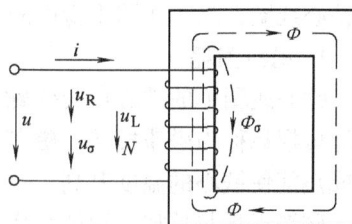

图 4-11　交流铁心线圈

$$u = u_L$$

铁心中的磁通和励磁电流不是线性关系，所以电感 L 是变化的，因此 u_L 不能用电感线圈上的 $u_L = L\dfrac{di}{dt}$ 来计算，而用 $u_L = \dfrac{d\psi}{dt}$ 来进行分析。

$$u_L = \frac{d\psi}{dt} = N\frac{d\Phi}{dt}$$

若磁通按正弦规律变化，即

$$\Phi = \Phi_m \sin\omega t$$

那么电压

$$u = u_L = N\frac{d\Phi}{dt} = \omega N\Phi_m \cos\omega t = U_m \sin(\omega t + 90°)$$

上式说明，加于线圈两端电压的相位超前磁通 $90°$，上式中

$$U_m = \omega N\Phi_m = 2\pi fN\Phi_m$$

电压有效值

$$U = \frac{U_m}{\sqrt{2}} = \frac{2\pi}{\sqrt{2}}fN\Phi_m$$

或
$$U = 4.44fN\Phi_m \tag{4-13}$$

从上式可以看出：如果不计线圈的电阻和漏磁通，当电源的频率 f 和线圈的匝数 N 一定时，线圈磁通的最大值 Φ_m 和线圈两端电压的有效值 U 成正比，而与铁心材料和尺寸无关。换句话说，在一定正弦电压的作用下，无论线圈的磁路如何变化，其磁通的最大值基本上不变，这是交流铁心线圈的特点。根据这一特点，在交流铁心线圈两端外加某一正弦电压时，如果磁路的磁阻改变，为了使正弦磁通 Φ_m 一定，只能是磁动势（励磁电流）作相应的变化，这一点从磁路欧姆定律 $\Phi = IN/R_m$ 可得到解释，就是说交流下的铁心线圈磁路反过来对电路有影响。

二、铁心损耗

交流铁心线圈与直流铁心线圈在功率损耗方面有很大的不同。直流铁心线圈通直流电，铁心中的磁通是恒定的，所以直流铁心线圈的功率损耗主要是线圈内阻上的功率损耗；而交流铁心线圈，除了线圈本身电阻上的损耗（I^2R）之外，铁心内部还有损耗，称为铁心损耗。

1. 磁滞损耗

铁心线圈中的铁心在交变磁通的作用下被反复磁化，磁畴的边界和方向反复改变而造成的能量损耗称为磁滞损耗。磁滞损耗这部分能量是从电路中通过磁耦合吸收过来的，最后转变成热能使铁心的温度升高。

磁滞损耗与外加电源的频率 f、铁心体积及磁滞回线的面积成正比，另外，外加电压越大，产生的磁感应强度 B_m 也越大，磁滞损耗也越大，还有磁滞损耗与铁心材料的种类有关。

为了减小磁滞损耗，可选用磁滞回线狭窄的铁磁材料制作铁心，但根据铁磁材料的特点，磁滞损耗总是存在的。

2. 涡流损耗

铁心线圈两端加一个交流电源，就会产生一个交流磁通穿过铁心，而铁心本身是导体，可以把铁心看成无数多个闭合回路，如图4-12a所示，交变磁通在这些闭合回路中产生感应电动势，从而形成许多围绕以铁心为中心线呈漩涡状流动的电流，称为涡流。

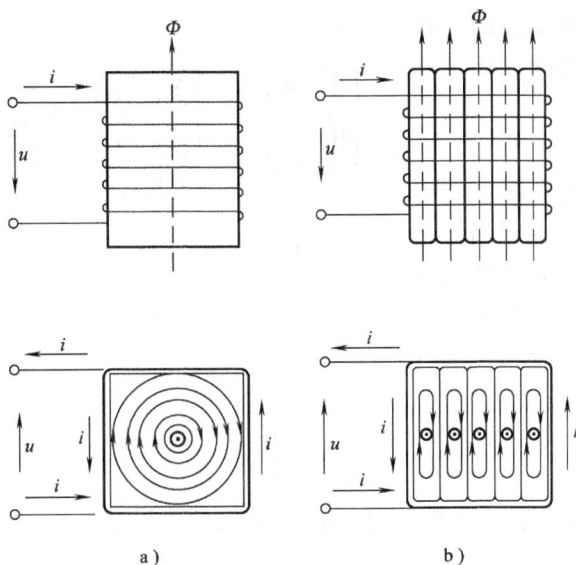

图 4-12 铁心中的涡流

由于铁心内同样有电阻，当涡流在铁心内流动时，就会引起有功功率损耗，使得铁心发热，称为涡流损耗。

涡流损耗消耗了电能，使铁心温度升高，甚至使电气设备无法正常工作。为了减小涡流，在交流电工设备中的铁心都不用整块材料制作，而是在顺着磁场方向用彼此绝缘的薄钢片叠制而成，如图4-12b所示，这样只能在狭小的路径内有涡流，从而使涡流减小。另外，在薄钢片中也可掺入少量的其他元素，如硅，使钢片的电阻率增加，即加大涡流回路的总电阻，使涡流减小。

涡流也有可利用的一面，利用涡电流的电磁阻尼作用，可制成各种电磁阻尼器，以防止仪表中各种可动部分的振动；另外，利用涡电流的热效应，可制成高频感应加热设备。

3. 铁心损耗

涡流损耗与磁滞损耗一样，也与交流电源的频率f、磁感应强度的最大值B_m有关，计算起来都比较麻烦。我们常把磁滞损耗和涡流损耗统一起来考虑，它们都是铁心中的损耗，称为铁心损耗，简称铁损，可用下式计算：

$$P_{Fe} = P_{Fe0}M$$

式中　　P_{Fe}——总铁损（W）；

P_{Fe0}——比损耗，是某一B_m值时每千克铁心的损耗（W/kg）；

M——铁心总质量（kg）。

第四节　电　磁　铁

电磁铁是给有铁心的线圈通电，产生电磁力，来实现机械运动的多功能器件，它在电器元件、设备上有着广泛的应用。尽管电磁铁的结构形式多样，功能各异，但它们的基本组成都是相同的，由磁导率很高的软磁性材料铁心、衔铁、线圈三部分构成，如图 4-13 所示。

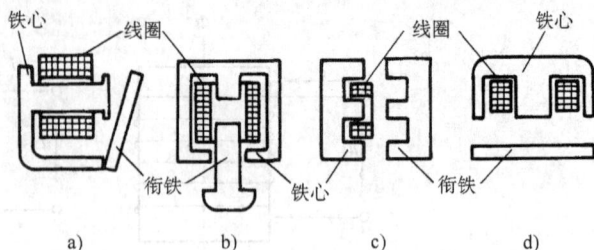

图 4-13　电磁铁

一、直流电磁铁

当给直流电磁铁线圈通直流电流后，磁路中产生恒定的磁通，衔铁被磁化，并受到电磁力的吸引而运动。失电后，衔铁在自重或其他外力的作用下而复位，这就是它的工作原理。

电磁吸合力的计算公式为

$$F = \frac{1}{2}\frac{B_0^2}{\mu_0}S \qquad\qquad (4-14)$$

式中，B_0 为空气隙中的磁感应强度（T）；μ_0 为空气的磁导率；S 为全部吸合面的面积；F 为吸合力。

直流电磁铁吸合过程中，线圈中的电流不变，仅取决于电源的电压和线圈的内阻，即磁动势 IN 不变。但吸合过程中空气隙变小，磁阻 R_m 也变小，根据磁路欧姆定律 $\Phi = IN/R_m$ 分析，则磁通增大，随之磁感应强度 B_0 也增大，因此，吸合力 F 也在增加，完全吸合后达到最大值，这是直流电磁铁的一个特点。直流电磁铁有可能因为开始气隙过大，电磁吸力小而吸合不上。完全吸合上后，如果吸合力 F 过大，这时可在线圈电路中串一个电阻，使励磁电流减小，维持吸合就可以了。

二、交流电磁铁

在交流电磁铁中，如接入正弦交流电压，铁心中的磁通也按正弦规律变化，气隙中的磁感应强度 B_0 和磁通一样为正弦时间函数。

$$B_0 = B_m\sin\omega t$$

吸合力也随时间变化，瞬时值表达式为

$$\begin{aligned}
f &= \frac{1}{2}\frac{B_0^2}{\mu_0}S = \frac{1}{2}\frac{B_m^2\sin^2\omega t}{\mu_0}S \\
&= \frac{B_m^2}{2\mu_0}S\left(\frac{1 - \cos2\omega t}{2}\right) \\
&= F_m\left(\frac{1 - \cos2\omega t}{2}\right)
\end{aligned}$$

式中，$F_m = \dfrac{B_m^2 S}{2\mu_0}$ 是吸合力的最大值。一个周期吸合力的平均值为

$$F_{av} = \frac{1}{T}\int_0^T f dt = \frac{1}{4}\frac{B_m^2}{\mu_0}S$$

交流电磁铁的吸合力 f 随时间而变化的波形如图 4-14 所示。从波形可以看出，吸合力是脉动的，而且一个周期有两次为零，这将引起衔铁的振动。为了消除这种现象，通常在铁心的端面上嵌装一个闭合的短路环，称为分磁环，如图 4-15 所示。它将原来铁心中的磁通 Φ 分成 Φ_1 和 Φ_2 两部分，穿过短路环的磁通在短路环内产生感应电压而有了感应电流，感应电流又产生磁通阻滞穿过这短路环内磁通的变化，这样使短路环内的合成磁通 Φ_2' 滞后于短路环外的合成磁通 Φ_1'，使 Φ_1' 和 Φ_2' 有了相位差，磁通 Φ_1' 和 Φ_2' 不会同时为零。另外，两者的幅值也不一样，所以此时总磁通会保持在一定值以上，使吸引力不至于过小而导致衔铁分开，从而起到消噪的作用。

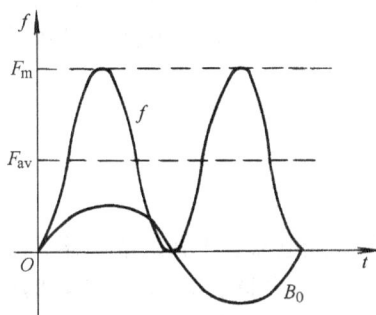

图 4-14 交流电磁铁的吸合力波形   图 4-15 电磁铁短路环

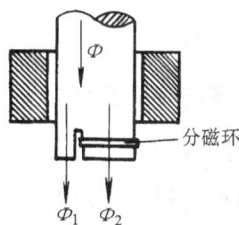

交流电磁铁与前面介绍的直流电磁铁相比有它的特点。只要外加电压一定，某一交流电磁铁磁路中磁通的最大值 Φ_m 就基本不变，因而磁感应强度的最大值 B_m 也基本不变，所以衔铁在吸合过程中，平均吸合力基本保持不变。但是由于吸合前后空气隙长、短不同，说明吸合前磁阻大，完全吸合后磁阻最小，同样根据磁路欧姆定律分析：$\Phi = IN/R_m$，式中 Φ 一定，磁阻 R_m 增加，那么只有励磁电流 I 也跟着增加。所以衔铁在吸合过程中，线圈中的电流是逐渐减小的。如果衔铁被卡住，线圈中将流过 5～6 倍的额定电流，甚至更大，将使线圈因为过热而烧坏。

知识拓展与应用四　继电器简介

一、继电器的主要参数

继电器的主要参数有额定工作电压、额定工作电流、线圈电阻和触头负荷等。

1. 额定工作电压

额定工作电压是指继电器正常工作时线圈需要的电压，对于直流继电器是指直流电压，对于交流继电器则是指交流电压。同一种型号的继电器往往有多种额定工作电压以供选择，并在型号后面加上规格号来区别。

2. 额定工作电流

额定工作电流是指继电器正常工作时线圈需要的电流值，对于直流继电器是指直流电流值，对于交流继电器则是指交流电流值。选用继电器时必须保证其额定工作电压和额定工作电流符合要求。

3. 线圈电阻

线圈电阻是指继电器线圈的直流电阻。有些继电器的说明书中只给出额定工作电压及额定工作电流，可以根据欧姆定律计算出线圈电阻。

4. 触头负荷

触头负荷是指继电器触头的负载能力，也称为触头容量。例如，JZX-10M 型继电器的触头负荷为：直流 28V × 2A 或交流 115V × 1A。使用中通过继电器触头的电压、电流均不应超过规定值，否则会烧坏触头，造成继电器损坏。一个继电器的多组触头的负荷一般都是一样的。密封继电器通常将型号和引出端示意图标示在继电器上，如图 4-16 所示。继电器各参数可通过查看说明书或手册得知。

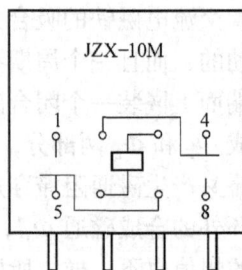

图 4-16　引出端示意图

二、继电器的种类及符号

1. 继电器的种类

继电器的种类很多，根据其结构与特征可分为电磁式继电器、干簧式继电器、湿簧式继电器、压电式继电器、固态继电器、磁保持继电器、压力继电器、时间继电器和热继电器等，如图 4-17 所示。按照工作电压类型的不同，可分为直流继电器、交流继电器和脉冲继电器。按照继电器触头的形式与数量，可分为单组触头继电器和多组触头继电器两类。其中，单组触头继电器又分为常开触头（动合触头，简称 H 触头）、常闭触头（动断触头，简称 D 触头）、转换触头（简称 Z 触头）3 种。多组触头继电器既可以包括多组相同形式的触头，又可以包括多种不同形式的触头。

图 4-17　继电器的外型

2. 继电器的符号

继电器的文字符号为"K"，图形符号如图 4-18 所示。在电路图中，继电器的触头可以画在该继电器线圈的旁边，也可以为了便于图面布局将触头画在远离该继电器线圈的地方，而用编号表示它们是同一个继电器。

3. 继电器型号的意义

继电器的型号命名一般由 5 部分组成，如图 4-19 所示。第一部分用字母"J"表示继电器的主称。第二部分用字母表示继电器的功率或形式。第三部分用字母表示继电器的外形特征。第四部分用 1~2 位数字表示序号。第五部分用字母表示继电器的封装形式。继电器型号中字母的意义见表 4-2 所列。例如：型号为 JZX-10M，表示这是中功率小型密封式电磁继电器；型号为 JAG-2，表示这是干簧式继电器。

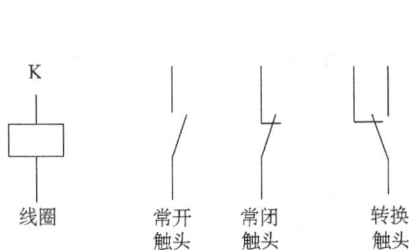

图 4-18　继电器的图形符号　　　　　图 4-19　继电器的型号命名说明

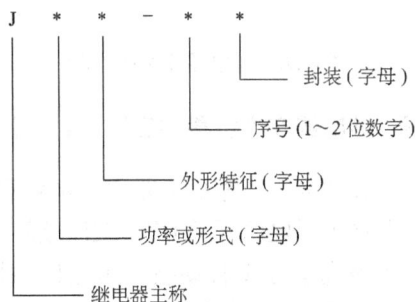

表 4-2　继电器型号中字母的意义

功率或形式	外　形	封　装
W：微功率	W：微型	F：封闭式
R：弱功率	C：超小型	M：密封式
Z：中功率	X：小型	（无）：敞开式
Q：大功率	G：干式	
A：舌簧	S：湿式	

三、继电器的检测

一般继电器可以用万用表进行检测。

1. 检测线圈

万用表置于"R×100"或"R×1k"档，两表笔（不分正、负极）接继电器线圈的两引脚，万用表指示值应与该继电器的线圈电阻基本相符，如图 4-20 所示。如阻值明显偏小，则说明线圈匝间有局部短路；如阻值为零，则说明两线圈引脚间短路；如阻值为无穷大，则说明线圈已断路。以上 3 种情况均说明该继电器已损坏。

2. 检测触头

给继电器线圈接上规定的工作电压，用万用表"R×1k"档检测触头的通断情况，如图 4-21 所示。未加上工作电压时，常开触头应不通，常闭触头应接通。当加上工作电压时，应能听到继电器吸合声，这时，常开触头应接通，常闭触头应不通，转换触头应随之转换，否则说明该继电器损坏。对于多组触头继电器，如果部分触头损坏，其余触头动作正常，则仍可使用。

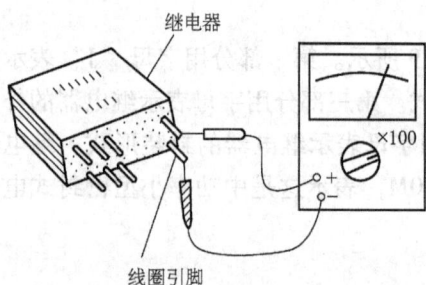

图 4-20　继电器线圈的检测　　　　　　　图 4-21　继电器触头的检测

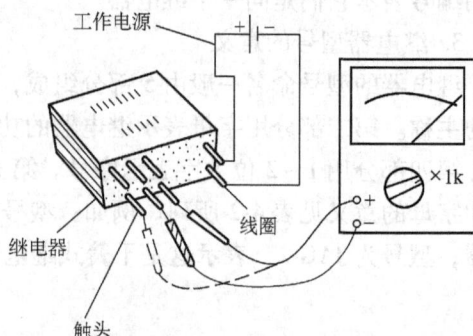

四、继电器在小型移动空气压缩机控制电路中的应用

小型移动空气压缩机电路由主电路和控制电路组成，如图 4-22a 所示。小型移动空气压缩机主电路包括电源开关 QF、交流接触器 KM 的主触头、热继电器 FR 元件以及三相交流异步电动机 M 等。小型移动空气压缩机的控制电路包括熔断器 FU，中间继电路 KA，交流接触器 KM 的线圈，控制按钮 SB$_1$、SB$_2$ 以及压力继电器 KP 等。

空气压缩机的压力继电器 KP 的安装位置如图 4-22b 所示。

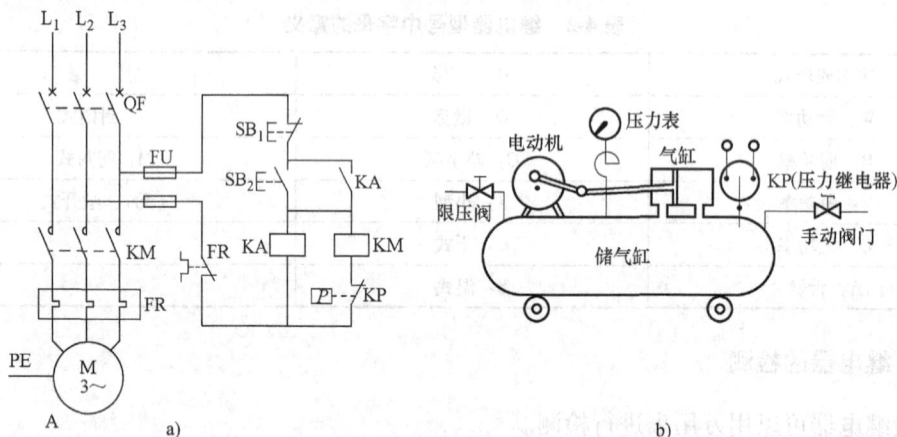

图 4-22　小型移动空气压缩机电路

电路工作原理：压力继电器 KP 的动触头由气缸内的气体驱动。当储气缸内的气压达到设定高压值时，压力继电器 KP 的动触头立即动作，使常闭触头断开，常开触头闭合。若储气缸停止进气，不向外供气，气缸内的压力不再变化，则压力开关不能返回到初始状态。若储气缸停止进气后向外供气，则气缸内的压力会逐渐降低。当气缸内的压力下降到预定低压值时，压力开关 KP 会立即返回到初始状态，将压力继电器 KP 的常闭触头串接在接触器线圈回路中。因此，可利用气缸压力控制电动机工作。

起动时，按下按钮 SB$_2$，电流依次经过熔断器 FU、SB$_1$、SB$_2$、KA 的线圈以及热继电器 FR 的触头，中间继电器 KA 的线圈得电吸合并自锁。由于空气压缩机内无压力，压力继电器 KP 的常闭触头闭合，于是交流接触器 KM 的线圈在中间继电器 KA 的线圈得电的同时也得电吸合，其主触头闭合，压缩机起动运行储气。当储气缸内的压力升高到压力继电器设定的高压值时，KP 的触头断开，KM 的线圈失电，其主触头断开，电动机 M 停止工作。当气缸内的气压下降到常闭触头 KP 闭合时，电动机 M 再次起动储气，如此反复循环，保证供气压力。

如果要使空气压缩机停止运行，可按下停止按钮开关 SB$_1$，中间继电器 KA 的线圈失电释放，电路恢复到初始状态。

本 章 小 结

本章讨论了磁路的基础知识和基本定律、以及铁心线圈电路、电磁铁，主要内容是：

一、描述磁场的主要物理量

1. 磁感应强度是描述磁场中某点磁场强弱和方向的物理量，是矢量。磁感应强度的方向就是磁场的方向，即磁场中某点磁感应强度的方向就是在该点放置小磁针 N 极所指方向。

2. 某一面积 S 的磁感应强度的通量称为磁通。

3. 磁导率是表示物质导磁性能的一个物理量。物质按其导磁性能大体上可分为非铁磁性物质和铁磁性物质两大类。

4. 为了便于确定磁场与产生该磁场的电流之间的关系，引入了磁场强度这个物理量，磁场强度与磁导率无关，它也是个矢量，方向为该点的磁感应强度的方向。

二、铁磁材料的磁化

铁磁材料在外磁场中呈现磁性的现象叫做铁磁材料的磁化。铁磁材料 $\mu_r \gg 1$，是外磁场强度 H 的函数，B-H 曲线是非线性的。

在足够大的外磁场条件下，铁磁场材料的磁化是不可逆的，因而出现了磁滞现象，交变磁化时也有磁滞回线。

三、磁路基本定律

磁通所经过的路径叫做磁路。磁路基本定律：

1）磁路的欧姆定律。

2）安培环路定律。

3）磁路的基尔霍夫定律。

四、交流铁心线圈电路

1. 电压与磁通的关系 $U = 4.44 f N \Phi_m$，这是一个常用的重要公式，它表明：当电源频率 f 和线圈匝数 N 一定时，铁心线圈磁路中的磁通最大值 Φ_m 和线圈电压的有效值成正比。

2. 铁心损耗包括两部分，即磁滞损耗和涡流损耗。

习 题 四

4-1 分析铁磁物质有剩磁的原因，并阐述去掉剩磁的方法。

4-2 自然界有没有单一的磁极？为什么？

4-3 某一铁磁材料，其起始磁化曲线如图 4-6b 所示，试说明随着磁场强度 H 的增强，磁导率 μ 的变化规律。

4-4 有一均匀磁场，磁感应强度 B = 0.13T，磁场垂直穿过 S = 10cm^2 平面，介质的相对磁导率 μ_r =

3000，求：磁场强度 H 和所穿过截面积上的磁通 Φ。

4-5　一环形铁磁材料外绕了 314 匝导线，然后通过 2A 的电流，设环的平均半径为 0.2m，并已测算出环中磁感应强度为 1T。计算：(1)磁场强度；(2)相对磁导率。

4-6　有两个相同材料的铁心，绕的线圈匝数相同，磁路的平均长度 $l_1 = l_2$，但截面积 $S_2 > S_1$，当通以相同的直流电流时，试比较两铁心中 Φ_1 与 Φ_2 的大小，B_1 与 B_2 的大小，如果通以相同的正弦交流电流时，试比较两铁心中 Φ_{1m} 和 Φ_{2m} 的大小。

4-7　在磁路中空气隙的长度与铁心的长度相比总是很小，问可否忽略不计？

4-8　什么叫铁心损耗？其大小主要与哪些因素有关？

4-9　如图 4-11 所示，已知交流铁心的材料为热扎高硅钢片，其截面积 $S = 27.5\text{cm}^2$，平均长度 $L = 60\text{cm}$，线圈匝数为 $N = 300$ 匝，当接入正弦电压有效值 $U = 220\text{V}$，频率 $f = 50\text{Hz}$，(1) 求磁感应强度 B_m；(2) 求线圈中的励磁电流(已知 $H_m = 7\text{A/cm}$)。

第五章 二极管及整流电路

半导体器件是近代电子学的重大发明，是电子电路中不可或缺的器件。由于半导体器件具有重量轻、体积小、耗电少、寿命长、工作可靠、价格低廉等优点，因而得到了广泛的应用。

二极管是最常用的半导体器件之一。本章首先介绍二极管的特性和参数，然后分析几种常用的二极管整流和滤波电路，最后介绍简单的直流稳压电路。

第一节 二 极 管

一、半导体和 PN 结

在自然界中，存在着许多不同的物质，有的很容易传导电流，称为导体；有的几乎不传导电流，称为绝缘体；还有一些物质，导电能力介于导体和绝缘体之间，称为半导体。

纯净的半导体材料在常温下导电能力很差，但它对温度和光的反应很敏感，导电能力也会随着温度的变化而增强。如果在纯净的半导体中，掺入少量杂质元素，其导电能力更会显著增强。例如，硅(Si)半导体中掺入五价元素后，硅原子与其形成共价键时，多出的一个电子不能结合在共价键内，则这个多余的电子容易摆脱原子束缚，成为自由电子。因而掺入杂质越多，形成的自由电子越多，导电能力就越强。这种以自由电子导电为主的半导体，称为 N 型半导体。若掺入的杂质是三价元素，则形成共价键时，原子最外层内有一个空位，称为空穴，这种以空穴导电为主的半导体，称为 P 型半导体。显然自由电子带负电，空穴带正电，电子和空穴均可导电，这也是半导体导电的基本特征。

单纯的 P 型或 N 型半导体的导电能力虽然大大增强，但不能直接用作半导体器件，如果在一块晶片上，两边分别掺杂形成一边为 P 型一边为 N 型，它们的交界面就形成"PN结"，如图 5-1 所示。

如果在 PN 结两侧，外加一直流电压，P 区接电源正极，N 区接电源负极，如图 5-2a 所示，PN 结的正向电阻很小，此时 PN 结处于正向导通状态，电路中形成较大电流，小电灯发光。

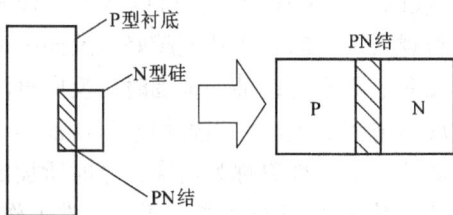

图 5-1 PN 结结构

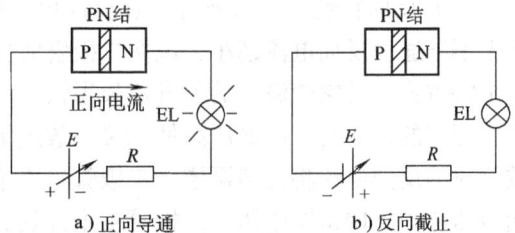

图 5-2 PN 结单向导电性

如果在 PN 两侧加反向电压，即 P 区接电源负极，N 区接电源正极，如图 5-2b 所示，此时 PN 结形成极微小的反向电流，并呈现很大的反向电阻，几乎不导电，因此小电灯也不亮。

由此可见，PN 结具有单向导电性，即正向偏置时导通，反向偏置时截止。这是 PN 结构成各种半导体器件的基础。

二、二极管

1. 二极管的结构

将 PN 结接上相应的引出端线并加上管壳，就成为二极管。P 型半导体的一端为阳极（正极），N 型半导体的一端为阴极（负极），其图形符号如图 5-3 所示。二极管主要有硅二极管和锗二极管两种。硅管反向电流小，工作温度稳定性好，常用于大功率整流。锗二极管的工作频率高，常用于高频整流和检波电路。

2. 二极管的伏安特性

二极管最重要的特性是单向导电，这种特性可以通过二极管的电流随两端电压而变化的伏—安特性曲线来描述，如图 5-4 所示。

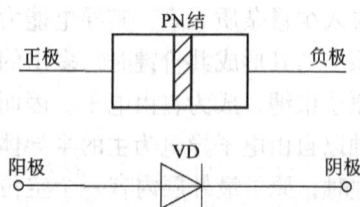

图 5-3 二极管的结构示意图和符号　　　　图 5-4 二极管的伏安特性

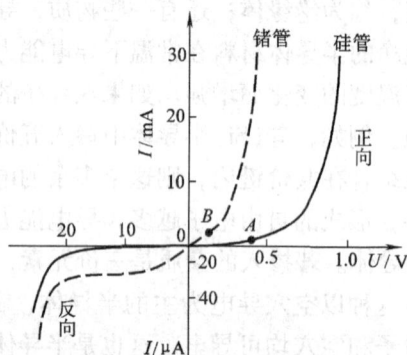

从伏—安特性曲线可以看出：

（1）正向特性　当外加正向电压很低时，电流几乎为零，这一段电压称为死区电压，通常硅管的死区电压为 0.5V，锗管约为 0.2V。当外加电压超过死区电压后，电流随电压的增加才有明显的上升，此时二极管在电路中相当于一个处于导通状态的开关。

（2）反向特性　在二极管上加反向电压时，形成的反向电流很小，可以认为二极管基本上不导通。反向电流越小，说明二极管的反向电阻越大，反向截止性能越好。反向电流有两个特点：一是它随温度的上升增长很快；二是在反向电压不超过某一范围时，反向电流是基本恒定的，而与反向电压高低无关，故通常称为反向饱和电流。而当外加电压增加到一定数值时，反向电流将突然剧增，二极管失去单向导电性，这种现象称为击穿，这时所加的反向电压称为反向击穿电压。二极管被击穿后，一般不能恢复原来的性能，所以正常工作时，不允许出现这种情况。

3. 二极管的主要参数

器件的参数规定了它的适应范围，它是选用器件的重要依据，二极管的主要参数有：

（1）最大整流电流 I_{FM}　这是指二极管长时间工作时允许通过的最大平均电流值，使用时，如果电流过大，超过此值，将导致二极管因过热而损坏。

（2）最高反向工作电压 U_{RM}　该电压是指允许加在二极管上的反向电压的峰值，也就是通常所说的耐压值。一般是反向击穿电压的一半或三分之二。在选用二极管时，加在管上的反向电压峰值不允许超过此值，以保证二极管能正常工作，不至于反向击穿。

二极管除了这两个主要参数外，还有正向整流压降、最大反向电流和最高使用温度等。

4. 二极管的简易测试

二极管有正、负两个电极，且正向电阻小，反向电阻大。利用这一特性，可用万用表的欧姆档大致测出二极管的好坏和极性。

（1）好坏的判别　把万用表欧姆档的量程拨到 $R \times 100$ 或 $R \times 1k$ 档，用红、黑两根表棒分别正接和反接测量二极管的两端，测出大、小两阻值，其中大的是反向电阻，小的是正向电阻。如果测出正向电阻是几百欧，反向电阻是几百千欧，二极管的正、反向电阻相差越大，表明管子单向导电性越好。如果正、反向电阻值相近，表示管子已坏；若正、反向电阻都很小或零，则表示管子已被击穿，两电极已短路；若正、反向电阻都很大，则说明管子内部已断路，也不能使用。

（2）极性的判别　当测得阻值较小时，红表棒与之相接的电极就是二极管的负极，黑表棒与之相接的电极即为二极管的正极。

第二节　单相整流电路

利用半导体二极管的单向导电性，将电网中的交流电压变换成电子设备所需的直流电压的过程叫做"整流"。根据所用交流电源的相数，整流电路可分为单相整流、三相整流；从整流所得的电压波形看，又可分为半波整流与全波整流。下面着重分析两种整流电路的工作原理和应用特点。

一、单相半波整流电路

1. 工作原理

单相半波整流电路如图 5-5 所示，图中 Tr 是整流变压器，VD 是整流二极管，R_L 是直流负载电阻。

设变压器二次电压 $u_2 = \sqrt{2}U_2 \sin\omega t$ 作为整流电路的交流输入电压，加在二极管与负载相串联的电路上。由于二极管 VD 具有单向导电性，在 u_2 的正半波期间，变压器的二次绕组上电压 a 端为正，b 端为负，二极管因正向偏置而导通，电流自 a 端经 VD 流过负载 R_L 回到 b 端。若略去二极管导通时的正向压降，则 $u_o = u_2$。在 u_2 的负半周期间，变压器的二次绕组的电压 a 端为负，b 端为正，二极管 VD 因反向偏置而截止，没有电流流过二极管和负载，R_L 上电压为零，此时，二极管如同开关断路，$U_o = 0$，所以 u_2 的

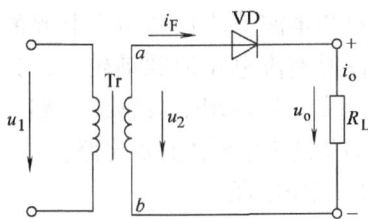

图 5-5　单相半波整流电路

负半周电压全加在二极管上。电路电流和电压的波形如图 5-6 所示，这种电路整流输出的电压仅为输入正弦交流电压的半波，故称为"半波整流电路"。

2. 负载上的电压和电流

负载上得到的整流输出电压虽然是单方向的，但其大小是变化的，所以常用一个周期的平均值来表示。从图 5-7 所示波形上看，就是让半个正弦波与横轴所包围的面积等于一个以底长为周期 T 的矩形面积，这个矩形的高度就是半波 u_o 的平均值，由此可得

$$U_o = \frac{1}{T}\int_0^{\frac{T}{2}} \sqrt{2}U_2\sin\omega t\,\mathrm{d}t = \frac{\sqrt{2}}{\pi}U_2 = 0.45U_2 \tag{5-1}$$

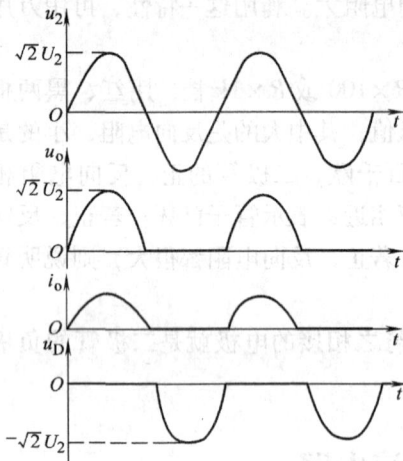

图 5-6　单相半波整波波形　　　图 5-7　半波电压的平均值

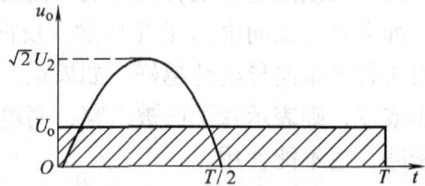

流过负载的直流电流平均值为

$$I_o = \frac{U_o}{R_L} = 0.45\frac{U_2}{R_L} \tag{5-2}$$

通过二极管的正向电流平均值等于通过负载的电流，即

$$I_F = I_o \tag{5-3}$$

二极管截止时所承受的最大反向电压等于变压器二次电压的幅值，即

$$U_{DRM} = \sqrt{2}U_2 = 3.14U_o \tag{5-4}$$

单相半波整流电路结构简单，所用器件少，但设备利用率低，而且输出电压脉动较大，一般仅适用于整流电流较小（几十毫安以下）或对脉动要求不严格的直流设备。

二、单相桥式整流电路

单相半波整流只利用了电源的半个周期，同时整流电压的脉动较大，为了克服这些缺点，常采用全波整流电路，其中最常用的就是单相桥式整流电路。

1. 工作原理

如图 5-8 所示，单相桥式整流电路由变压器 Tr 和四个整流二极管接成的电桥组成。

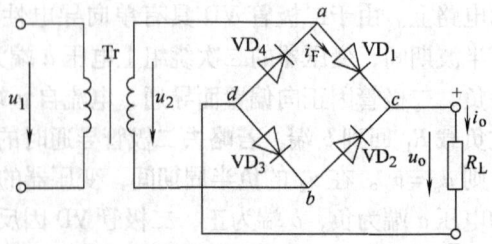

图 5-8　单相桥式整流电路

设变压器二次绕组交流电压为 $u_2 = \sqrt{2}U_2\sin\omega t$，其波形如图5-9所示。在 u_2 的正半周期，变压器二次绕组电压 a 端为正，b 端为负，二极管 VD_1、VD_3 因正向偏置而导通，电流由 a 端流入，经 VD_1、R_L 和 VD_3 而回到电源 b 端，负载上得到上正下负的电压，此时，二极管 VD_2、VD_4 因承受反向电压而截止。

在 u_2 的负半周期，b 端为正，a 端为负，二极管 VD_2、VD_4 导通，VD_1、VD_3 截止，电流由 b 端流入，经 VD_2、R_L 和 VD_4 而回到电源 a 端，负载上仍得到上正下负的半波电压，这样，电源在整个周期都有输出，所以称为"全波整流"。图5-9是单相桥式整流的电压和电流的波形。

2. 负载上的电压和电流

全波整流电路的整流电压平均值 U_o 比半波整流时增加了一倍，即

$$U_o = 2 \times 0.45U_2 = 0.9U_2 \qquad (5\text{-}5)$$

负载两端电流也增加了一倍，即

$$I_o = \frac{U_o}{R_L} = \frac{0.9U_2}{R_L} \qquad (5\text{-}6)$$

每两个二极管串联导通半周，因此每个二极管中流过的平均电流只有负载电流的一半，即

$$I_D = \frac{1}{2}I_o = 0.45\frac{U_2}{R_L} \qquad (5\text{-}7)$$

每个二极管承受的最大反向电压

$$U_{DRM} = \sqrt{2}U_2 = 1.57U_o \qquad (5\text{-}8)$$

可见，单相桥式整流的二极管所承受的最大电压与半波整流电路相同，它适用于中、小功率的整流。在连接时需要注意的是不能把桥式整流电路的四个二极管接反，交流电压和直流负载分别连接的对角顶点也不能接错，否则，可能发生电源短路，造成整流管、电源变压器烧坏。

图5-10为桥式整流电路的简化画法，其中二极管符号的箭头指向为整流电源的正极。

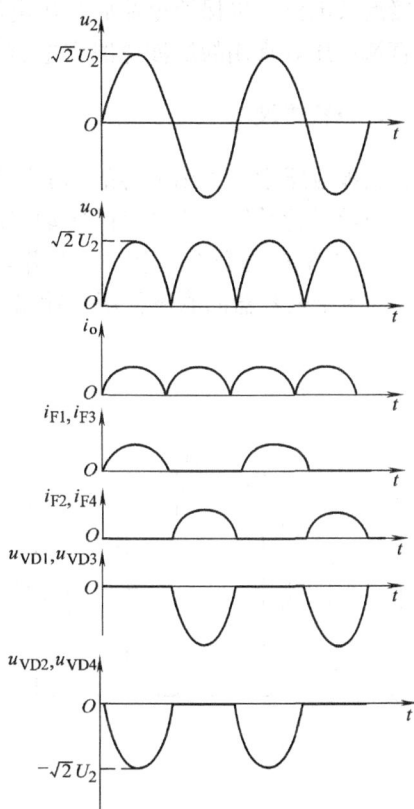

图5-9 单相桥式整流波形图

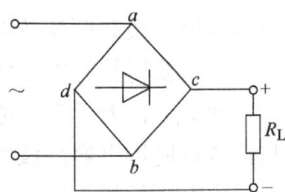

图5-10 单相桥式整流电路图

第三节 滤波电路

前面分析的整流电路虽然可以把交流电转换为直流电，但是所得到的输出电压中含有较大的脉动成分。在某些设备(例如电镀、蓄电池充电设备)中，这种电压的脉动是允许的。但是对于电子设备，由于整流后的脉动电压中含有"交流成分"，会引起严重的谐波干扰，必

须加接滤波电路，以保留整流后输出电压的直流成分，滤掉脉动成分，使输出电压接近于理想的直流电压。常用的滤波电路有电容滤波、电感滤波、复式滤波和有源滤波。

一、电容滤波

在滤波电路中，利用电容的储能特性，将电容与负载并联，可以旁路交流分量，对脉动电压或电流进行补偿，降低它的脉动程度。图 5-11 所示为单相半波整流电容滤波电路。

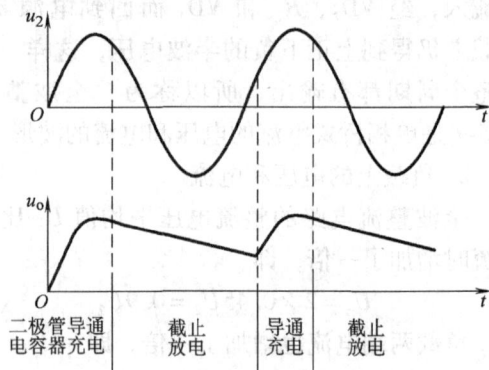

滤波电容 C 与负载电阻 R_L 相并联，因此负载两端电压等于电容器 C 两端电压，即 $u_o = u_C$，由于电容器的滤波作用，输出电压的波形如图 5-12 所示。

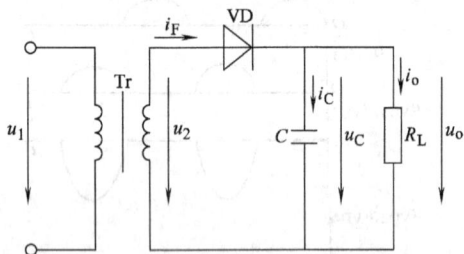

图 5-11　单相半波整流电容滤波电路　　　　图 5-12　单相半波整流电容滤波电压波形图

当 u_2 的正半波开始时，若 $u_2 > u_C$，二极管 VD 导通，电容 C 被充电，电场储能。当 u_2 达到峰值时，C 的两端电压也近似被充至 $\sqrt{2}U_2$。此后，u_2 过了峰值开始下降，由于电容器两端电压不会突变，将出现 $u_2 < u_C$ 的情况，二极管受反向电压作用而截止，电容 C 对负载 R_L 放电，在 R_L 和 C 足够大的情况下，放电持续到下一个正半周，直到 u_2 又上升到大于 u_C 时，二极管 VD 将重新导通，电容也被重新充电，如此反复重复上述过程。

由于二极管的正向导通电阻很小，所以电容充电很快，u_C 紧随 u_2 升高。当 R_L 较大时，电容放电很慢，负载两端的电压缓慢下降，甚至几乎保持不变，因此，输出的直流电压波形更为平滑。为获得较好的滤波效果，滤波电容器的电容要选得较大，通常按照滤波电路的放电时间常数 $R_L C$，大于交流电源周期 T 的 3～5 倍来选择滤波电容，即 $R_L C \geq (3\sim5)T$。

整流电路使用电容滤波的优点是：轻载时的脉动较小而电压较高，理论上空载电压等于变压器二次电压的最大值；缺点是负载变化时，对输出电压影响较大，负载电流大时脉动较大，所以电容滤波只适用于负载电流较小并且负载基本不变的场合。

二、电感滤波电路

电感滤波电路如图 5-13 所示，电感 L 与负载电阻 R_L 串联，利用通过电感电路电流不能突变的特性来实现滤波。当电感电路电流

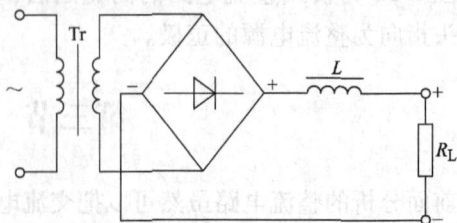

图 5-13　电感滤波电路

增大时，电感产生的自感电动势阻止电流的增加；而电流减小时，自感电动势又阻止电流减小，从而使负载电流和电压的脉动减小，波形比较平滑。

电感滤波的带负载能力较好，对变化较大的负载滤波效果更好。虽然，L 愈大，滤波效果愈好，但较大的电感元件体积和重量都较大，一般只用于功率较大的整流电源中，在晶体管的电子仪器中很少采用。

三、复式滤波电路

为了进一步减小输出电压的脉动程度，常常在滤波电容之前再串接一只电感线圈，这样就成 T 形 LC 滤波器，如图 5-14a 所示，T 形 LC 滤波器的整流电路适用于电流较大，要求输出电压脉动很小的场合，用于高频效果较好。

如果要求输出电压的脉动更小，可以在 LC 滤波器的前面再并联一个滤波电容 C_1，这样就构成 Π 形 LC 滤波器，如图 5-14b 所示，它的滤波效果比 T 形 LC 滤波器更好。考虑到冲击电流，C_1 的电容量应比 C_2 小。

由于电感线圈体积大而且笨重，成本又高，所以在负载电流小的场合，用电阻 R 替代 Π 形滤波器中的电感线圈，这样就构成了 Π 形 RC 滤波器，如图 5-14c 所示，这种 Π 形滤波器在电子仪器中被广泛应用。

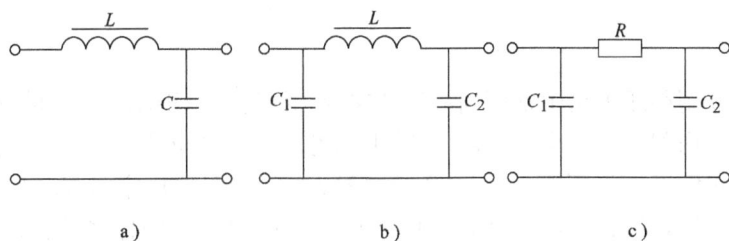

a)   b)   c)

图 5-14 复式滤波器

四、有源滤波

前面电感、电容和电阻所组成的无源滤波器，对于小功率或较大电流和较高电压的大功率电源设备均可适用，但其体积和重量一般较大。在小型电子设备中，为了减小电源体积，减轻设备重量，可采用有源器件组成的有源滤波电路。

如图 5-15 所示，是由晶体管组成的有源滤波电路，R_L 接在晶体管 VT 的射极回路，滤波元件 R、C 接在集—基极回路。由图可见，流过 R 的电流比负载电流小 $(1+\beta)$ 倍，即

$$I_R = I_B = \frac{I_E}{1+\beta} = \frac{I_L}{1+\beta} \qquad (5-9)$$

此时可以采用较大的电阻 R 与 C 配合，以获得较好的滤波效果，使 C 两端电压脉动成分减小。由于输出电压 U_o 与电容 C 的端电压相等，因此输出电压脉动减小。

采用有源滤波电路以后，为了达到同样的滤

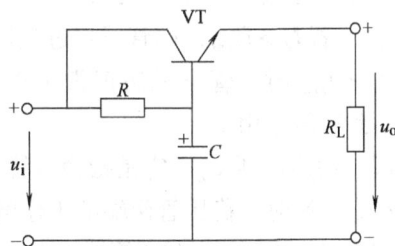

图 5-15 晶体管有源滤波电路

波效果，可选用较大的电阻和较小的电容，从而既可以避免过大的直流电压损失，又可以避免过大的电容体积。

第四节　稳压电路

交流电压经整流和滤波后，尽管脉动程度明显减小了，但是随着交流电源电压的变化和负载的变化，所得到的直流电压也将随之改变，导致输出电压不稳定。为了解决这一问题，我们常在整流和滤波电路的后面加上稳压电路，这样就构成了直流稳压电源，其结构框图如图 5-16 所示。

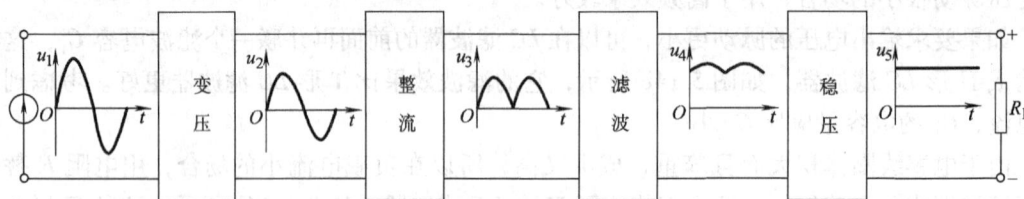

图 5-16　直流稳压电源的结构示意图

一、稳压管

最简单的并联型稳压电路中常用到一种特殊的二极管——稳压管，它的外部和小功率的整流二极管相同，内部也是一个 PN 结，正向特性也和普通二极管一样，但它的反向击穿电压比普通整流二极管低。稳压管的表示符号如图 5-17a 所示，用字母 VS 表示，在电路中，它的阴极接外加电压正端，阳极接负端，使管子在工作中处于反向击穿状态，从而实现稳定电压的功能。

稳压管的伏安特性曲线如图 5-17b 所示。当稳压管工作在反向击穿特性的 A、B 点之间时，通过稳压管的反向电流 I_Z 在 $I_{Zmin} \sim I_{Zmax}$ 之间变化，由图可知，在这一段期间，两端电压 U_Z 基本保持稳定，即达到了稳压的效果。可见，稳压管被反向击穿却不一定损坏，只要反向电流在允许的范围之内，稳压管不但不会过热损坏，还可起到稳压的作用。

为保证稳压管的正常工作，使用时需要注意以下参数：

（1）工作电流 I_Z　管子正常工作时，允许流过的电流有一定的范围，即 $I_{Zmax} < I_Z < I_{Zmin}$。若 $I_Z > I_{Zmax}$，则管子将过热损坏；而当 $I_Z < I_{Zmin}$ 时，管子无法正常工作，也就起不到稳压作用了。

（2）稳定电压 U_Z　它是指稳压管中电流为规定电流时，稳压管两端的工作电压。

（3）动态电阻 r_Z　稳压管端"电压变化量"与相应的电流变化量的比值，即 $r_Z =$

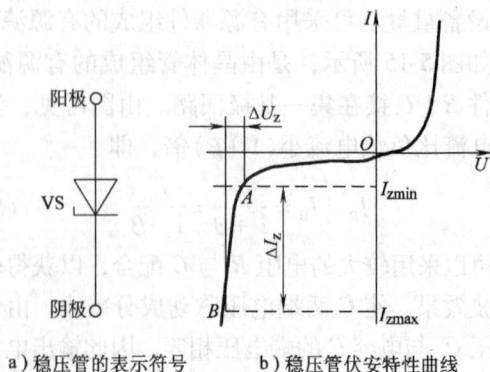

a）稳压管的表示符号　　b）稳压管伏安特性曲线

图 5-17　稳压管

$\Delta U_Z / \Delta I_Z$，它是反映稳压管稳压性能好坏的一个参数，一般 r_Z 越小，反向特性曲线越陡，稳定性就越好。

二、稳压管并联型稳压电路

图 5-18 所示是由稳压管 VS 与限流电阻 R 组成的最简单的硅稳压管并联型稳压电路。稳压管反向接在电路中，否则会因正向导通而造成短路。限流电阻 R 串联在电路中，限制流过稳压管的电流，既保护了稳压管，又与稳压管配合对输出电压进行调节并使其稳定。负载 R_L 与稳压管 VS 并联，这样负载得到一个比较稳定的输出电压 U_o。

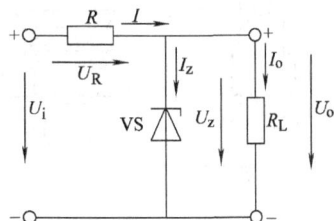

图 5-18 稳压管并联型稳压电路

稳压电路的工作原理为：当交流电源电压升高时经整流输出的电压 U_i 随之增加，输出电压 U_o 也增加。根据稳压管的反向特性曲线可知，当输出电压 U_o 稍有增加时，其工作电流 I_Z 就显著增加，从而使限流电阻 R 中通过的电流 I 增加，在电阻 R 上的压降随之增加，这样就抵消了 U_i 的增加，使 U_o 近似保持不变。反之，若电源电压减小，则 U_i 减小，U_o 也要降低，而稳压管两端电压稍有下降时，电流 I_Z 显著减小，这样 R 上的电压降减小，从而使负载两端电压 U_o 仍近似不变，同样达到稳压的效果。

引起整流电路不稳定的原因除了上述电源电压的波动外，还可能是负载电流的变化。当电源电压保持不变，而负载电流增大时，限流电阻 R 上的压降增加，负载电压 U_o 因此下降，稳压电流 I_Z 随之减小，反过来使限流电阻上的电流减小，限流电阻 R 两端压降也就随之下降了，最终使负载电压 U_o 近似稳定不变。同理，当负载电流减小时，通过稳压管与电阻 R 的调节作用，将使限流电阻 R 上压降增加，以抑制输出端电压的降低而使负载电压基本不变。

为使稳压管正常工作，输入电压 U_i 必须高于稳压管的稳定电压 U_Z，一般 $U_i = (2 \sim 3) U_o$。通过稳压管的工作电流也必须在最大稳定电流与最小稳定电流之间，所以必须选择适当的限流电阻 R 的阻值。

并联型稳压管稳压电路只适用于电压固定，负载电流较小的场合。

知识拓展与应用五　晶闸管简介

一、晶闸管的结构

晶闸管俗称可控硅（SCR），它是目前半导体从弱电进入强电领域，制造技术最成熟，应用广泛的器件之一。它既具有二极管的单向导电性，又具有正向导通的可控特性。因而在调速系统、变频电源，无触头开关等方面得到了广泛的应用。

晶闸管的三个电极分别为阳极 A、阴极 K 和门极（控制极）G，其图形符号如图 5-19a 所示。晶闸管的封装形式与晶闸管容量有关，对于额定电流小于 10A 的小功率管常用压膜塑封式，如图 5-19b 所示；对于大功率晶闸管，有螺栓式和平板式两种：额定电流在 200A 以下的晶闸管采用螺栓式，如图 5-19c 所示。大于 200A 的采用平板式，如图 5-19d 所示。

从内部结构看晶闸管有 P_1、N_1、P_2、N_2 四层半导体，形成 J_1、J_2、J_3 三个 PN 结，如图

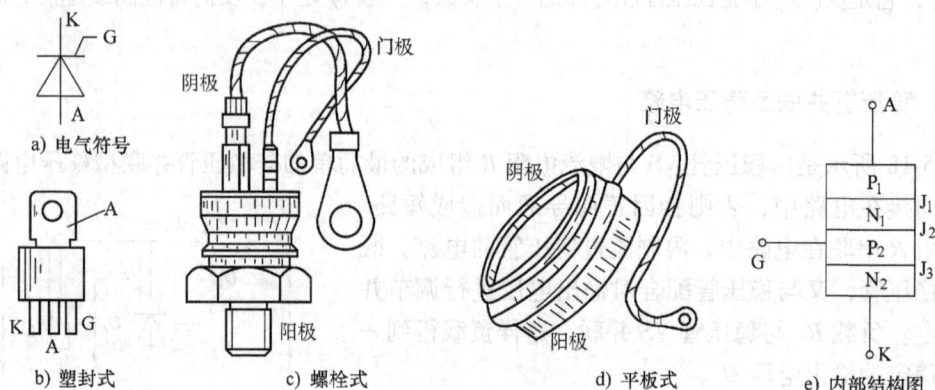

图 5-19 晶闸管

5-19e 所示。从 P_1 层引出阳极 A，从 N_2 层引出阴极 K，从 P_2 层引出门极 G。加在晶闸管阳极与阴极之间的电压称为阳极电压，加在晶闸管门极与阴极之间称为门极电压。

二、晶闸管的工作原理

晶闸管的工作原理可用图 5-20 所示实验电路加以说明。

（1）反向阻断 如图 5-20a 所示，晶闸管阳极与阴极之间加反向电压即晶闸管阳极电压小于零，此时无论是否给门极加电压，灯泡不发光，晶闸管不导通，这种状态称为反向阻断状态。

（2）正向阻断 如图 5-20b 所示，晶闸管阳极电压大于零，但由于门极无电压信号，灯泡不发光，晶闸管不导通，这种状态称为正向阻断。

（3）触发导通 如图 5-20c 所示，在晶闸管阳极和阴极加正向电压的基础上，给门极和阴极间加足够的正向电压，此时灯发光，晶闸管导通，这种状态称为触发导通。

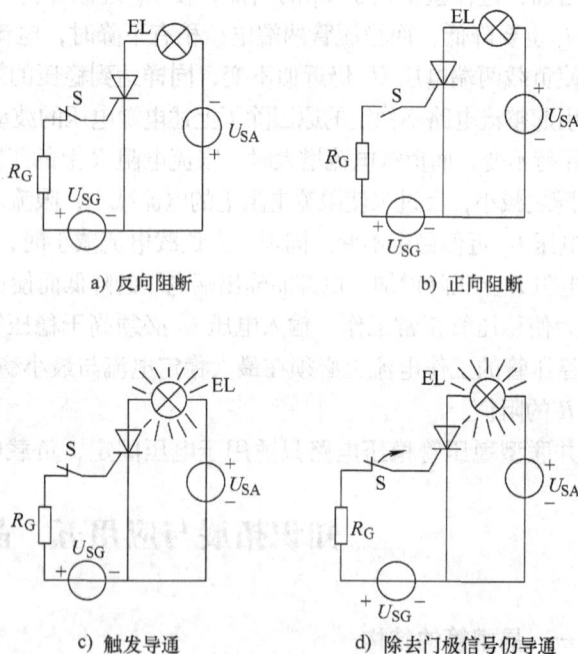

a) 反向阻断

b) 正向阻断

c) 触发导通

d) 除去门极信号仍导通

图 5-20 晶闸管的工作原理图

在晶闸管导通后若除去门极上的电压，灯仍发光，如图 5-20d 所示，表示晶闸管仍导通。可见晶闸管一旦导通后，门极就失去控制作用。要使已导通的晶闸管恢复阻断，可降低阳极电压或增大负载电阻，使流过晶闸管的电流小于维持电流 I_H，器件就关断了。

从上述实验可以得出以下结论。

1）晶闸管导通必须具备两个条件：

①　晶闸管的阳极与阴极间加正向电压，即 $U_{AK} > 0$。

②　门极与阴极之间加足够正向电压，即 $U_{GK} > 0$。

2）晶闸管一旦导通，门极即失去控制作用，故晶闸管为半控型器件。

3）要使晶闸管关断，必须使晶闸管的阳极电流降到维持电流 I_H 以下。此时晶闸管只有重新触发才能再次导通。

三、晶闸管的伏安特性

晶闸管的伏安特性是指晶闸管阳极电压 U_{AK} 与阳极电流 I_A 之间的函数关系。如图 5-21 所示。其中，U_{RO}——反向击穿电压；U_{RSM}——断态反向不重复峰值电压；U_{RRM}——断态反向复峰值电压；U_{B2}、U_{B1}、U_{BO}——正向转折电压；U_{DRM}——断态正向重复峰值电压；U_{DSM}——断态正向不重复峰值电压。

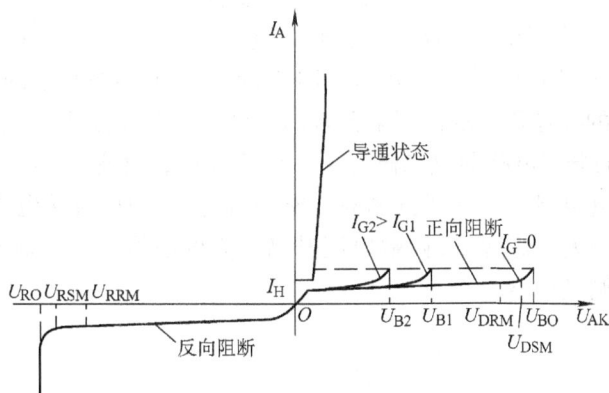

图 5-21　晶闸管的伏安特性

当晶闸管外加反向电压 $U_{AK} < 0$ 时，它的反向特性与二极管的反向特性相似。晶闸管处于反向阻断状态，当反向电压增加到电压 U_{RO} 时，晶闸管被反向击穿，导致晶闸管永久性损坏。

晶闸管加正向电压且门极开路时，晶闸管处于正向阻断状态。当 U_{AK} 升至 U_{BO} 时，晶闸管突然由阻断状态变为导通状态。U_{BO} 称为器件的正向转折电压，此时管子处于硬开通，多次"硬开通"会损坏管子。通常的做法是在门极加上电压，使 I_G 足够大，此时晶闸管的正向转折电压很小，即只要很小的阳极电压晶闸管就能由阻断变为导通，晶闸管可以看成是个可控的二极管。

四、晶闸管的主要参数

1）额定电压 U_{Tn}：又称重复峰值电压，通常取 U_{DRM} 与 U_{RRM} 中较小的数值。

选用晶闸管时，其额定电压为电路中可能出现的最大瞬时电压的 2~3 倍。

2）额定电流 $I_{T(AV)}$：又称通态平均电流，是晶闸管在 40℃ 和规定冷却条件下，在带电阻性负载且导通角不小于 170° 的单相半波电路中，所允许的最大通态平均电流。

选晶闸管时，按式 $I_{T(AV)} = (1.5 \sim 2)I/1.57$ 取相应的电流等级即可。式中 I 为电路中可能出现的最大电流有效值。

3）维持电流 I_H：控制极开路和室温条件下，晶闸管触发导通后，维持通态所必须的最小电流，一般为几十微安。

4）门极触发电压 U_G 和触发电流 I_G：在规定正向阳极电压下，使晶闸管等由阻断到导通所得的最小门极电压和电流，一般门极触发电压 U_G 大于 3.5V，不超过 10V，I_G 为几十到几百毫安。为确保触发，加到门极的触发电压和电流要比额定值大。

5）通态平均电压 $U_{T(AV)}$：在规定条件下，通过正弦半波的额定电流时，晶闸管的阳极与阴极之间电压的平均值，该值约为 1V 左右。

五、晶闸管在光控照明灯电路中的应用

光线过强、过弱都会给人眼造成伤害。本例介绍的光控台灯是在普通调光台灯的基础上加装一个光控电路，使其能根据周围的环境亮度自动调整台灯亮度。当环境亮度较弱时，光控台灯亮度就大；当环境亮度较强时，光控台灯亮度就小。

光控台灯电路原理图如图 5-22 所示。当开关处于"手控"位置时，该台灯和普通调光台灯一样，双向晶闸管 VTH 的导通由 R_1、RP 和 C 组成的移相网络的充电时间参数决定，调整 RP 能改变 VTH 的导通角，从而调整台灯的亮度。当开关处于"光控"位置时，由 R_2 和光敏电阻 RG 构成的分压电路通过二极管 VD_1 向 C 充电，改变 R_2 与 R_1 的分压能改变晶闸管的导通角。当光敏电阻周围的光线减弱时，RG 呈高阻，VD_1 右端电位升高，C 充电速度加快，晶闸管导通角增大，灯泡 EL 两端电压升高，亮度增强；反之则 RG 阻值变小，亮度减小，从而完成自动调光功能。

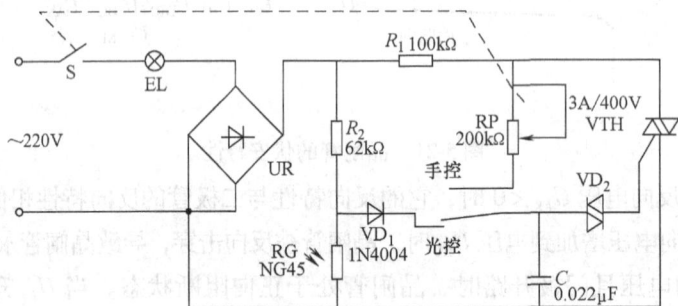

图 5-22　光控台灯电路

本 章 小 结

本章主要介绍了最常用的半导体器件之一二极管的工作特性以及由其构成的整流、滤波、稳压电路。

一、将 PN 结接上相应的引出端线并加上管壳就构成了二极管。二极管最重要的性能就是单向导电性。

二、整流电路是利用二极管的单向导电性，将交流电转换成脉动的直流电。

三、滤波电路利用电容两端电压不能突变，或利用电感中电流不能突变的特性，将整流后输出电压中的交流成分滤除，使之变成平滑的直流电压。电容滤波适用于负载电流小且变化不大的场合，电感滤波适用于负载电流较大的场合，将二者组合起来，组成 LC 滤波电

路，可进一步提高滤波效果和负载能力。

　　四、稳压电路的功能是使直流电压在受到电网波动和负载变化的影响时保持稳定不变。稳压管并联型稳压电路最简单，但其输出电压不能任意调节，输出电流也不能太大。

习 题 五

5-1　如何用万用表判断二极管的正负极与二极管的好坏？

5-2　如图 5-23 所示的电路，判断二极管是导通的还是截止的？

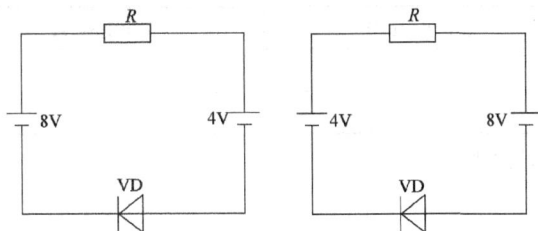

图 5-23　习题 5-2 图

　　5-3　在单相桥式整流电路中，若有一个二极管断路，电路会出现什么现象？若有一个二极管短路，电路又会出现什么现象？

　　5-4　在图 5-8 所示的单相桥式整流电路中，已知 $U_2 = 20V$ 和 $R_L = 300\Omega$。试求二极管的平均电流 I_D，最大反向电压 U_{RM} 和输出电压平均值 U_o。如果有一只二极管极性接反，将出现什么现象？

　　5-5　电容滤波有何特点？对负载有何要求？电容量如何选择？

　　5-6　电感滤波的工作原理是什么？电感量的大小与滤波效果有什么影响？

　　5-7　图 5-18 所示的稳压电路中，若稳压管 VS 的极性接反了，会出现什么问题？

　　5-8　简单稳压电路如图 5-18 所示，若限流电阻 $R = 0$，是否还能起稳压作用？若把稳压管接在电阻 R 的前面，情况又如何？

实验与实训三　二极管的特性测试

一、实验目的

1. 掌握用万用表判断二极管的管脚极性及其质量好坏的方法。

2. 掌握二极管伏安特性的测量方法。

3. 熟悉二极管在整流电路中的应用。

二、实验器材

本实验器材见表 5-1。

表 5-1　实验所需器材

序　号	名　称	符　号	型号规格	数　量	备　注
1	万用表			1	
2	示波器			1	所需器材的型号规格仅供参考，可根据实验情况自定
3	二极管	VD		1	
4	电阻	R	620Ω	1	
5	电位器	RP	$0 \sim 220\Omega$	1	
6	信号发生器			1	
7	导线			若干	

三、实验内容与步骤

1. 用万用表判断二极管的管脚极性及其质量好坏。

1) 将万用表置于 $R \times 100$ 档后, 调零。

2) 取二极管, 用万用表测得其电阻, 并记录数据。

3) 二极管不动, 调换万用表红、黑表笔的位置, 再测二极管的电阻, 并记入表 5-2 中。

4) 改变万用表量程为 $R \times 1k$ 档, 调零后重复第 2)、3) 步。

5) 根据以上测量数据, 判断二极管管脚的极性及其质量好坏。

表 5-2　二极管极性和质量的判断

万用表量程	正向电阻/Ω	反向电阻/Ω	质　　量
$R \times 100$			
$R \times 1k$			

2. 测量二极管的伏安特性曲线。

1) 按图 5-24 接好线路。

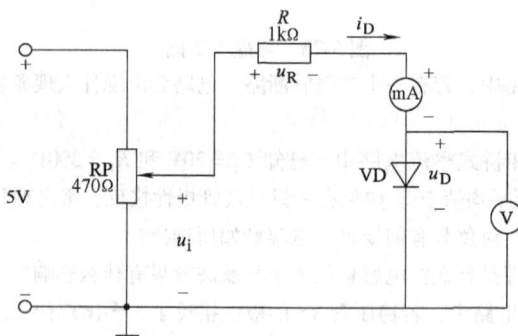

图 5-24　二极管伏安特性的测试

2) 调节电位器 RP, 改变输入电压 u_i, 使 u_i 分别取得表 5-3 中列出的各数据, 并测出其对应的二极管两端电压 u_o 和电阻 R 两端电压 u_R, 填入表 5-3 中。

表 5-3　二极管的正向特性

u_D/V	0	0.10	0.20	0.30	0.40	0.45	0.50	0.55	0.60	0.65	
i_D/mA											

3) 将图 5-24 所示电路的电源正、负极互换, 根据表 5-4 中各 u_i 值, 重复第 2)、3) 步, 将所得数据填入表 5-4 中。

表 5-4　二极管的反向特性

u_D/V	0	−1.00	−2.00	−3.00	−4.00	−5.00
i_D/mA						

3. 二极管半波整流电路的测试。

按图 5-25 接好电路, 在输入端接入频率为 1kHz, 幅值为 3V 的正弦交流信号, 用双踪示波器观察输入信号 u_i 和输出信号 u_o 的波形, 将其描绘下来填入表 5-5 中。

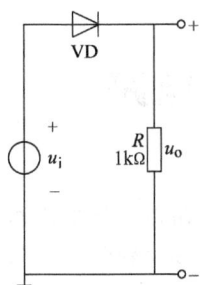

图 5-25　半波整流电路

表 5-5　半波整流电路的输入和输出波形

输 入 波 形	输 出 波 形

四、实验结果分析

1. 根据表 5-3 和表 5-5 测得的数据，在图 5-26 中描绘出二极管的伏安特性曲线。

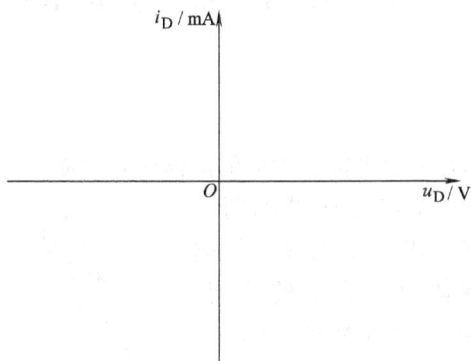

图 5-26　二极管的伏安特性曲线

2. 根据表 5-5 中描绘的波形，分析半波整流电路的工作原理。

第六章　晶体管及放大电路

放大电路在电子产品及自动控制中应用十分广泛，它利用晶体管的电流控制作用能够把微小的电信号放大到所需求的数值。例如：收音机就是将天线接收到的微小信号，通过一系列晶体管放大电路放大，推动扬声器发声。

本章介绍晶体管及晶体管放大器的基本组成、工作原理和分析方法，最后介绍集成运算放大电路。

第一节　晶体管及其放大作用

一、基本结构及分类

从外形来看，晶体管都有三个电极，常见的晶体管外形如图6-1所示。

晶体管的内部结构为三个导电区域和两个PN结，三个导电区域分别引出一个电极。根据这三个导电区域三层半导体排列方式的不同，晶体管可分NPN型和PNP型两种类型。图6-2是晶体管结构示意图及其图形符号，在三层半导体中，位于中间的一层叫基区，基区两侧分别是发射区和集电区，而引出的电极分别叫基极（B）、发射极（E）、集电极（C）。在制造工艺上，基区做得很薄，集电区面积大且掺杂浓度

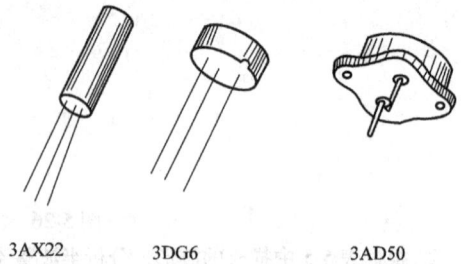

3AX22　　3DG6　　3AD50

图6-1　几种晶体管外形

较低，而发射区掺杂浓度很高。发射区和基区之间的PN结叫发射结，集电区和基区之间的PN结叫集电结。

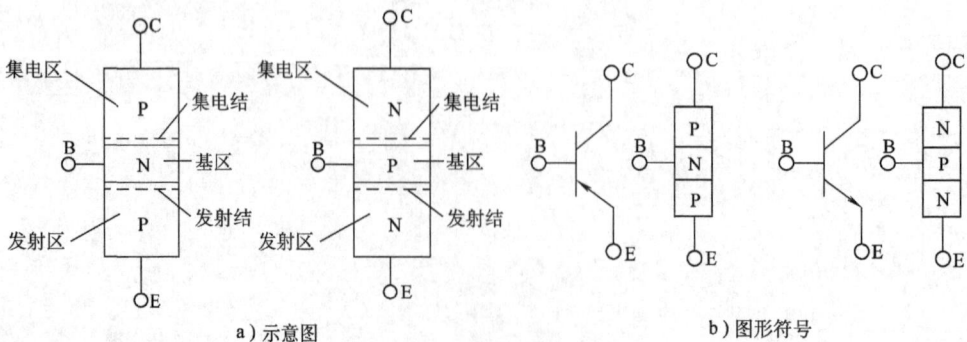

a）示意图　　　　　　　　　　　　b）图形符号

图6-2　晶体管的结构示意图及图形符号

晶体管按所选用的材料不同可分为硅管和锗管两种。

二、晶体管的电流放大作用

当晶体管加外部电压，使发射结承受正向电压，集电结承受反向电压，这时只要基极电流有一个较小的变化，集电极电流就会随着有一个较大的变化，这就是晶体管的电流放大作用。

为了说明晶体管的电流放大作用，我们把晶体管接成图 6-3 所示的电路来做一个实验。当改变图中基极可变电阻 R_B 时，基极电流 I_B，集电极电流 I_C，发射极电流 I_E 都跟着发生变化，记录几组测量结果，列于表 6-1 中。

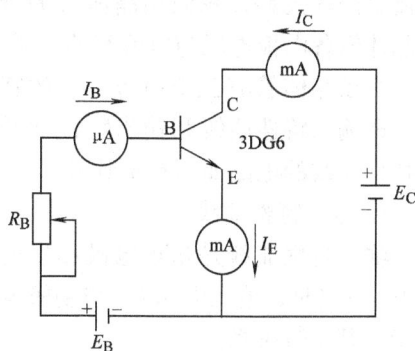

图 6-3 晶体管电流放大的实验电路

表 6-1 晶体管电流放大实验数据记录表

基极电流 $I_B/\mu A$	0	20	40	60	80	100
集电极电流 I_C/mA	0	0.80	1.60	2.40	3.20	3.95
发射极电流 I_E/mA	0	0.82	1.64	2.46	3.28	4.05

由实验数据可得出如下结论：

1）晶体管的各极电流存在如下关系，发射极电流 I_E 等于基极电流 I_B 与集电极电流 I_C 之和，即

$$I_E = I_C + I_B$$

由基尔霍夫第一定律不难理解这一点。

2）当 I_B 增大时，I_C 成比例的明显增大。我们把集电极电流 I_C 与基极电流 I_B 的比值称为晶体管的直流电流放大倍数，记为 $\bar{\beta}$，即

$$\bar{\beta} = I_C/I_B，\text{或 } I_C = \bar{\beta}I_B$$

本实验所选用的晶体管 $\bar{\beta} = 0.80mA/20\mu A = 40$ 倍。

另外我们把集电极电流的变化量 ΔI_C 与基极电流的变化量 ΔI_B 的比值称为晶体管的交流电流放大倍数，记为 β，即

$$\beta = \Delta I_C/\Delta I_B，\text{或 } \Delta I_C = \beta \Delta I_B$$

本实验所选用的晶体管

$$\beta = \frac{\Delta I_C}{\Delta I_B} = \frac{1.60 - 0.80}{0.04 - 0.02} = 40 \text{ 倍}$$

$\bar{\beta}$ 与 β 在数值上很接近，如果没有特别说明一般不加区别。另外由于制造工艺的分散性，即使同一型号的晶体管的电流放大倍数 β 也是有差异的。

从上述分析可以看出，晶体管的电流放大作用实际上是利用基极电流对集电极电流实现的一种控制作用。

实验中如果采用 PNP 晶体管，则在电路连接时，电源极性要反过来，此时，电流的流向也将发生改变。

三、晶体管的特性曲线

晶体管和二极管一样是非线性元件，不能用一个简单的数学表达式来反映各电极电压与

电流之间的关系，我们用晶体管的特性曲线来表达晶体管各电极电压与电流间的关系。

由于晶体管有三个电极，它的特性曲线有两组，即输入特性曲线和输出特性曲线。测绘晶体管特性曲线的电路如图 6-4 所示。

1. 输入特性曲线

输入特性曲线是指集电极和发射极之间的电压 U_{CE} 一定时，输入电压 U_{BE} 与基极电流 I_B 的关系曲线，其函数关系为

$$I_B = f(U_{BE}) \Big|_{U_{CE}=常数}$$

图 6-4　测量晶体管特性的实验电路

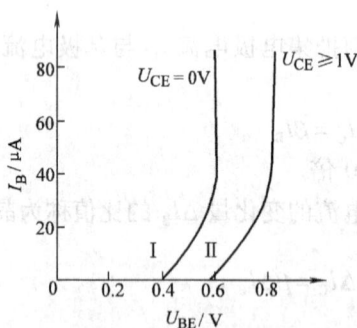

晶体管的输入特性曲线如图 6-5a 所示，该曲线与二极管的伏安特性曲线相似，也存在一个死区电压，硅管约为 0.5V，锗管约为 0.2V。当 U_{CE} 增加时，输入特性曲线右移，与 $U_{CE} \geqslant 1V$ 特性曲线基本重合。

2. 输出特性曲线

输出特性曲线是指基极电流 I_B 一定时，晶体管集电极和发射极之间的电压 U_{CE} 与集电极电流 I_C 的关系曲线，其函数关系为

$$I_C = f(U_{CE}) \Big|_{I_B=常数}$$

在 I_B 取不同值时，分别描绘曲线就得到一族曲线，晶体管的输出特性曲线如图 6-5b 所示。

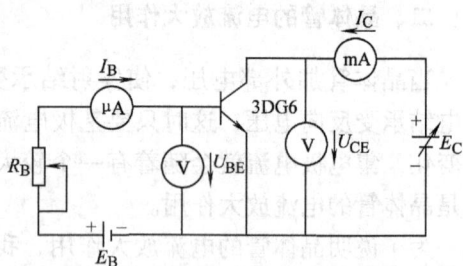

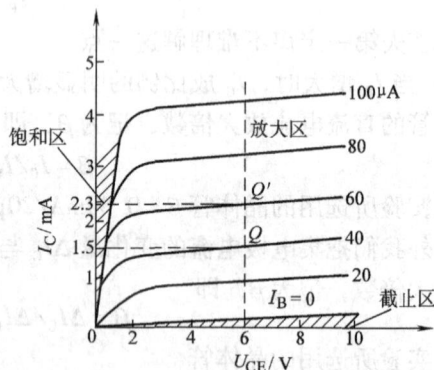

a）晶体管的输入特性曲线　　　　　　　b）晶体管的输出特性曲线

图 6-5　晶体管特性曲线

输出特性曲线分三个工作区，分别为：

（1）放大区　晶体管输出特性的平坦部分为放大区。放大区特点 $I_C = \beta I_B$，I_C 与 U_{CE} 基本无关，只受 I_B 的控制，呈恒流特性。晶体管工作于放大状态时，发射结处于正向偏置，集电结处于反向偏置。

（2）截止区　在 $I_B = 0$ 这条曲线以下阴影部分的区域为截止区。此时 $I_B = 0$，$I_C \approx 0$，$U_{CE} = E_C$，晶体管集电极和发射极之间如同处于断开状态，呈高电阻特性。晶体管工作于截止状态时，发射结零偏或反偏，集电结反偏。

（3）饱和区　输出特性曲线直线上升和弯曲部分为饱和区。此时，即使 I_B 增加很多，

I_C 的变化量也很小，不满足 $I_C = \beta I_B$ 的关系，晶体管工作在饱和状态时的管压降称为饱和压降，它很小，一般硅管可取 0.3V，锗管取 0.1V，晶体管如同处于短接状态，呈低电阻特性。晶体管工作于饱和状态时，集电结和发射结都处于正向偏置。

四、晶体管的主要参数

晶体管的主要参数表征管子的性能和适用范围，是选用管子的依据，主要参数有：

1. 电流放大倍数

电流放大倍数又称为电流放大系数，它表征晶体管的电流放大能力。前述的 $\bar{\beta} = I_C / I_B$ 反映静态（直流工作状态）时集电极电流与基极电流之比，$\beta = \Delta I_C / \Delta I_B$ 反映动态（交流工作状态）时集电极电流与基极电流之比。

2. 集—基反向漏电流 I_{CBO}

（1）集—基反向漏电流 I_{CBO}　又称为集—基反向饱和电流，它是当发射极开路、集电结反向偏置时，由少数载流子的漂移运动而形成的电流，可通过图 6-6a 电路来测试该参数。I_{CBO} 一般很小，对晶体管来说 I_{CBO} 越小越好。

（2）集—射反向漏电流 I_{CEO}　又称为集—射反向穿透电流，它是基极开路时，集—射极间的反向漏电流，可通过图 6-6b 电路来测试该参数。

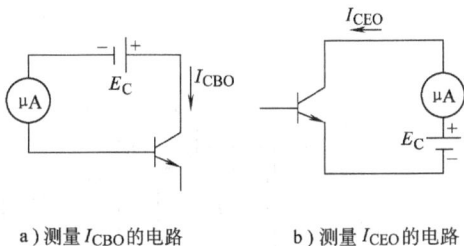

a）测量 I_{CBO} 的电路　　　b）测量 I_{CEO} 的电路

图 6-6　测量反向电流的电路

同样我们希望 I_{CEO} 越小越好。穿透电流 I_{CEO} 受温度影响很大，它也是反映晶体管好坏的一个参数。

3. 极限参数

它是关系到晶体管正常工作和安全应用的一些参数。

（1）集电极最大允许电流 I_{CM}　对某一个晶体管来说，当集电极电流 I_C 超过某一定值时，β 值就开始下降，它影响电路的放大能力，把 β 值下降到正常值的 2/3 的集电极电流 I_C 称为集电极最大允许电流 I_{CM}。当 I_C 超过 I_{CM} 时，晶体管的放大能力下降，并有可能烧坏管子。

（2）最大反向击穿电压　晶体管有两个 PN 结，因而当反向电压超过某一定值时会发生击穿现象。

$U_{(BR)CBO}$ 为发射极开路、集电极的反向击穿时的集—射极间的击穿电压。

$U_{(BR)CEO}$ 为基极开路时，集—射极之间的最大允许电压。

$U_{(BR)EBO}$ 为集电极开路时，发射结的反向击穿电压。

（3）集电极最大允许功率损耗 P_{CM}　集电极电流流经集电结时将产生大量的热，使结温升高，为了限制温度不超过其允许值，规定了集电极功率损耗的最大值，该值称为集电极最大允许功率损耗 P_{CM}。

集电极损耗功率 $P_{CM} = I_C \cdot U_{CE}$，此式在晶体管输出特性曲线上的图形是双曲线。晶体管的管耗极限损耗线如图 6-7 所示，晶体管必须工作在安全区内。

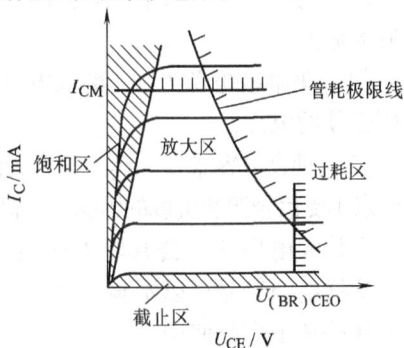

图 6-7　晶体管极限损耗线

第二节　单管交流放大电路

一、电路组成及各元件作用

共发射极单管交流电压放大器是最基本的放大电路。电路组成如图 6-8a 所示。采用 E_{BB} 和 E_{CC} 两个电源给放大器供电，实际上只要把 R_B 的大小调整一下，可用单电源对放大器供电，如图 6-8b 所示，电路中输入信号 u_i 经电容 C_1 加到晶体管的发射结，构成输入回路，而负载电阻 R_L 电压 u_o 在晶体管的集电极和发射极间经电容 C_2 取得，构成输出回路，而发射极是两回路的公共端，故称为共发射极电路。

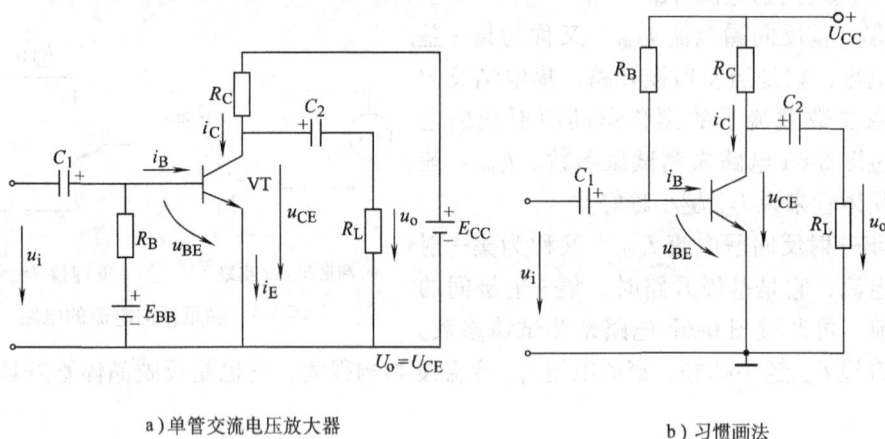

a）单管交流电压放大器　　　　　　　　b）习惯画法

图 6-8　晶体管共射极放大器

各元件的作用：

（1）基极电阻 R_B　又称为基极偏置电阻，与电源 U_{CC} 一起给基极提供一个适当的电流 I_B，这样放大器就有一个合适的静态工作点。

（2）集电极负载电阻 R_C　当变化的集电极电流 i_C 流经 R_C 时，晶体管集电极和发射极之间的电压 U_{CE} 也跟着发生变化，以实现电压放大的目的。

（3）晶体管 VT　图中采用 NPN 晶体管，它是放大电路的核心，通过其控制作用，实现电流的放大。

（4）集电极电源 U_{CC}　集电极电源为放大器提供电能，同时它也是放大器工作在放大状态所必须的电压。

（5）耦合电容器 C_1、C_2　又称为隔直电容，其作用为通交流隔断直流，这样放大器的静态工作点不受信号源和负载的影响，对静态工作点的调试很有意义，其交流电压降可以忽略。

在放大电路中，公共端画成接"地"，实际上并非真正的大地，而是电路的一个参考点，这样电源符号可以不画，而只需标出电源的正极或负极对"地"电压就可以了，这在电子线路图中广泛使用。

二、放大电路的静态及静态工作点

当放大电路没有输入信号（$u_i = 0$）时，电路中各处的电流任意两点间的电压都不变，电路处于直流工作状态或静止状态，称为静态。由于耦合电容 C_1 和 C_2 对直流电来说相当于开路，此时放大电路图 6-8 可画成图 6-9 的形式，此电路称为直流通路。静态时晶体管 I_B、I_C、U_{CE} 的值称为静态工作点，用 I_{BQ}、I_{CQ}、U_{CEQ} 来表示。晶体管处于放大状态时，基极电流可求得：

$$I_{BQ} = \frac{U_{CC} - U_{BE}}{R_B} \tag{6-1}$$

由于 U_{BE} 的数值较小，硅管 0.7V，锗管 0.3V，而 U_{CC} 较大，可估算求得

$$I_{BQ} \approx U_{CC}/R_B \tag{6-2}$$

$$\therefore \quad I_{CQ} = \beta I_{BQ} \tag{6-3}$$

$$U_{CEQ} = U_{CC} - I_{CQ}R_C \tag{6-4}$$

为使放大电路能处于放大状态，改变基极偏置电阻 R_B 的大小，使基极有一个合适的电流 I_B 很重要，而且也很方便。

[**例 6-1**] 如图 6-9 所示电路中，已知 $U_{CC} = 12V$，$R_C = 3k\Omega$，$R_B = 300k\Omega$，硅晶体管的电流放大倍数 $\beta = 40$，试估算该电路的静态工作点。

解：已知硅管 $U_{BE} = 0.7V$，根据图 6-9 的直流通路，则有

$$I_{BQ} = \frac{U_{CC} - U_{BE}}{R_B} = \frac{12 - 0.7}{300 \times 10^3}A \approx \frac{12}{300 \times 10^3}A = 40\mu A$$

$$I_{CQ} = \beta I_{BQ} = 40 \times 40\mu A = 1.6mA$$

$$U_{CEQ} = U_{CC} - I_{CQ}R_C = (12 - 1.6 \times 10^{-3} \times 3 \times 10^3)V = 7.2V$$

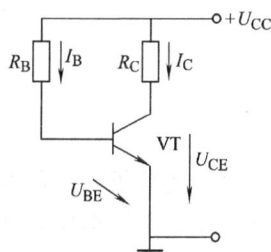

图 6-9 直流通路

三、放大电路的动态工作过程

在静态的基础上，如果给放大电路加一个交流输入信号，这时放大电路中的电流、电压将发生变化，电路处于交流工作状态，或称为动态，它在直流基础上叠加了一个随输入信号变化的交流成分，总的电流和电压是一个脉动的直流。

若输入信号 u_i 是正弦信号，静态时发射极的电压为 U_{BEQ}，则此时

$$u_{BE} = u_i + U_{BEQ}$$

在晶体管的输入特性曲线上，用图解法可求出

$$i_B = i_b + I_{BQ}$$

波形如图 6-10 所示。

由于 i_C 是随 i_B 而变化，所以 $i_c = \beta i_b$，因此

$$i_C = \beta i_B = \beta(i_b + I_{BQ}) = \beta i_b + \beta I_{BQ} = i_c + I_{CQ}$$

而

$$u_{CE} = U_{CC} - i_C R_C = U_{CC} - (i_c + I_{CQ})R_C$$
$$= U_{CC} - i_c R_C - I_{CQ}R_C = U_{CC} - I_{CQ}R_C - i_c R_C$$

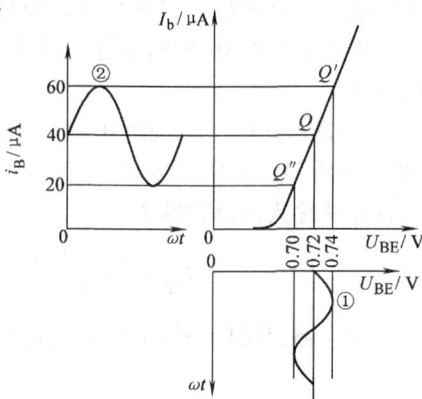

图 6-10 输入波形变化

$$\therefore \quad u_{CE} = U_{CEQ} - i_C R_C = U_{CEQ} + (-i_C R_C)$$

这些数学表达式都反映了电压和电流在静态的基础上叠加了一个交流成分。u_{CE} 经过了 C_2 的隔直作用，输出电压 $u_o = -i_C R_C$，可以看出输入 u_i 与输出电压 u_o 相位相反，相差 $180°$。

放大电路电压、电流动态波形如图 6-11 所示。

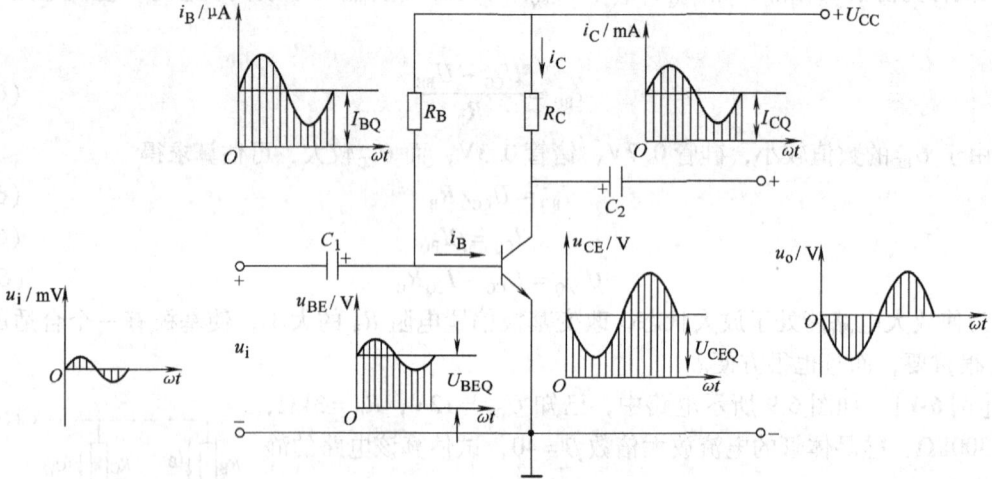

图 6-11　交流放大过程

从上述分析可以看出，正是晶体管的电流放大作用，i_C 的波动远大于 i_B 的波动，且放大了 β 倍，适当选择 R_C 的大小，可获得一个放大了的且与输入同频率的输出信号。

四、放大电路分析

对放大器的分析最常用的方法有图解法和微变等效电路法。图解法能比较直观、形象地理解放大器的工作原理，但对于较复杂的电路一般则采用后一种方法。

1. 图解法

根据晶体管的特性曲线，用作图的方法分析放大器的工作情况，不仅可以确定电路的静态工作点、动态过程、失真情况，而且还可以求出电路的电压放大倍数。

下面还以图 6-8b 为例来进行分析，并设 $U_{CC} = 12V$，$R_C = 4k\Omega$，$R_B = 300k\Omega$，但没接负载电阻 R_L。

（1）静态分析　单独画出集电极输出回路如图 6-12a，而晶体管的输出特性曲线如图 6-12b。分析静态工作点步骤如下：

首先从输入回路估算 I_{BQ}：

$$I_{BQ} = \frac{U_{CC} - U_{BEQ}}{R_B} = \frac{12 - 0.7}{300 \times 10^3} A \approx \frac{12}{300 \times 10^3} A = 40\mu A$$

然后在输出特性曲线上作直流负载线：放大器输出回路 u_{CE} 和 i_C 的关系

$$u_{CE} = U_{CC} - i_C R_C$$

它是一条直线方程，画在输出特性曲线上的这条直线叫直流负载线，代入参数得

$$u_{CE} = 12 - 4i_C$$

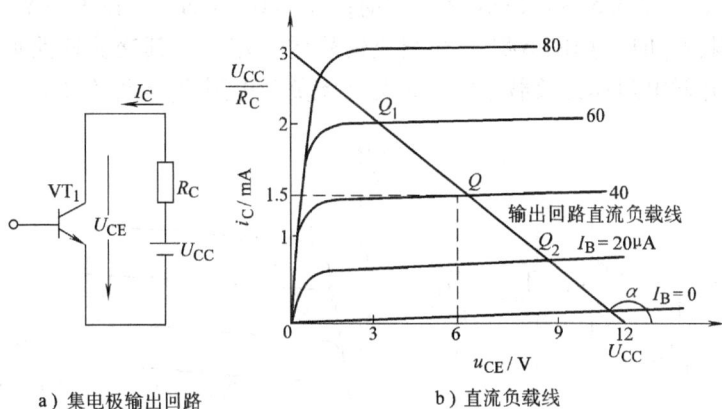

a) 集电极输出回路　　　　　　　　b) 直流负载线

图 6-12　静态工作点图解

画一条直线只要找两点：

$$i_C = 0, \quad u_{CE} = 12V$$

$$u_{CE} = 0, \quad i_C = 3mA$$

连接此两点得一直线，根据其与 $I_{BQ} = 40\mu A$ 的曲线相交点 Q 可求得静态工作点：$I_{BQ} = 40\mu A$，$I_{CQ} = 1.5mA$，$U_{CEQ} = 6V$。

（2）动态分析　当放大电路加上输入信号后，电路中的电流、电压将在静态值的基础上作相应波动。

如图 6-13 所示，设 $u_i = 0.02\sin\omega tV$，$U_{BEQ} = 0.72V$，从图 6-10 输入特性曲线上可看出 $u_{BE} = 0.72 + 0.02\sin\omega t$，在 $0.70 \sim 0.74V$ 之间波动，而 $i_B = 40 + 20\sin\omega t$，在 $20 \sim 60\mu A$ 之间波动在输出特性曲线上反映工作点 Q 在 Q' 到 Q'' 之间上、下波动，另得 i_C 和 u_{CE} 作相应变化的波形如图 6-14 所示。

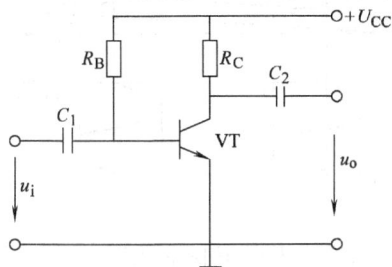

图 6-13　放大电路

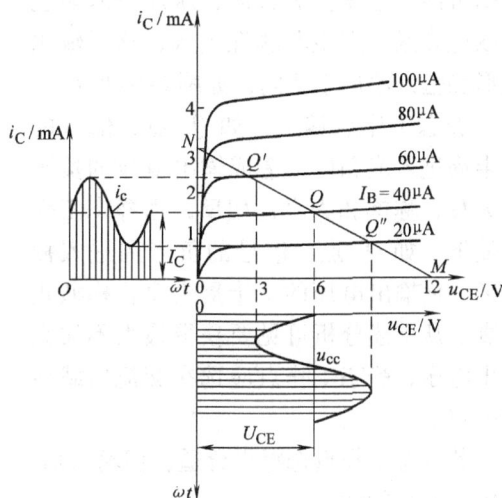

图 6-14　放大电路动态过程图解

$i_C = 1.5 + \sin\omega t$，在 0.5 ~ 2.5mA 之间波动；$u_{CE} = 6 - 3\sin\omega t$，在 3 ~ 9V 之间波动。当放大器接上负载电阻 R_L 时，如图 6-8b。在交流信号的作用下，其交流通路如图 6-15a 所示，此时 R_C 和 R_L 的并联电阻作为负载电阻，称为交流负载电阻 $R_L' = R_C /\!/ R_L$。

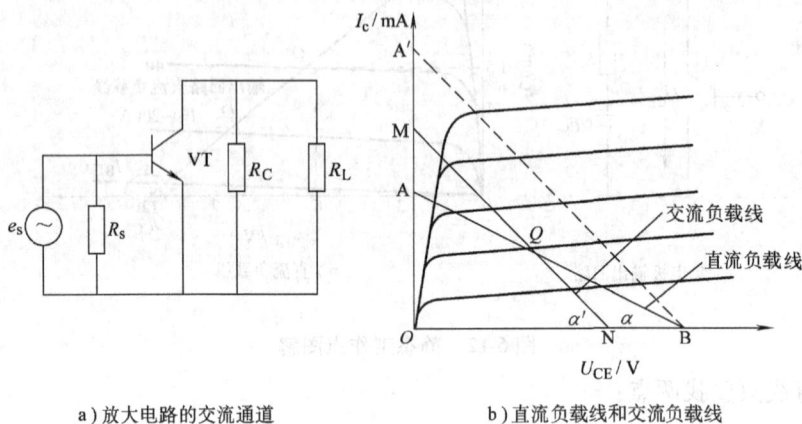

a）放大电路的交流通道　　　　b）直流负载线和交流负载线

图 6-15　接输出负载的图解法

直流负载线的斜率为 $-1/R_C$，交流负载线的斜率为 $-1/R_L'$。交流负载线也通过静态工作点 Q，并比直流负载线要陡。如图 6-15b，AB 为直流负载线，MN 为交流负载线，$A'B$ 是为作交流负载线 MN 而作的斜率为 $-1/R_L'$ 的"交流辅助线"。从图上还可比较看出放大器带负载之后，输出电压的幅值下降了，也就是带负载之后，放大器电压放大倍数要下降。

（3）波形失真与静态工作点的关系
放大器就是在不失真的情况下对信号最大限度的放大，这时如果放大器静态工作点选择得不恰当，偏下或偏上，信号的变化范围可能超过线性放大区，从而进入截止区或饱和区，产生非线性失真，这时输出波形和输入波形不相同，如图 6-16 所示。
　　静态工作点偏上，如 Q_2 点，信号的正半周进入饱和区，造成输出电压的负半周失真，称饱和失真；相反，当静态工作点偏下，如 Q_1 点，信号的负半周进入截止区，使输出电压的下半周失真，称截止失真。从上述分析可见要获得最大不失真输出电压，静态工作点应选在交流负载线的中点。

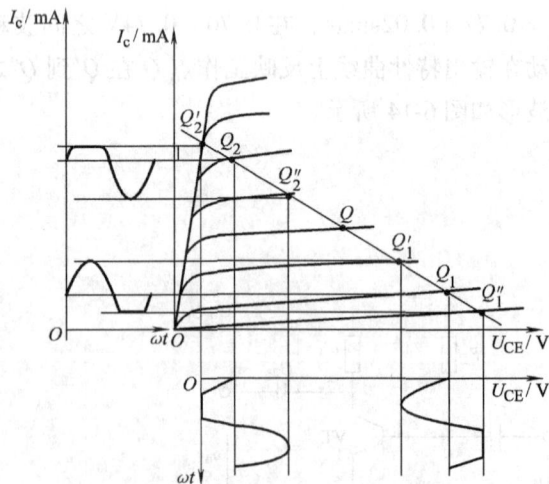

图 6-16　工作点不恰当引起的失真

若静态工作点选择得合适，但输入信号幅值过大，这时也有可能既出现截止失真，又出现饱和失真的情况。
　　放大电路中 R_B、R_C、U_{CC} 对静态工作点设置都有影响，电路设计好以后，需要调整，最常用的方法是调节基极偏置电阻 R_B 的大小，而且也最方便。

2. 微变等效电路法

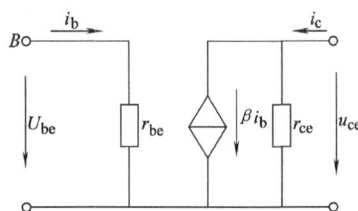

（1）晶体管的微变等效电路 描述晶体管特性的输入、输出特性曲线是非线性，但在输入信号很小的情况下在静态工作点 Q 附近，可近似认为直线，如图 6-17 所示。输入电压和输入电流为线性关系，用 r_{be} 来表示，$r_{be} = \Delta u_{BE}/\Delta i_B$。$r_{be}$ 常用下式估算：

$$r_{be} = 300 + (1+\beta)\frac{26(mV)}{I_E(mA)}$$

另外由于晶体管的电流放大作用，在输出回路 $\Delta i_C = \beta \Delta i_B$，这样可画出晶体管的微变等效电路，如图 6-18 所示。

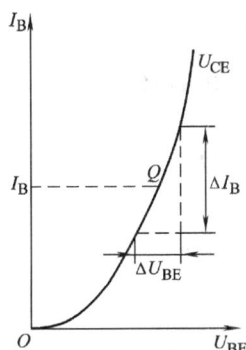

图 6-17 晶体管输入特性　　　　　　图 6-18 晶体管微变等效电路

（2）放大电路的微变等效电路 画放大电路的交流通路：将图中的电容短路，直流电压源短接，然后晶体管用微变等效电路代替，比较熟练之后简单放大电路可一步完成。

依据画放大电路的微变等效电路原则，对图 6-8b 可画出图 6-19 所示的微变等效电路，由于 r_{ce} 很大，这里（包括以后）忽略了。

（3）电压放大倍数的计算 如图 6-19，各参数及正方向如图所设，有如下关系：

$$u_{be} = i_b r_{be}$$

$$i_c = \beta i_b$$

图 6-19 放大电路微变等效电路

未接负载电阻 R_L 时：

$$u_o = -i_c R_C$$

$$\therefore \quad A_u = \frac{u_o}{u_1} = \frac{u_o}{u_{be}} = -\beta \frac{i_b R_C}{i_b r_{be}} = -\beta \frac{R_C}{r_{be}} \tag{6-5}$$

带负载电阻 R_L 时：

$$u_o' = -i_c \cdot R_C' \qquad (R_L' = R_C /\!/ R_L)$$

$$\therefore \quad A_u' = \frac{u_o'}{u_i} = -\beta \frac{R_L'}{r_{be}} \tag{6-6}$$

（4）输入电阻和输出电阻 放大器的输入端与信号源相连接，那么放大器对信号源来说，就相当于是信号源的负载，此时可用一等效电阻来代替这一负载，这一等效负载电阻叫

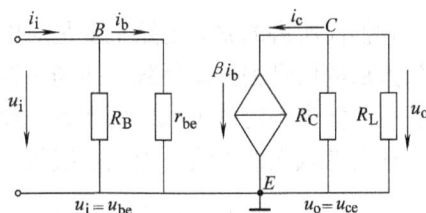

输入电阻，用 R_i 来表示。

放大器的输出端与负载相连接，将放大的信号输出给负载，那么对负载来说，放大器就相当于信号源，存在一内阻，这个内阻就是放大器的输出电阻，用 R_o 来表示。

一般希望放大器的输入电阻 R_i 大些，输出电阻 R_o 小些。

[例 6-2]　有一共发射极放大电路如图 6-8b 所示，已知 $U_{CC} = 12V$，$R_C = 3k\Omega$，$R_L = 3k\Omega$，$R_B = 300k\Omega$，晶体管电流放大倍数 $\beta = 40$，求 A_u，输入电阻 R_i 和输出电阻 R_o。

解： 同例 6-1 可求出 $I_C = 1.6mA$。

而

$$I_{EQ} = I_{BQ} + I_{CQ} \approx I_{CQ} = 1.6mA$$

$$\therefore \quad r_{be} = \left[300 + (1 + 40)\frac{26}{1.6} \right]\Omega = 0.97k\Omega$$

$$R'_L = R_C /\!/ R_L = \frac{3 \times 3}{3 + 3}k\Omega = 1.5k\Omega$$

$$\therefore \quad A_u = -\beta \frac{R'_L}{r_{be}} = -40 \times \frac{1.5}{0.97} = -62$$

输入电阻 R_i 为：

$$R_i = R_B /\!/ r_{be} = \frac{300 \times 0.97}{300 + 0.97}k\Omega \approx 0.97k\Omega$$

输出电阻 R_o 为：

$$R_o = R_C = 3k\Omega$$

第三节　功率放大电路

我们前所讲的放大电路主要是对电压进行放大，且把电压放大到足够大，但最后还要用这放大后的信号去推动负载，如扬声器、控制系统中的一些执行元件等，这就要求放大器的最后一级能带一定的负载，也就是说放大器电路输出有一定的功率，即既要输出有较大的电压，还要有较大的电流，因此多级放大电路最后一级称为功率放大器。

一、功率放大器的特点及分类

功率放大器是向负载提供不失真的输出功率，其输入、输出电压和电流都较大。其特点是：

1）为获取足够大的输出功率，功率放大器的晶体管在接近极限状态下工作。

2）功率放大器输出功率大，直流电源消耗的功率也大，因此功率放大电路应尽量减少本身的损耗，而使负载得到较大的输出功率，功率放大电路应具有较高的效率。

3）功率放大电路对已放大的电压信号再作进一步放大，很容易产生非线性失真，所以要求功率放大电路非线性失真要小。

根据功率放大电路的特点要求，按静态工作点位置不同，功率放大器分为三种工作状态，如图 6-20 所示。

甲类工作状态如图 6-20a 所示，与电压放大器电路形式相同，静态工作点位于交流负载

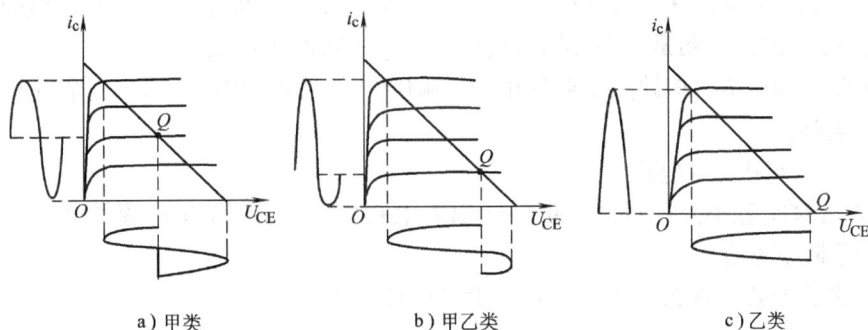

a）甲类　　　　　　　　b）甲乙类　　　　　　　　c）乙类

图6-20　功放电路三种工作状态

线的中点，这样输出电压和电流的变化幅度都尽可能大，称为甲类放大。这种功率放大电路波形失真小，但由于静态工作点位置高，所以功耗大、效率低。

乙类工作状态如图6-20c所示，为降低功耗，提高效率，采用降低静态工作点的方法，使$I_{CQ}=0$，这种放大器称乙类放大。显然，输入信号只有半个周期得到放大，另半个周期工作在截止区，存在严重失真，但该电路静态功耗等于零，效率高。

甲乙类工作状态如图6-20b所示，这种电路静态工作点接近截止区，所以其静态功耗介于甲类和乙类之间，也存在失真问题。

乙类和甲乙类功率电路都减小了功耗，提高了效率，但都存在严重失真。甲乙类功率放大电路静态时工作点离开了截止区，使放大器有微小的偏置电流通过，这样就不至于当输入信号低于门坎电压时，在负载上出现无电流、电压，产生失真的现象，这种失真一般称为交越失真。

二、互补对称功率放大电路

为解决单管组成的乙类、甲乙类功率放大电路的失真问题，可采用特殊的电路结构，用两个晶体管轮流工作，组成乙类或甲乙类互补对称功率放大器。

1. OCL乙类互补对称电路

它是由两个射极输出器组成的互补对称电路，其电路组成如图6-21所示，它由两个参数相同的PNP型和NPN型管组成，两管的基极连接在一起作为输入端，两个发射极也连接在一起作为输出端，R_L为负载电阻，电路由U_{CC}和$-U_{CC}$两电源供电，电压大小相等。

静态时，由于电路结构对称，发射极电位为零，所以负载电阻R_L上无电流流过，电压也为0，负载和放大器之间无需加隔直电容，这种无输出电容，而采用双电源供电的电路称为OCL电路。

动态时，在u_i正半周，$u_i>0$，VT_1管导通，VT_2管截止，电源U_{CC}经VT_1管有电流i_{C1}向负载R_L流过，R_2上获得放大的正半周波形。u_i负半周，$u_i<0$，VT_1

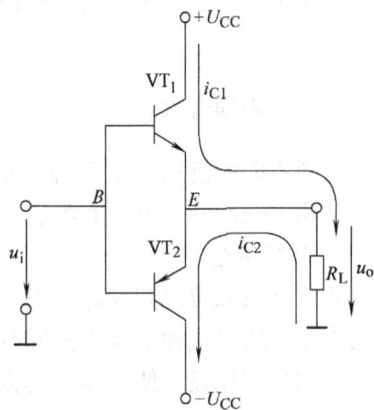

图6-21　两个射极输出器组成的互补对称电路

截止，VT_2 导通，电源 $-U_{CC}$ 经 VT_2 管有电流 i_{C2} 向负载 R_L 流过，此时 R_L 上获得放大的负半周的波形。这样在负载上得到了完整的与 u_i 相同的正弦波。

这种电路结构简单，但缺点是要采用双电源供电，实际应用中常采用一个电源供电的互补对称功放电路。

2. OTL 乙类互补对称电路

图 6-22 是 OTL 乙类互补对称电路。与 OCL 电路相比它采用了单电源供电，负载和放大电路之间加了隔直电容 C。

调整电路的参数，静态时使晶体管发射极电位为 $U_{CC}/2$，电容 C 两端的电压 $U_C = U_{CC}/2$，电容被充电。

在输入信号的正半周，$u_i > 0$，VT_1 导通，VT_2 截止，U_{CC} 通过 VT_1 对电容器 C 充电，这一电流流经 R_L 得到正半周信号。在输入信号的负半周，$u_i < 0$，VT_1 截止，VT_2 导通，这时电容器 C 通过 VT_2 对负载 R_L 放电，这一放电电流也流经 R_L，方向和正半周相反，所以在 R_L 上获得负半周信号。这样在一个周期内在负载 R_L 上可得到一个全波电流或电压信号，这一结果与 OCL 电路的效果一样。

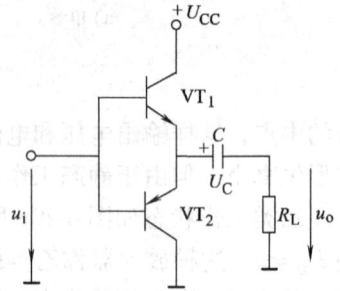

图 6-22　OTL 乙类互补对称电路

对于 OTL 电路，只要电容器容量足够大，我们就可以认为电容 C 两端的电压 $U_C = U_{CC}/2$，基本保持不变。在输入信号的负半周，电容器两端的电压起到负电源的作用。当输入信号足够大时，晶体管饱和导通，如果忽略管压降 U_{CES}，则负载 R_L 上得到的电压最大值为 $U_{CC}/2$。

第四节　多级放大电路

前面介绍的单管放大电路的电压放大倍数是有限的，而放大器的输入信号一般都很微小，要把这微小的信号放大到足以推动负载去工作，仅仅用一级单管放大电路是不够的，因此放大器一般都采用多级放大电路。

在多级放大电路中，前一级放大电路和后一级放大电路通过一定的方式连接起来，称为耦合。

一、级间耦合方式

按照不同的需求，选择合适的级间耦合方式，可使各级静态工作点能方便、正常地设置。常用的级间耦合方式有阻容耦合、直接耦合、变压器耦合。

1. 阻容耦合

放大器级和级之间通过电阻和电容连接起来，如图 6-23a 所示。电容器有通交流而隔直流的作用，所以这种耦合方式的特点是各级静态工作点是独立的，互不影响，而且各级静态工作点的分析比较方便，调整也方便。

2. 直接耦合

它是将前级放大电路的输出端直接接到后级放大电路的输入端，级和级之间无需经任何元件而直接连接，如图 6-23b 所示。由此可见放大器各级静态工作点相互间受到牵制，调试时不方便，相互间有影响。直接耦合放大器存在一个特殊问题，即零点漂移。当输入信号为零时，由于温度的波动，造成元件参数的变化，或当电源电压 U_{CC} 变化时，输出端还有缓慢变化的电压。一般放大器级数越多，放大倍数越大，零点漂移就越严重，甚至导致放大器不能正常工作。交流信号和直流信号都可采用直接耦合的放大器进行放大，但直接耦合的放大器多用于直流信号或变化缓慢的信号。

3. 变压器耦合

放大器级和级之间通过变压器连接起来，如图6-23c所示。由于变压器一、二次绕组间无电上的联系，它把前后级间的直流隔离了起来，因此各级放大电路的静态工作点互不影响，而交流信号则可通过变压器顺利地被传送到下一级进行放大。

二、多级放大器的电压放大倍数

我们以图6-23a两级阻容耦合放大电路为例来求解多级放大器的电压放大倍数。

电容 C 把两级电路连接起来，第一级的输入电压为 U_i，第二级放大电路的输出电压为 U_o 第一级的输出 U_{o1} 又是第二级的输入电压 U_{i2}，所以 $U_{o1} = U_{i2}$。

第一级电压放大倍数为

$$A_1 = U_{o1}/U_i$$

第二级电压放大倍数为

$$A_2 = U_o/U_{i2}$$

而两级电压放大倍数为

$$A = \frac{U_o}{U_i} = \frac{U_{o1}}{U_i}\frac{U_o}{U_{i2}} = A_1 A_2$$

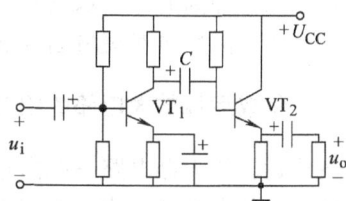

a）阻容耦合

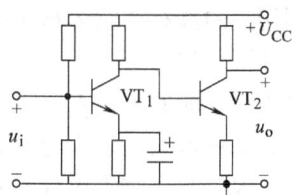

b）直接耦合

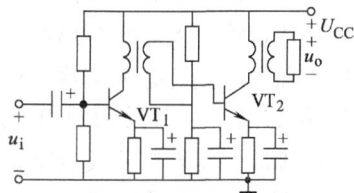

c）变压器耦合

图6-23　放大器级间耦合方式

所以两级放大电路的电压放大倍数为第一级与第二级电压放大倍数之积。推广到各级放大器，多级放大电路的电压放大倍数为各级电压放大倍数之积。

计算多级放大电路的电压放大倍数先要求出单级放大电路的电压放大倍数，在各单级计算中，必须要考虑后级对前级的负载效应，也就是接在前级输出端后面的所有电路是前级的负载。

第五节　集成运算放大电路

在这之前所讲述的放大电路，是由彼此独立的晶体管、二极管、电阻、电容等元件通过导线连接而成的，这种电路也称为分立元件电路。随着半导体集成电路技术的发展，人们可以把整个电路中各个元件制作在一块半导体基片上，从而构成集成电路。集成电路按功能分有数字集成电路和模拟集成电路。模拟集成电路种类很多，而其中集成运算放大器用途尤为广泛，它是一种高放大倍数的直接耦合的放大器。这里对集成运算放大器的基本特点、性能作一些介绍，然后再对集成运算放大器的基本运算电路作一些讲解。

一、集成运算放大电路的组成

集成运算放大器电路一般由输入级、中间级和输出级几个部分组成，级间直接耦合，它的输入和输出之间外加不同的反馈网络，可组成不同用途的具有特殊运算功能的电路，其结构框图如图 6-24 所示。

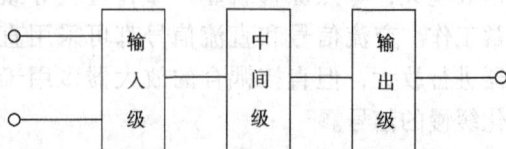

图 6-24　运算放大器结构框图

输入级一般要求输入电阻高，能减少零点漂移，故采用差动式放大电路；中间级主要进行电压放大，一般由共射放大电路构成的多级直接耦合放大器组成；输出级要求输出电阻低，因此多采用互补对称电路，这样带负载能力强。

集成运算放大器的图形符号，如图 6-25 所示。运算放大器图形左边有两个输入端，其中"−"端称为反相输入端，"+"端为同相输入端，右边为输出端。

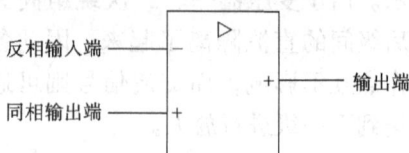

图 6-25　运算放大器图形符号

运算放大器未接反馈电路时的电压放大倍数为 A_o，称为开环放大倍数。运算放大器的输出电压 u_o 与加在同相输入端对地电压 u_+ 和反相输入端对地电压 u_- 的关系为

$$u_o = A_o(u_+ - u_-)$$

由上式可见，若"−"端接地，则 $u_o = A_o u_+$，输出电压 u_o 与输入电压 u_+ 同相位，故"+"端称为同相输入端；若"+"端接地，则 $u_o = -A_o u_-$，输出电压 u_o 与输电压 u_- 反相位，故"−"端称为反相输入端。

二、理想运算放大器及其分析依据

从集成运算放大器电路组成可以看出无反馈时，运算放大器具有如下特点：输入电阻很高、开环放大倍数很大，输出电阻很低。因此在分析由运算放大器组成的各种电路时，可以把实际使用的运算放大器看作一个"理想运算放大器"，这样在分析电路时我们可以认为：

开环电压放大倍数 $A_o = \infty$，

运放输入电阻 $R_i = \infty$，

输出电阻 $R_o = 0$。

由运算放大器的这些理想技术指标，可以得出分析运算放大电路的两个重要的依据。

1）运算放大器两输入端对地电压相等，即"虚短"。

由于 $u_o = A_o(u_+ - u_-)$，而 $A_o = \infty$，得 $u_+ - u_- = u_o/A_o \approx 0$

所以 $u_+ - u_- = 0$，得 $u_+ = u_-$

两输入端之间并未短路，而电位却相等，故称"虚短"。

2）流入运算放大器两输入端的电流为 0，即"虚断"。

由于 $R_i = \infty$，故 $i_+ = i_- = 0$

同相输入端 i_+ 和反相输入端 i_- 都为零，两输入端之间并未断路，而电流却为零，故称

"虚断"。

"虚断"、"虚短"是分析运算放大电路的两个重要依据，并为我们分析运算放大器带来很多方便。

三、运算放大器的基本运算电路

集成运算放大器的应用非常广泛，能进行比例、加法、减法、积分、微分等运算，下面介绍几种简单的基本运算电路。

1. 比例运算电路

比例运算电路能实现输出电压与输入电压比例运算关系。

（1）反相输入比例运算电路 电路如图6-26所示，R_f 跨接在输出端和反相输入端，同相输入端经电阻 R_2 接地，输入信号加于反相输入端。

根据分析运放的两个依据：

$i_+ = 0$，所以 $u_+ = 0$，而 $u_- = u_+$，所以 $u_- = 0$。

$i_- = 0$，所以 $I_1 = I_f$，因此 $\dfrac{u_1 - u_-}{R_1} = \dfrac{u_- - u_o}{R_f}$

$\therefore \quad \dfrac{u_1}{R_1} = -\dfrac{u_o}{R_f}$，$\therefore \quad u_o = -\dfrac{R_f}{R_1}u_i$

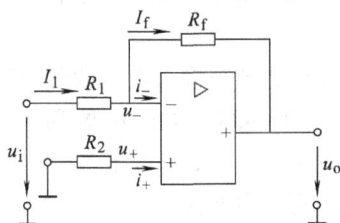

图6-26 反相输入比例运算电路

可见输出电压 u_o 与输入电压 u_i 成比例运算关系，其比例系数为 $-R_f/R_1$。当 $R_f = R_1$ 时，$u_o = -u_i$，两者反相，称为反相器。

$$A_f = u_o/u_i = -R_f/R_1$$

称为闭环电压放大倍数。

在此电路中，反相输入端未接地，而 $u_- = 0$，故称反相输入端为虚地。

（2）同相输入比例运算电路 电路如图6-27所示，输入信号加于同相输入端。根据"虚断"概念：$i_- = 0$，所以 $I_1 = I_f$，有：

$$\frac{0 - u_-}{R_1} = \frac{u_- - u_o}{R_f}$$

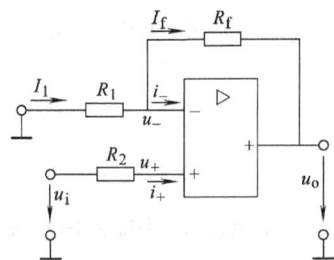

图6-27 同相输入比例运算电路

又因 $i_+ = 0$，所以 $u_+ = u_i$，再根据"虚短"概念：$u_- = u_+$，$\therefore u_- = u_i$，此时有

$$\frac{-u_i}{R_1} = \frac{u_i - u_o}{R_f}，\qquad \therefore \quad \frac{u_o}{u_1} = 1 + R_f/R_1$$

$\therefore$ 闭环电压放大倍数为 $A_f = 1 + R_f/R_1$

当 R_1 开路时，有 $A_f = 1$，即 $u_o = u_i$，此时输出电压与输入电压相等，称此电路为电压跟随器。

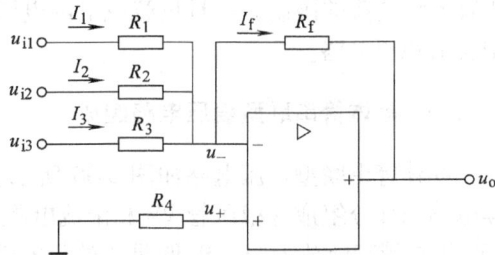

图6-28 反相输入加法运算电路

由上式可见，同相比例器的比例系数大于1。

2. 反相输入加法运算电路

如图 6-28 所示，有三个输入信号，其同相输入端接地，所以 $u_+ = u = 0$，

$$I_1 + I_2 + I_3 = I_f$$

$$\frac{u_{i1}}{R_1} + \frac{u_{i2}}{R_2} + \frac{u_{i3}}{R_3} = -\frac{u_o}{R_f}$$

$$\therefore \quad u_o = -\left(\frac{R_f}{R_1}u_{i1} + \frac{R_f}{R_2}u_{i2} + \frac{R_f}{R_3}u_{i3}\right)$$

若取 $R_1 = R_2 = R_3 = R_f$，则有

$$u_o = -(u_{i1} + u_{i2} + u_{i3})$$

即输出为各个输入电压的代数和。

[**例 6-3**]　如图 6-28 所示电路，若 $R_1 = R_2 = R_3 = 20\text{k}\Omega$，$R_f = 40\text{k}\Omega$，$u_{i1} = 1\text{V}$，$u_{i3} = 3\text{V}$，$u_o = -10\text{V}$，求 u_{i2} 等于多少。

解：根据式

$$u_o = -\left(\frac{R_f}{R_1}u_{i1} + \frac{R_f}{R_2}u_{i2} + \frac{R_f}{R_3}u_{i3}\right)$$

$$\therefore \quad -10 = -(1 + u_{i2} + 3) \times \frac{40}{20}$$

$$\therefore \quad u_{i2} = 1\text{V}$$

3. 积分运算电路

电路如图 6-29 所示，$u_o = -u_C$，$u_+ = u_- = 0$，$i_1 = i_C$

$$\therefore \quad \frac{u_i}{R_1} = -C\frac{\mathrm{d}u_o}{\mathrm{d}t}$$

$$\therefore \quad u_o = -\frac{1}{RC}\int u_i \mathrm{d}t$$

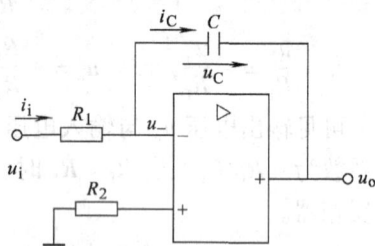

图 6-29　积分运算电路

输出电压 u_o 为输入电压 u_i 对时间的积分，负号表示两者在相位上相反。

第六节　稳 压 电 源

前面介绍的硅稳压管稳压电路结构简单，元件较少，稳压效果基本能满足小电流的电子设备，但这种电路的输出电压由所选定的稳压管的稳压值所决定，不可调节，输出电流受稳压管允许电流的限制，一旦负载或电网电压变化较大时，电路将不能适应，这时可采用串联型直流稳压电路。

一、晶体管串联型稳压电路组成

晶体管串联型稳压电路如图 6-30 所示，它由基准电压、比较放大电路、调整电路和采样电路四部分组成。稳压管 VS 和限流电阻 R_3 组成基准电压源，提供基准电压 U_Z。晶体管 VT_2 为单管直流放大器，R_4 既是它的集电极电阻，又是 VT_1 管的基极偏置电阻，VT_2 管将取样电压 U_{B2} 与基准电压 U_Z 加以比较并放大，再去控制 VT_1 管的基极电位。稳压电路的主回路是调整管 VT_1 与负载 R_L 相串联，所以称为串联型稳压电路，通过改变调整管 VT_1 集电极

和发射极间的电压降 U_{CE1}，输出电压 U_o 也会跟着变化。电阻 R_1、R_P、R_2 组成采样电路。

二、工作原理

当外部电源电压增加或负载减小时，输出电压 U_o 会增加，然后经采样电路电阻 R_1、R_P、R_2 分压，取样电压 U_{B2} 也会增加。U_{B2} 与基准电压 U_z 比较，差值 U_{BE2} 也增加，

图 6-30　晶体管串联型稳压电路

经 VT_2 管放大后，其集电极电流 I_{C2} 增加，而集电极电位 U_{C2} 则减小。由于 VT_1 管基极和 VT_2 管集电极直接相连，所以 U_{BE1} 将减小，从而使 U_{CE1} 增大，这样使输出电压 U_o 减小，最终输出电压 U_o 将基本不变。上述稳压过程可以简单表示如下：

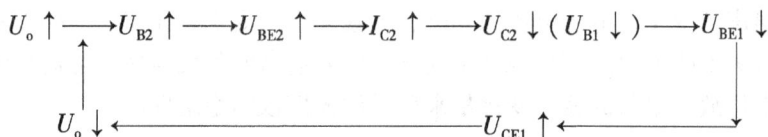

$$U_o \uparrow \longrightarrow U_{B2} \uparrow \longrightarrow U_{BE2} \uparrow \longrightarrow I_{C2} \uparrow \longrightarrow U_{C2} \downarrow (U_{B1} \downarrow) \longrightarrow U_{BE1} \downarrow$$
$$U_o \downarrow \longleftarrow \longleftarrow U_{CE1} \uparrow$$

同理，我们可以分析外部电源电压减小或负载增加，整个电路的调整过程，这个过程和上面分析的过程完全相反，最终也使 U_o 基本保持不变。

在这个串联型稳压电路中，采样电路加了一个电位器 R_P，这样使得对输出电压的调整更方便，并可对输出电压作些改变。

同样随着半导体集成电路技术的发展，集成稳压电路因其体积小、使用调整方便、性能稳定、成本低等优点，也日益得到广泛使用。另外串联型稳压电路中的调整管总是工作在放大状态，电流很大，管子的功耗也较大，这样对管子的要求也较高，显然效率也不会很高，这又有了开关型稳压电路，此时调整管子工作在开关状态，这种稳压电源体积小，效率高，但线路较复杂。

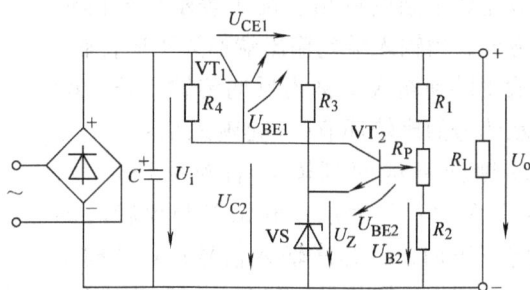

知识拓展与应用六　放大电路反馈的概念

实际应用中，放大电路不仅输入信号对输出信号有控制作用，而且输出信号也可能对输入信号产生反作用，这种反作用就叫做反馈。

一、反馈放大电路的组成

所谓反馈，是指将电路输出电量（电压或电流）的一部分或全部，通过反馈网络用一定的方式送回到输入回路，以影响输入电量（电压或电流）的过程。若送回的反馈信号削弱输入信号，则称这种反馈为负反馈；若送回的反馈信号增强输入信号，则为正反馈。放大电路引入负反馈后，电路的性能得到显著改善，所以负反馈放大电路得到广泛的应用。

引入反馈的放大电路称为反馈放大电路，其组成框图如图6-31所示。它由基本放大电路 A 和反馈网络 F 组成，基本放大电路为任意组态的放大电路，即可以是单级也可以是多级放大电路；反馈网络可以是电阻、电感、电容、晶体管等单个元件或它们的简单组合，也

可以是较复杂的网络。箭头表示信号的传输方向，由输入端到输出端称为正向传输，由输出端到输入端称为反向传输；符号 $\otimes$ 表示信号的比较环节；x_i 是输入信号；x_f 是由反馈网络送回到输入端的反馈信号；"+"和"−"表示 x_i 和 x_f 参与比较时的规定正方向；x_{id} 是净输入信号；x_o 是输出

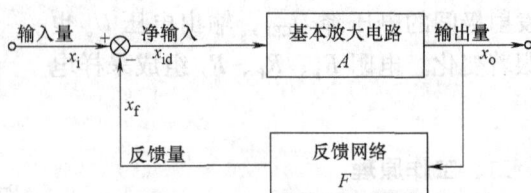

图 6-31　反馈放大电路组成框图

信号。根据反馈信号中包含的交直流成分，反馈可分为直流反馈和交流反馈；反馈信号可以是电压，也可以是电流，所以又有电压反馈与电流反馈之分。引入了反馈的放大电路叫闭环放大电路，未引入反馈的放大电路叫开环放大电路。

二、负反馈提高放大电路的稳定性

由于环境温度的变化、电源电压的变化、负载大小的变化、元器件更换引起参数变化等因素的影响，放大电路的放大倍数会发生变化。引入适当的负反馈后，可提高闭环放大倍数的稳定性。通常用放大倍数的相对变化量来衡量放大倍数的稳定性。

三、反馈放大电路的分析举例

[例 6-4]　图 6-32 为电流串联负反馈放大电路，图 6-33 是它的交流通道。

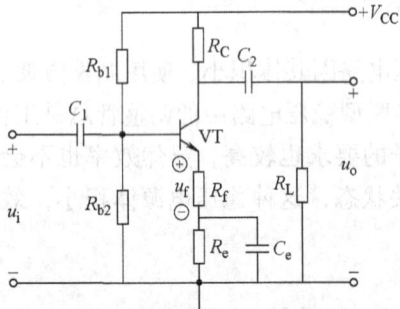

图 6-32　电流串联负反馈放大电路

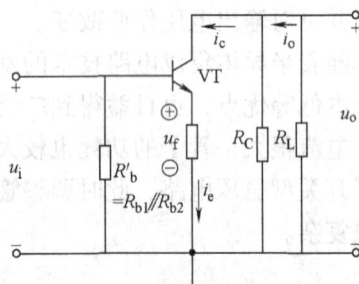

图 6-33　电流串联负反馈放大电路交流通道

放大电路的分析：

1) R_f 是输出回路和输入回路的公共电阻，故为反馈元件，R_f 上的电压即为反馈电压 u_f。

2) 集电极为电压输出端，反馈信号取自发射极，$u_f = i_e R_f$，故为电流反馈。

3) 输入信号 u_i 与反馈信号 u_f 不在同一节点上引入，分别引入基极和发射极，u_i 与 u_f 串联在输入回路中，故为串联反馈。

4) 设 u_i 的瞬时极性为"+"，则反馈电压 u_f 加至发射极的极性为"+"，放大电路的净输入电压 $u_{id} = u_i - u_f$ 减小，故为负反馈。

可见，该电路为电流串联负反馈放大电路。另外，放大电路中 R_e 也是发射极电阻，因为并联旁路电容 C_e，故只有直流反馈，无交流反馈，起稳定静态工作点的作用。

电路特点：

1) 能稳定输出电流信号。

2）输入电阻与输出电阻均增大。

[例6-5]　图6-34为电流并联负反馈放大电路。

判断反馈类型：

1）基本放大电路 A 为集成运放，反馈网络 F 由电阻 R_2 和 R_f 构成。

2）在放大电路的输出端，反馈网络与基本放大电路、负载 R_L 相串联，故为电流反馈。

3）从输入端看，$i_i = i_f + i_{id}$，故 i_{id} 与 i_f 为并联关系，所以是并联反馈。

4）设 u_i 在某一瞬时的极性为 $\oplus$，由 u_i 引起输入电流 i_i、i_{id}，由于电路为反相输入，所以 u_o 与 u_i 反相，即 u_o 的对地瞬时极性为负，这样反馈电流 i_f 的瞬时极性对地也为负。可见 $i_{id} = i_i - i_f$，反馈电流使净输入电流减小，故为负反馈。

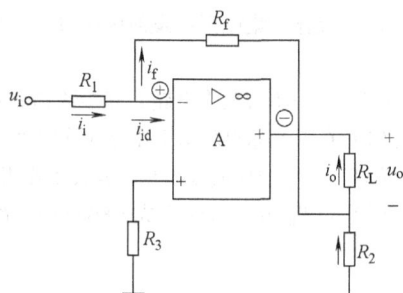

图6-34　电流并联负反馈放大电路

可见，该电路为电流并联负反馈放大电路。

本 章 小 结

本章主要讨论了单管共发射极放大电路，并对功率放大电路、多级放大电路的连接和稳压电源等作了介绍。

一、单管共发射极放大电路

晶体管是放大器的核心元件，要使其有放大作用，发射结必须正偏，集电结必须反偏，放大电路必须有合适的静态工作点。

放大电路的分析方法：图解法和微变等效电路法。图解法直观，而对于较复杂的电路一般采用微变等效电路法，还介绍了怎样求解电压放大倍数。

二、功率放大电路

功率放大电路与电压放大电路不同，其主要任务是能够向负载提供足够大的输出功率，其晶体管在接近极限状态下工作，输入、输出电流和电压都很大。

按静态工作点位置不同，功率放大器分为甲类、乙类和甲乙类三种工作状态。甲类功耗大、效率低，而乙类和甲乙类尽管效率高，但失真，这时可采用互补对称电路。并对 OCL 乙类互补对称电路和 OTL 乙类互补对称电路作了介绍。

三、稳压电源

直流稳压电源一般由变压、整流、滤波和稳压几部分组成。交流电源经变压器降压、二极管整流、电容（或电感）滤波，稳压管稳压能够满足对直流电源性能要求不太高的电子设备。

晶体管串联型稳压电源由基准电压、比较放大电路、调整电路和采样电路四部分组成。这种稳压电路有较简单、稳压性能高的优点，但缺点是调整管工作在放大区，所以功耗大，为克服这一缺点，可采用开关型稳压电路。

多级放大电路的电压放大倍数为各级放大电路的电压放大倍数的乘积，集成运算放大器可组成比例、加法等运算电路。

习　题　六

6-1　晶体管集电区和发射区均属同一类型的半导体，那么集电极和发射极能否不加区别地代用，为什么？

6-2　有一单管放大电路，其参数和晶体管的输出特性曲线如图 6-35 所示，试求：

(1) 在图上标出静态工作点并确定静态值。

(2) 当 R_C 增加或减小时，静态工作点怎么移动？

(3) 当 R_B 由 200kΩ 变成 100kΩ 时，静态工作点又移到什么区域？

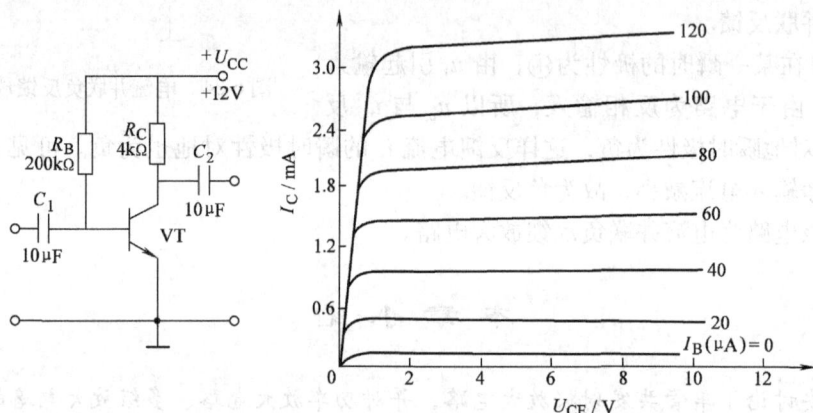

图 6-35　习题 6-2 图

6-3　在共射放大电路中，若将电阻 R_C 或 R_B 短接，晶体管能起电流放大作用吗？放大电路能起电压放大作用吗？

6-4　如图 6-36 所示单管放大电路，其参数 $U_{CC} = 12V$，$R_B = 240kΩ$，$R_C = 3kΩ$，$R_{E1} = 200Ω$，$R_{E2} = 800Ω$，$β = 40$，试求：

(1) 静态值。

(2) 作出微变等效电路。

(3) 输入电阻，输出电阻，电压放大倍数。

6-5　功率放大器与小信号电压放大电路相比较，有哪些主要的不同之处？对功率放大电路有何特殊要求？

6-6　与甲类功率放大电路相比较，OCL 乙类互补对称电路的主要优点是什么？

6-7　如图 6-22 所示 OTL 功率放大电路，$U_{CC} = 12V$，$R_L = 8Ω$，晶体管饱和压降忽略，求最大输出功率 P_{OM} 及负载上的电流幅值。

6-8　多级放大电路的级间耦合方式有几种？各有什么特点？

6-9　计算多级放大器的电压放大倍数，先要计算出各级的电压放大倍数，那么在各级电压放大倍数的计算中，要考虑什么问题？

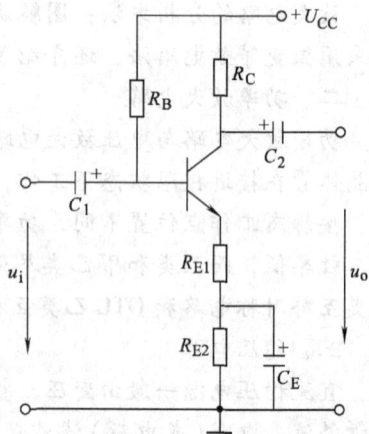

图 6-36　习题 6-4 图

6-10　与阻容耦合放大电路相比，直接耦合放大电路存在什么问题要解决？

6-11　直接耦合放大电路能否放大交流信号？

6-12　实际运算放大器可以被看作理想运算放大器来分析问题，那么理想运算放大器技术指标主要有哪些？

6-13　在反相输入比例运算电路中，已知 $R_1 = 10\text{k}\Omega$，$R_f = 50\text{k}\Omega$，设输入电压 $u_i = 10\sqrt{2}\sin314t\text{mV}$，试求输出电压 u_o 的幅值，并画出 u_i 和 u_o 的波形。

6-14　设同相输入比例电路中 $R_1 = 3\text{k}\Omega$，若希望它的闭环电压放大倍数为 5，试确定电阻 R_f 的值。

6-15　如图 6-37 所示，$U_i = 11\text{mV}$，输出电压 U_o 为多少？

6-16　串联型稳压电路由哪几部分组成？它是怎么进行稳压的？

6-17　如图 6-38 所示。求输出电压 u_o 与输入电压 u_{i1} 和 u_{i2} 的关系。

6-18　如图 6-39 所示的串联型稳压电路，设晶体管 VT_1 的 $U_{BE1} = 0.7\text{V}$，稳压管 $U_Z = 5.3\text{V}$，试求输出电压 U_o。

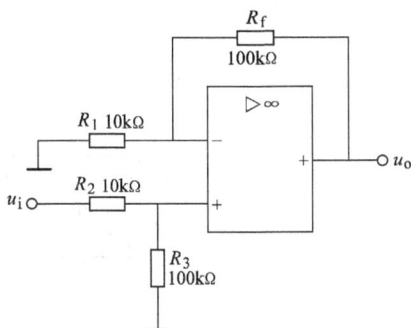

图 6-37　习题 6-15 图

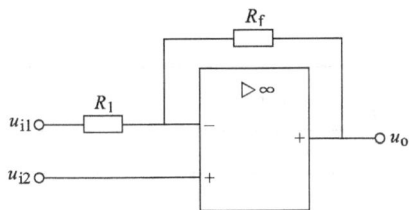

图 6-38　习题 6-17 图

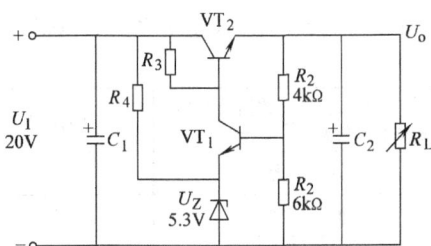

图 6-39　习题 6-18 图

实验与实训四　晶体管单管放大器测试

一、实验目的

1. 学会放大器静态工作点的测试与调试方法。
2. 分析静态工作点对放大器性能的影响。
3. 掌握放大器电压放大倍数、输入电阻、输出电阻的测试方法。
4. 熟悉常用电子仪器及模拟电路实验设备的使用。

二、实验器材

本实验所需器材见表 6-2。

表 6-2　实验所需器材

序　号	名　　称	型号规格	数　量	备　注
1	直流电源	2A/0 ~ 30V	1	
2	信号发生器	TH-SG01P	1	各校可自选
3	双踪示波器	YB43020B	1	各校可自选
4	数字式万用表	DT830	1	可选其他型号
5	模拟式万用表	MF47 型	1	可选其他型号
6	模拟电路实验设备	D2X-1	1	各校自选

三、实验内容与步骤

实验设备电路及参数如图 6-40，其中电阻 R_S 是为测输入电阻 R_i 而加的外接电阻。

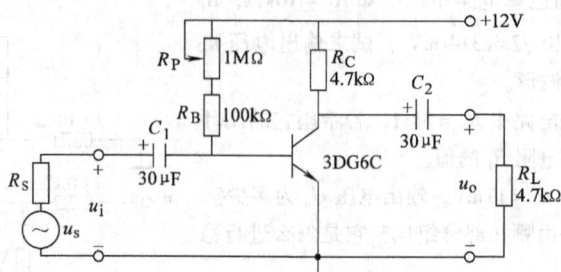

图 6-40　共射单管放大器测试图

1. 输入端接一交流输入信号 u_S，输出端接示波器，按通 12V 直流电源。

2. 增加输入信号到某一值，观察输出波形失真后，调整可变电阻 R_P，使输出波形不失真且最大，这时静态工作点调试完毕，并将波形记入表 6-3 中，然后再使输入信号为零，用万表测出 U_{CEQ}、U_{BEQ}，而 I_{CQ} 可计算求得，$I_{CQ} = (U_{CC} - U_{CEQ})/R_C$。将数据填入表 6-3 中。

表　6-3

数值及波形 晶体管工作状态	U_{BEQ}/V	U_{CEQ}/V	I_{CQ}/mA	波　形
放　　大				
饱　　和				
截　　止				

3. 重新加输入信号到某一值，将 R_P 调到最小和最大，分别将此时观察到的波形和 I_{CQ}、U_{CEQ}、U_{BEQ} 填入表 6-3 中。

4. 同步骤 2 调出最大不失真电压后，用毫伏表测出输入电压 U_i 和输出电压 U_o，并将结果填入表 6-4 中，可计算出电压放大倍数 A_u。

5. 再测一下信号发生器电压 U_S，根据 $R_i = \dfrac{U_i}{U_S - U_i} R_S$，计算出 R_i，并把 U_S 和 R_i 数据填入表 6-4 中。

6. 将负载 R_L 断开测出输出电压 U_o'，根据 $R_o = \dfrac{U_o' - U_o}{U_o} R_L$，计算出 R_o，并把 U_o' 和 R_o 数据填入表 6-4 中。

表 6-4　测输入、输出电阻数据记录表

参　　数	R_S/kΩ	U_S/mV	U_i/mV	U_o/mV	U_o'/mV	R_i/Ω	R_o/Ω	A_u
测量值								
理论值								

四、实验结果分析

1. 把实测的静态工作点、电压放大倍数、输入电阻、输出电阻值与理论计算值比较，分析产生误差的原因。

2. 总结 R_C、R_L 及静态工作点对放大器电压放大倍数、输入电阻和输出电阻的影响。

3. 讨论静态工作点变化对放大器输出波形的影响。

4. 分析讨论在调试和测试过程中出现的问题。

第七章　数字电路基础

第六章所述的各种放大电路都属于模拟电路，这类电路所传送和处理的信号在时间上和数量上都是连续的。另外还有一类用来传送和处理数字信号的电路称为数字电路。

第一节　数字电路概述

一、数字信号与数字电路

电子线路中的电信号可分为模拟信号和数字信号两大类。凡是在数值上和时间上都是连续变化的信号，称为模拟信号，如图7-1a所示；凡是在数值上和时间上不连续变化的信号，称为数字信号，如图7-1b所示即为理想的矩形脉冲，可见数字电路中，基本的工作信号是脉冲信号。如果脉冲的"有"和"无"分别用"1"和"0"代表，一串脉冲就变成了一串由"1"和"0"组成的数码，从上可知，数字电路具有如下特点。

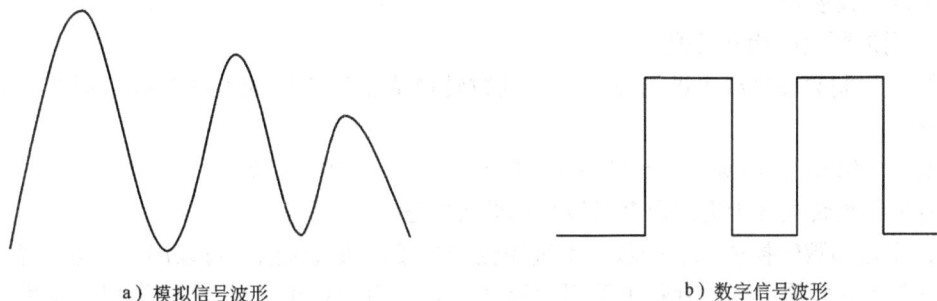

a）模拟信号波形　　　　　　　　　　b）数字信号波形

图7-1　电信号波形

1）数字电路的工作信号是离散的数字信号。高低电平的数字量，可以用开关的通断来实现。因此，数字电路是一系列开关电路，这种电路容易实现，电路简单。

2）数字电路的研究对象是电路输入与输出之间的逻辑关系，因而不能采用模拟电路的分析方法。分析数字电路的工具是逻辑代数，表达电路的功能主要用真值表、逻辑函数表达式及波形图等。

3）数字电路多数在开关状态，由于只考虑信号的有无、数目，无需考虑信号的大小，因此抗干扰能力强，可靠性高。用晶体管构成开关电路时，晶体管工作在截止或饱和状态，这样功耗低。

数字电路的应用范围十分广泛，它不仅应用于计算机技术、雷达、电视、通信、遥测和遥控等方面，并且在核物理技术、航天技术、激光技术、医药技术等各个技术领域的控制设备和数字测量中，也发挥着重要作用。

在数字电路中，把电路的"1"态称为逻辑"1"，"0"态称为逻辑"0"。若规定高电平为逻辑"1"，低电平为逻辑"0"，则称为正逻辑；反之则称负逻辑。本书采用正逻辑。

二、数制和码制

1. 数制

数制是指多位数码中每一位的构成方法和低位向高位的进位规则。

（1）十进制　其特点是数字的每一位都由 0~9 中的一个数码构成，计数的基数为 10，进位规律是"逢十进一"，常用 D 表示。各数码处在不同数位时，所代表的数值不同。例如：$(237.46)_D = 2 \times 10^2 + 3 \times 10^1 + 7 \times 10^0 + 4 \times 10^{-1} + 6 \times 10^{-2}$，其中 10^2，10^1，10^0，10^{-1}，10^{-2} 等分别称为十进制数各数位的权，它们都是 10 的幂。任何一个十进制数都可用它的权的展开式来表示。

（2）二进制　其特点是数字的每一位仅为 0 或 1 这两种数码，计数的基数为 2，进位规律是"逢二进一"，常用 B 表示。同样，二进制数也可按权展开，只不过每个数位的权是 2 的幂。

（3）八进制　其特点是数字的每一位由 0~7 中的一个数码构成，计数基数为 8，进位规律是"逢八进一"。

（4）十六进制　其特点是数字的每一位由 0~9、A、B、C、D、E、F 中的一个数码构成，计数基数为 16，进位规律是"逢十六进一"。

用二进制表示数时，数码串很长，书写和查错不方便，因此常用八进制和十六进制，它们也都可以按权展开。

2. 不同进制数的相互转换

（1）二进制数转换成十进制数　二进制数转换成十进制数的方法是按权展开，求加权系数之和。

例如：$[10110]_B = 1 \times 2^4 + 0 \times 2^3 + 1 \times 2^2 + 1 \times 2^1 + 0 \times 2^0 = [22]_D$

任意进制数转换成十进制数都可以采用此种方法。

（2）十进制数转换成二进制数　十进制数转换成任意进制数都可以用基数乘除法。

十进制整数转换成二进制数可采用"除 2 取余，商为 0 止，逆序排列法"。十进制小数转换成二进制小数可采用"乘 2 取整，顺序排列法"。

例如：将 $(37.872)_{10}$ 转换为二进制数$\left(\text{误差 } e < \dfrac{1}{2^4}\right)$。

解： 整数部分转换用除式如下，小数部分转换用如下乘式

整数部分：
- 2｜37 …… 1
- 2｜18 …… 0
- 2｜9 …… 1
- 2｜4 …… 0
- 2｜2 …… 0
- 2｜1 …… 1
- 0 …… 1

小数部分：
$$
\begin{aligned}
&0.872 \\
\times\ &2 \\
\hline
\boxed{1}&.744 \\
\times\ &2 \\
\hline
\boxed{1}&.488 \\
\times\ &2 \\
\hline
\boxed{0}&.976 \\
\times\ &2 \\
\hline
\boxed{1}&.952
\end{aligned}
$$

转换到第四位误差小于 $\dfrac{1}{2^4}$

所以 $(37.872)_{10} = (100101.1101)_2$

（3）二进制数转换成八进制数和十六进制数　例如：$[1100111]_2 = [001,100,111]_2 = [147]_8$　$[10100111]_2 = [1010,0111]_2 = [A7]_{16}$

3. 码制

不同的数码不仅可以表示数量的不同大小，而且还能用来表示不同的事物，在后一种情况下，这些数码已没有数量大小的含义，只是表示不同事物的代号而已，它们常按一定规律编制的各种代码来代表，这一规律称为码制。

例如在用 4 位二进制数码表示一位十进制数的 0～9 这十个状态时，就有多种不同的码制，最常用的 8421 码，8421 码就是从左到右每一位的 1 分别表示 8、4、2、1。此外还有 2421 码、5421 码、余 3 码等。格雷码的任意两个相邻代码间只有一位数不同，这对代码的转换和传输非常有利，也较常用。表 7-1 列出几种常见的代码，它们编码规则各不相同。

表 7-1　常用的 BCD 码

十进制数	8421 码	2421 码	5421 码	余 3 码	余 3 循环码
0	0000	0000	0000	0011	0010
1	0001	0001	0001	0100	0110
2	0010	0010	0010	0101	0111
3	0011	0011	0011	0110	0101
4	0100	0100	0100	0111	0100
5	0101	1011	1000	1000	1100
6	0110	1100	1001	1001	1101
7	0111	1101	1010	1010	1111
8	1000	1110	1011	1011	1110
9	1001	1111	1100	1100	1010

第二节　基本逻辑门电路

数字电路的基本部分是各种开关电路，这些电路像门一样依据不同的条件"开"或"关"，所以又称为"门"电路。一般，门电路有一个输出端，但可以有多个输入端。输出端的状态是由输入端状态决定的，它们之间有一定的逻辑关系。能够实现这些逻辑关系的电路就是组成各种逻辑电路的基本逻辑门。

一、与门电路

1. 与逻辑关系

与逻辑关系可用图 7-2 表示，图中只有当两个开关 S_1、S_2 都闭合时灯泡才亮，只要有一个开关断开，灯泡就不亮。可见与逻辑关系是指当决定一件事情（灯亮）的几个条件（开关 S_1、S_2 闭合）全部具备时，这件事情（灯亮）才发生，否则不发生。

2. 与门的逻辑符号和逻辑功能

表 7-2　与门逻辑状态表					表 7-3　或门逻辑状态表			
输　入			输出		输　入			输出
A	B	C	Y		A	B	C	Y
0	0	0	0		0	0	0	0
0	0	1	0		0	0	1	1
0	1	0	0		0	1	0	1
0	1	1	0		0	1	1	1
1	0	0	0		1	0	0	1
1	0	1	0		1	0	1	1
1	1	0	0		1	1	0	1
1	1	1	1		1	1	1	1

　　实现与逻辑关系的电路称为与门，逻辑符号如图 7-3 所示。当 A、B、C 中任一端或几端为"0"态时输出便是"0"；只有当输入全为"1"态时输出才为"1"态，即"有 0 出 0，全 1 出 1"。与门的逻辑功能可用逻辑状态表或逻辑表达式描述。与门逻辑状态表见表 7-2。与门逻辑表达式为

$$Y = A \cdot B \cdot C$$

　　此式与普通代数的乘式相似，故逻辑与又称逻辑乘。式中"·"即逻辑乘号，也可用"×"、"∧"或省略表示。但需指出，逻辑乘与代数乘不同，其变量仅表示某种逻辑状态（"1"态或"0"态），而不表示具体的数值。

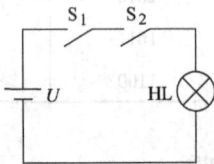

图 7-2　由开关组成的
与逻辑电路

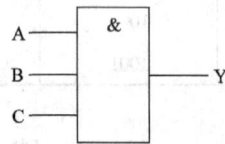

图 7-3　与门逻辑符号

二、或门电路

1. 或逻辑关系

　　或逻辑关系可用图 7-4 表示，图中两个开关 S_1、S_2 只要有一个闭合时，灯泡就亮。可见或逻辑关系是指当决定一件事情（灯亮）的几个条件中（开关 S_1、S_2 闭合）只要有一个具备，这件事情（灯亮）就会发生。

2. 或门的逻辑符号和逻辑功能

　　实现或逻辑关系的电路称为或门，逻辑符号如图 7-5 所示，当输入端中有一个或一个以上是"1"态，输出便是"1"态；只有输入全是"0"态时，输出才是"0"态，即"有 1 出 1，全 0 出 0"。

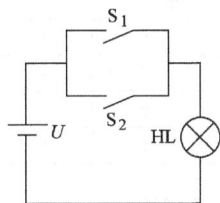

图 7-4　由开关组成的
或逻辑电路

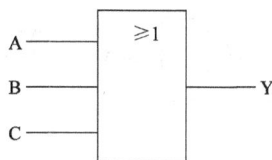

图 7-5　或门逻辑符号

或门逻辑状态表见表 7-3。或门逻辑表达式为

$$Y = A + B + C$$

与普通代数和式相似,逻辑或又称逻辑加。但两者仅是形式相似,含义是不同的。

三、非门电路

1. 非逻辑关系

非逻辑关系可用图 7-6 表示,图中当开关 S 闭合时(条件具备),灯泡不亮(事件不发生);而开关 S 断开,灯泡发亮。可见非逻辑关系表示事情(输出信号)和条件(输入信号)总是相反状态。

2. 非门的逻辑符号和逻辑功能

实现非逻辑关系的电路称为非门,逻辑符号如图 7-7 所示,当输入 A 为 1,则输出 Y 为 0;当输入 A 为 0,则 Y 为 1,即"入 0 出 1,入 1 出 0"。逻辑符号的输出端上的小圆圈表示非的意思。逻辑状态表如表 7-4。逻辑表达式为

$$Y = \overline{A}$$

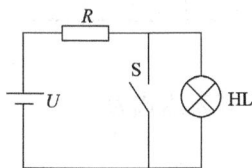

图 7-6　由开关组成的
非逻辑电路

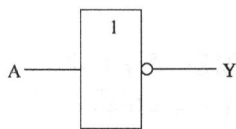

图 7-7　非门逻辑符号

表 7-4　非门逻辑状态表

输入	输出
A	Y
1	0
0	1

四、复合门

与门、或门、非门是基本逻辑门,把基本逻辑门作适当的组合,便可组成复合逻辑门。

1. 与非门

在与门后面接一个非门就构成与非门,逻辑结构图及逻辑符号如图 7-8 所示。与非门的输入和输出的逻辑关系见表 7-5。

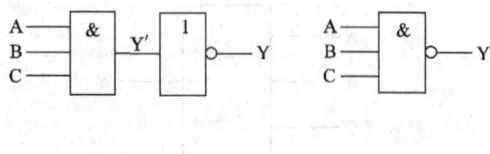

图 7-8 与非门逻辑结构图及逻辑符号

表 7-5 与非门逻辑状态表

输	入		输出
A	B	C	Y
0	0	0	1
0	0	1	1
0	1	0	1
0	1	1	1
1	0	0	1
1	0	1	1
1	1	0	1
1	1	1	0

从状态表可看出，与非门的逻辑功能是："全 1 出 0，有 0 出 1"，其表达式为

$$Y = \overline{A \cdot B \cdot C}$$

2. 或非门

在或门后面接一个非门就构成或非门，逻辑结构图及逻辑符号如图 7-9 所示。或非门的输入和输出的逻辑关系见表 7-6。

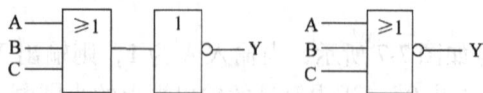

图 7-9 或非门逻辑结构图及逻辑符号

表 7-6 或非门逻辑状态表

输	入		输出
A	B	C	Y
0	0	0	1
0	0	1	0
0	1	0	0
0	1	1	0
1	0	0	0
1	0	1	0
1	1	0	0
1	1	1	0

从状态表可看出，或非门的逻辑功能是："全 0 出 1，有 1 出 0"，其表达式为

$$Y = \overline{A + B + C}$$

3. 与或非门

把两个（或两个以上）与门的输出端接到一个或门的各个输入端，便构成一个与或门，其后再接一个非门，就构成了与或非门，其逻辑图和逻辑符号如图 7-10 所示。与或非门的输入和输出的逻辑关系见表 7-7。

从状态表可看出，与或非门的逻辑功能是当输入端中任何一组全为 1 时，输出即为 0；只有各组输入都至少有一个为 0 时，输出才能为 1。其表达式为

$$Y = \overline{AB + CD}$$

4. 异或门

图 7-11 为异或门逻辑符号，其逻辑表达式是

$$Y = \overline{A}B + A\overline{B}$$

表 7-7　与或非门逻辑状态表

输		入		输出
A	B	C	D	Y
0	0	0	0	1
0	0	0	1	1
0	0	1	0	1
0	0	1	1	0
0	1	0	0	1
0	1	0	1	1
0	1	1	0	1
0	1	1	1	0
1	0	0	0	1
1	0	0	1	1
1	0	1	0	1
1	0	1	1	0
1	1	0	0	0
1	1	0	1	0
1	1	1	0	0
1	1	1	1	0

表 7-8　异或门逻辑状态表

输	入	输出
A	B	Y
0	0	0
1	1	0
0	1	1
1	0	1

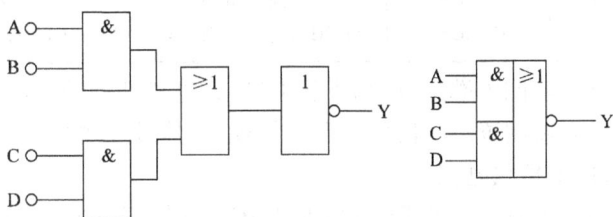

图 7-10　与或非门逻辑结构图及逻辑符号

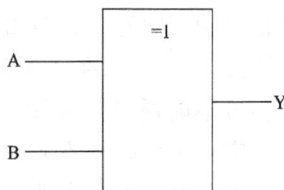

图 7-11　异或门逻辑符号

表 7-8 是异或门的逻辑状态表，可见，异或门的逻辑功能是：当两个输入端的状态相同（都为 0 或都为 1）时输出为 0；反之，当两个输入端状态不同（一个为 0，另一个为 1）时，输出端为 1。

五、集成逻辑门

基本逻辑门是用二极管、晶体管组成的分立元件门电路，这种门电路的缺点是使用元件多、体积大、工作速度低、可靠性差、带负载能力弱。因此，数字设备中广泛采用集成电路。

1. **集成门电路的分类**

数字集成门电路按照组成器件的种类可分两大类：一类是晶体管——晶体管逻辑电路，简称 TTL 电路，其输入级和输出级均采用晶体管；另一类是场效应管型数字集成电路，简称 MOS 电路，其输入输出级均为金属——氧化物——半导体场效应管。我国优选国际通用品种列为国家标准，表 7-9 是常用的主要系列。

TTL 电路的特点是运行速度比较快，电源电压比较低（仅 5V），有较强的带负载能力。TTL 与非门输出高电平一般取 3.6V，输出低电平一般取 0.4V。不同规格的 TTL 门电路参数可查阅有关手册。当输入信号的数目较少时，对多余输入端的处理一般有以下方法：

表7-9　数字集成电路的主要产品系列

系列	子系列	名称	国标型号	部标型号
TTL	TLL	基本型中速 TTL	CT54/74	T1000
	HTTL	高速 TTL	CT54/74H	T2000
	STTL	超高速 TTL	CT54/74S	T3000
	LSTTL	低功耗 TTL	CT54/74LS	T4000
	ALSTTL	先进低功耗 TTL	CT54/74ALS	
MOS	CMOS	互补场效应管型	CC 4000	C000
	HCMOS	高速 CMOS	CT54/74HC	
	HCMOST	与 TTL 兼容的高速 CMOS	CT54/74HCT	

1）将闲置端悬空（相当于 1 态），这样处理的缺点是易受干扰。

2）将闲置端与信号输入端并接，这样处理的优点是可以提高工作可靠性，缺点是增加前级门的负载电流。

3）通过一个数千欧的电阻将闲置端接到电源 U_{CC} 的正极（相当于高电平 1）。

CMOS 门电路的优点是功耗低，可靠性好，电源电压范围宽，容易和其他电路接口；缺点是工作速度低。常用的 CMOS 门电路除了非门、与非门外，还有 CMOS 传输门，它是一种受电压控制的传输信号的双向开关，逻辑符号如图 7-12 所示。当 C = 1，$\bar{C}$ = 0 时，传输门开启，信号可以在 A-Y 间传输；反之，当 C = 0，$\bar{C}$ = 1 时，传输门关断，信号不能通过。使用 CMOS 组件时应注意安全保护，多余的输入端不能悬空；工作频率不太高时，可将输入端并联使用；工作频率较高时应根据逻辑要求把多余的输入端接 U_{DD} 或 U_{SS}。CMOS 电路的输出端绝不能短路。

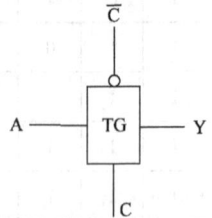

图 7-12　CMOS 传输门的逻辑符号

此外，三态门也是一种常用的集成门电路，它是三状态与非门的简称，它的输出有三种逻辑状态：0 态、1 态和高阻态（禁止状态），三态门的逻辑符号如图 7-13 所示，其中 a 图是高电平使能三态门，它的逻辑功能是：当使能端 E 接高电平时，输入端 A、B 与输出端 Y 之间执行与非逻辑关系，称为三态门的工作状态；当 E 接低电平时，输出呈高阻态，相当于与所连接的电路断开。图 7-13b 是低电平使能三态门，它的逻辑功能是：当使能端 E 为高电平时，三态门处于高阻态；E 为低电平时，三态门处于工作状态。三态门主要用于计算机接口电路。

2. 数字集成门电路外形举例

数字集成电路目前大量采用双列直插式外形封装，也有做成扁平式的，如图 7-14 所示。对于双列直插式电路外引线（又称管脚）的编号判读方法是把标志（凹口）置于左方，逆时针自下而上依次读出外引线编号，如图 7-15 所示，该图表示 CT74LS00 四 2 输入与非门的外引线编号及含义，该集成块内含四个 2 输入端与非门，共用一个电源 V_{CC}（引脚 14）和共用一个接地点 GND（引脚 7），图中 A、B 为各门的输入端，Y 为输出端，其中 1A、1B、1Y，2A、2B、2Y 等为以字头数字区分四个与非门。CT74SL00 有时简称 74LS00 或 LS00。

各种集成电路的功能、型号及外引线排列图在有关手册中均可查得，图 7-16 所示是常见的几个数字集成门电路外引线分布图，其他的本书不再一一枚举。

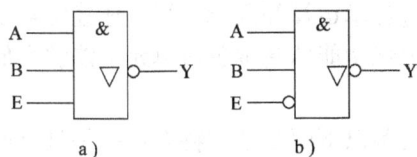

图 7-13　三态门逻辑符号

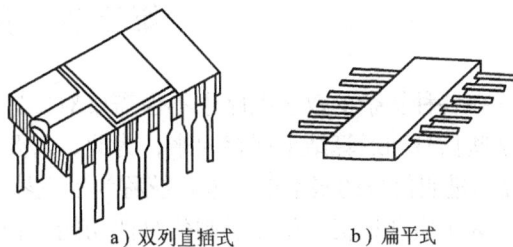

a）双列直插式　　b）扁平式

图 7-14　集成电路的外形

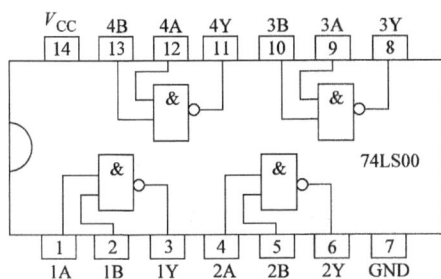

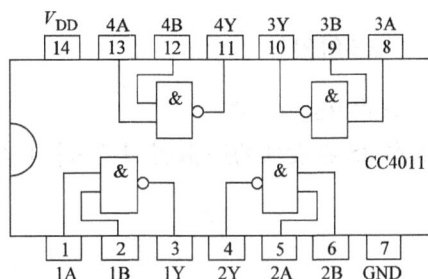

图 7-15　四 2 输入与非门 CT74LS00 外引脚和 CC4011 外引脚

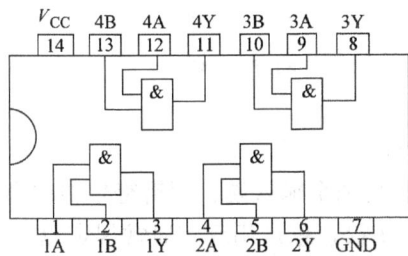

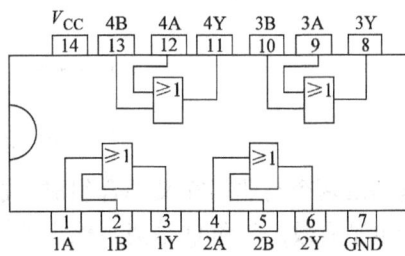

a）74LS08 四 2 输入与门外引线排列图

b）74LS32四 2 输入或门外引线排列图

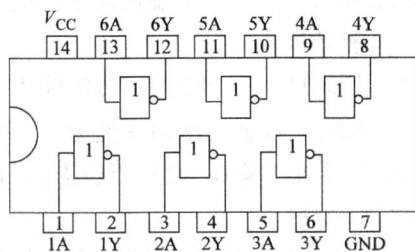

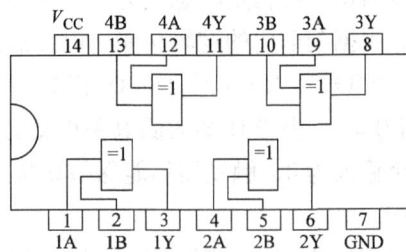

c）74LS04 六非门外引线排列图

d）74LS136四 2 输入异或门外引线排列图

图 7-16　常用集成门电路外引脚

第三节　集成触发器

在各种复杂的数字电路中不但需要对二进制信号进行算术运算和逻辑运算，还经常需要将这些信号和运算结果保存起来，为此，需要使用具有记忆功能的基本逻辑单元。能够存储1位二进制信号的基本单元电路统称为触发器。

为了实现记忆1位二进制信号的功能，触发器必须具备以下两个基本特点：一是具有两个能自行保持的稳定状态，用来表示逻辑状态的0和1；二是根据不同的输入信号可以置成1或0状态。

迄今为止，人们已经研制出许多种触发器电路，按照逻辑功能不同，可分为RS触发器、JK触发器、D触发器和T触发器。

一、RS触发器

1. 基本RS触发器

基本RS触发器的逻辑图和逻辑符号见图7-17。

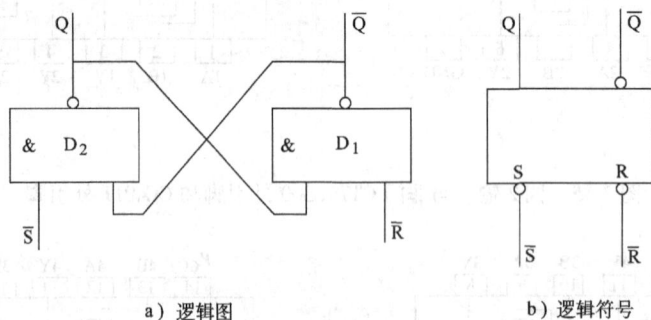

a）逻辑图　　　　　　　　　　b）逻辑符号

图7-17　基本RS触发器

电路由两个与非门交叉耦合组成。逻辑图中S、R是两个输入端，逻辑符号中的小圆圈表示低电平有效。Q和$\overline{Q}$是两个输出端，稳态时Q和$\overline{Q}$状态总是相反，通常规定以Q的状态作为触发器的状态，即Q=0，$\overline{Q}$=1时触发器为0态；Q=1，$\overline{Q}$=0时触发器为1态。

触发器从一种稳定状态变为另一种稳定状态称为状态翻转。当S、R端输入不同的变量组合时，根据与非门的逻辑功能，触发器的状态有以下几种情况：

1）当S=1，R=0时，则D_1门有一个输入端为0，因而$\overline{Q}$=1；此时D_2门的输入全为1，因而Q=0。由于Q端的低电平0又反馈到D_1门的输入端，即使R端由0变为1，D_2门仍有一个输入为0，触发器仍能保持0状态不变。此时触发器处于置0状态（复位态），R称为置0端。

2）当S=0，R=1时，D_2门有一个输入端为0，因而Q=1；此时D_1门的输入全为1，因而$\overline{Q}$=0。同样，由于$\overline{Q}$=0已经馈送到D_2门的输入端，所以即使S端的0撤除，触发器仍处于置1状态（置位态）。S端称为置1端。

3）当S=R=1时，若触发器原状态是Q=0，$\overline{Q}$=1则D_1门输入有0出1，D_2门输入全

1 出 0,此时 Q = 0,$\overline{Q}$ = 1 状态不变。同样,若原状态 Q = 1,$\overline{Q}$ = 0 则 D_1、D_2 门的输出 Q = 1,$\overline{Q}$ = 0 也保持不变。可见,当输入端为高电平时不能改变输出端状态,即触发器状态不变。

4)当 S = R = 0 时,D_1 门和 D_2 门都因输入有 0 出 1 而暂时为 1 态。但当 S、R 端负脉冲同时消失时,D_1、D_2 门输入端均恢复为 1 态,其输出形成不稳定状态。触发器稳定于何种状态将由某种偶然因素决定。所以,这种状态是不允许的,必须禁止,称为禁止输入组合。

上述表明,基本 RS 触发器用两个输入端分别加有效信号使触发器分别置 0 或置 1,即置位端有效(S = 0,R = 1)可置位(置 1);复位端有效(R = 0,S = 1)可复位(置 0);当有效信号撤除 S 和 R 都保持 1 态(高电平),触发器状态将保持不变,这一性能就是触发器的"记忆"功能或称为存储功能。

基本 RS 触发器逻辑状态表见表 7-10,表中 Q_n 代表输入信号作用前触发器的状态(原态),Q_{n+1} 代表输入信号作用后触发器的状态(新态),×号表示状态不定。

表 7-10 基本 RS 触发器逻辑状态表

S	R	Q_{n+1}
1	1	Q_n
0	1	1
1	0	0
0	0	×

2. 同步 RS 触发器

基本 RS 触发器的输入信号直接控制触发器的翻转,无法从时间上加以控制。在实际应用中常用一个像时钟一样准确的控制信号来确定触发器状态转换的时刻,这样的控制信号通常称为时钟脉冲(简称 CP 脉冲)。具有时钟脉冲控制信号的 RS 触发器称为钟控 RS 触发器,又称同步 RS 触发器。

图 7-18 是同步 RS 触发器逻辑结构图和逻辑符号。

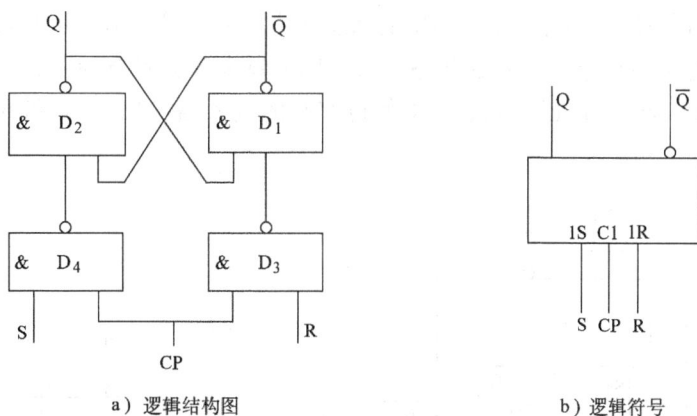

a) 逻辑结构图　　　　　　　　　　b) 逻辑符号

图 7-18 同步 RS 触发器

它由四个与非门构成,其中,D_1、D_2 组成基本 RS 触发器,D_3、D_4 组成控制电路,通常称为控制门。S 端和 R 端分别是置 1 端和置 0 端(高电平有效),统称信号输入端,用来输入触发信号。CP 端是时钟脉冲输入端(高电平有效),用以控制触发器翻转的时刻。

当 CP = 0 时,门 D_3、D_4 被封锁。此时,不管 R 端和 S 端输入为何值,两个控制门的输出均为 1,触发器状态保持不变。

当 CP = 1 时,门 D_3、D_4 打开,触发器的状态由 R、S 决定。具体讲:当 R = 0,S = 0 时,D_3、D_4 输出均为 1,触发器状态保持不变;当 R = 0,S = 1 时,D_3、D_4 输出分别为 1 和

0，触发器状态置成 1 态；当 R = 1，S = 0 时，D_3、D_4 门的输出分别为 0 和 1，触发器状态置成 0 态；当 R = 1，S = 1 时，D_3、D_4 输出均为 0，触发器状态不确定，使用时应避免出现这种情况。

同步 RS 触发器的逻辑功能见表 7-11。表中 Q_n 表示 CP 脉冲到来前触发器的状态(原态)，Q_{n+1} 表示 CP 脉冲到来后触发器的状态(新态)。

表 7-11　同步 RS 触发器逻辑状态表

S	R	Q_{n+1}
0	0	Q_n
0	1	0
1	0	1
1	1	×

二、JK 触发器

从上述分析可看出，同步 RS 触发器是在 CP 为高电平时触发翻转，与基本 RS 触发器相比，对触发器翻转增加了时间控制，但这种翻转只能被控制在 CP = 1 这一时间间隔之内，而不能控制在一个特定的时刻。当 R = S = 1 时，触发器的新态又无法确定，为解决以上问题，我们把两个同步 RS 触发器通过连接组合成主从型 JK 触发器，如图 7-19a 所示。

图中 A_1 称为主触发器，A_2 称为从触发器。主触发器的 S_1 端，分别接收 $\overline{Q}$ 端的反馈信号和 J 端的输入信号，两者逻辑与，即 $S_1 = \overline{Q} \cdot J$。$R_1$ 端分别接收 Q 端的反馈信号和 K 端的输入信号，两者也逻辑与，即 $R_1 = Q \cdot K$。R、S 分别是直接置 0 和置 1 端，用来预置 A_1、A_2 的初始状态。触发器工作时，应使 S = R = 1。时钟脉冲 CP 除直接控制主触发器外，还经过非门 D 去控制从触发器。在时钟脉冲到来之前，CP = 0，$\overline{CP}$ = 1，此时主触发器被封锁，保持原状态不变，而从触发器的状态则由 Q_1 和 $\overline{Q_1}$ 的原状态决定。在时钟脉冲到来时，CP = 1，$\overline{CP}$ = 0，此时主触发器的状态由 S_1、R_1 决定，而从触发器 A_2 被封锁，其状态不变。时钟脉冲下降沿到来时，A_2 接收 Q_1 和 $\overline{Q_1}$ 的状态作为输入信号，由同步 RS 触发器的逻辑功能可知，Q 和 $\overline{Q}$ 的状态与 Q_1 和 $\overline{Q_1}$ 的状态一致，即从触发器的状态随主触发器的状态而定，主从之名由此而来。此时 A_1 已被封锁，即使再有新的输入信号加至 S_1 和 R_1 端也不能改变 A_1 和 A_2 的状态。

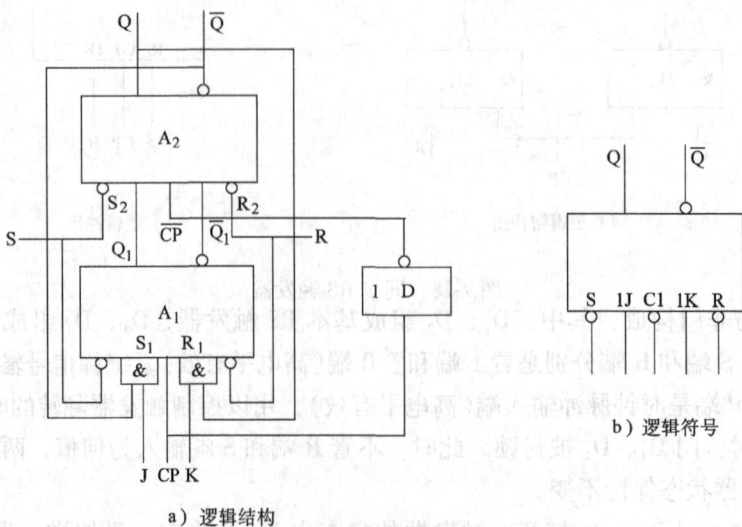

a）逻辑结构

b）逻辑符号

图 7-19　主从型 JK 触发器

由此可见，主从 JK 触发器状态转换分两步完成：CP 上升沿到来时，输入信号存入主触发器并控制主触发器的输出状态；CP 下降沿到来时，从触发器接收主触发器输出状态的触发而输出 0 态或 1 态，这种工作方式称为下降沿触发。主从型 JK 触发器的逻辑符号如图7-19b所示。

此外，在 CP = 1 期间，通常要求 J、K 端输入状态应保持不变。

主从 JK 触发器的逻辑功能有如下四种：

当 J = K = 0 时，主触发器状态保持不变，因而 CP 下降沿到来时，从触发器状态也保持不变，即 $Q_{n+1} = Q_n$。

当 J = 0，K = 1 时，如果 $Q_n = 0$，CP 到达后主触发器为 $Q_{n+1} = 0$，$\overline{Q}_{n+1} = 1$，所以 CP 下跳后，从触发器仍为 0。如果 $Q_n = 1$，CP 到达后，主触发器仍置 0，所以 CP 下跳后，Q 由 1 变为 0。可见，当 J = 0，K = 1 时，不论触发器的原态是 0 还是 1，CP 作用后，触发器的状态总为 0，即 $Q_{n+1} = 0$，$\overline{Q}_{n+1} = 1$。

当 J = 1，K = 0 时，分析与上面类似，只不过结果是 1，即当 J = 1，K = 0 时，不论触发器的原态是 0 还是 1，CP 作用后，触发器的状态总为 1，即 $Q_{n+1} = 1$，$\overline{Q}_{n+1} = 0$。

当 J = K = 1 时，此时主触发器在 CP 到达时的状态由反馈线决定，不难分析其新态总与原态相反，即 $Q_{n+1} = \overline{Q}_n$，所以到 J = K = 1 时，每来一个 CP 触发器就翻转一次。

根据上述分析可得主从 JK 触发器逻辑状态表见表7-12。

表7-12　JK 触发器逻辑状态表

J	K	Q_n	Q_{n+1}	逻 辑 功 能
0	0	0	0	维持原态
0	0	1	1	
0	1	0	0	置0
0	1	1	0	
1	0	0	1	置1
1	0	1	1	
1	1	0	1	翻转
1	1	1	0	

三、D 触发器

主从 JK 触发器有多种逻辑功能，而且 J、K 可以是任意变量组合，因此是一种性能优良用途广泛的触发器，但它有两个输入端，在有些场合仅允许有 1 个输入控制端，我们把 J 端通过一级非门与 K 端相连，这样两个输入端合二为一，如图 7-20 所示，就构成了只有一个输入端的 D 触发器，其逻辑符号如图 7-21 所示。

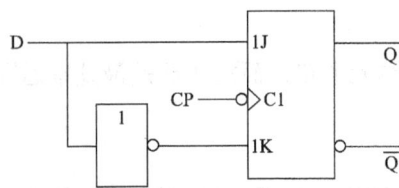

图 7-20　JK 触发器转换成 D 触发器　　　　图 7-21　D 触发器逻辑符号

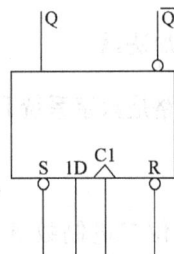

当 D = 1 时，J = 1，K = 0，时钟脉冲下降沿到来时触发器状态置 1，即 $Q_{n+1} = 1$；当 D = 0 时，J = 0，K = 1，时钟脉冲下降沿到来时触发器状态置 0，即 $Q_{n+1} = 0$。

可见，在 CP 作用后触发器的状态取决于 CP 作用时 D 的值，即 $Q_{n+1} = D$，其逻辑状态表 7-13。

表 7-13　D 触发器逻辑状态表

D	Q_{n+1}	逻辑功能
0	0	置0
1	1	置1

D 触发器可在 CP 下降沿时触发，也可在 CP 上升沿时触发，图 7-21 所示的 CP 控制器端没有标小圆圈，即为上升沿触发的维持阻塞 D 触发器，它经常用来构成移位寄存器。

四、T 触发器

T 触发器是把主从型 JK 触发器的 J、K 端连在一起构成的，如图 7-22 所示，图 7-23 是它的逻辑符号。

当 T = 1 时，每来一次时钟脉冲，触发器状态就翻转一次，即 $Q_{n+1} = \overline{Q_n}$；当 T = 0 时，触发器的状态保持不变，即 $Q_{n+1} = Q_n$。表 7-14 为 T 触发器逻辑状态表。

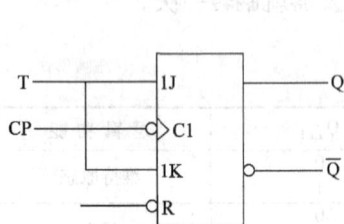

图 7-22　JK 触发器转换成 T 触发器　　图 7-23　T 触发器逻辑符号

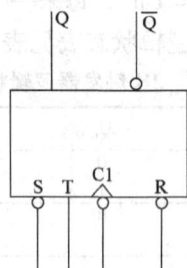

表 7-14　T 触发器逻辑状态表

T	Q_{n+1}	逻辑功能
0	Q_n	维持原态
1	$\overline{Q_n}$	计数

第四节　基本数字部件

数字电路主要有两大重要组成部分。一个是组合逻辑电路，其特点是输出状态与输入状态呈即时性，电路无记忆功能，在任一时刻，此电路的输出状态，仅取决于该时刻各输入状态的组合，而与电路的原状态无关，常见的基本数字部件有加法器和译码器等；另一类是时序逻辑电路，其特点是，电路的输出状态不仅取决于当时的输入信号，而且与电路原来的状态有关，具有记忆功能，如寄存器、计数器等。

一、二进制加法器

算术运算电路是数字系统和计算机中不可缺少的单元电路，而加法器是最基本运算单元电路。

1. 半加器

完成两个一位二进制数 A 和 B 相加的数字电路称为半加器，半加器真值表如表 7-15 所示。表中，A 和 B 分别表示被加数和加数，S 表示半加和，C 表示进位位。半加器由异或门和与门组成，其逻辑结构和逻辑符号如图 7-24 所示。

表 7-15 半加器逻辑真值表

输 入		输 出	
A	B	C	S
0	0	0	0
0	1	0	1
1	0	0	1
1	1	1	0

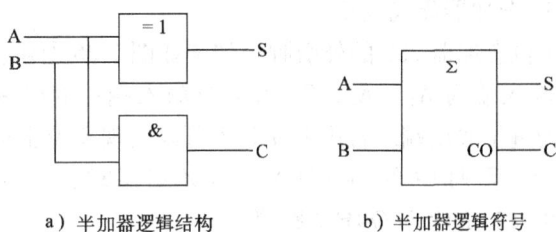

a) 半加器逻辑结构　　　　b) 半加器逻辑符号

图 7-24 半加器

2. 全加器

完成两个一位二进制数 A_i 和 B_i 本位及来自相邻低位的进位 C_{i-1} 相加的数字电路称为全加器，其逻辑结构图和逻辑符号如图 7-25 所示。

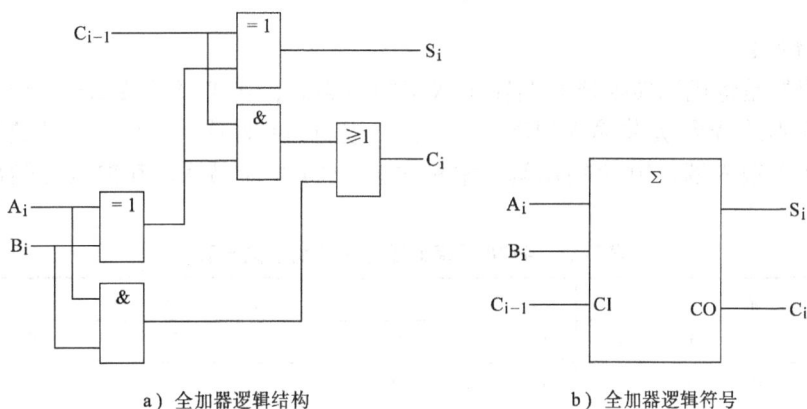

a) 全加器逻辑结构　　　　b) 全加器逻辑符号

图 7-25 全加器

可见全加器有两个输入端，其中 A_i、B_i 为本位两个二进制数的输入端，C_{i-1} 为低位向本位进位的输入端，S_i 与 C_i 分别为本位和的输出端与进位输出端。全加器的逻辑状态见表 7-16。

表 7-16 全加器逻辑状态表

输 入			输 出	
C_{i-1}	A_i	B_i	C_i	S_i
0	0	0	0	0
0	0	1	0	1
0	1	0	0	1
0	1	1	1	0
1	0	0	0	1
1	0	1	1	0
1	1	0	1	0
1	1	1	1	1

3. 全加器集成电路

4 位全加器 283 的外引脚排列图如图 7-26 所示。

输入端为 $A_1 \sim A_4$，C_0 为进位输入端；输出端为 $F_7 \sim F_4$，FC_4 为进位输出端。若用两片 283 可以实现 8 位全加器。283 包括 TTL 系列中的 54/74283、54/74LS283、54/74S283、54/74F283 和 CMOS54/74HC283 等。

除了加法运算电路外，还有其他的一些算术运算电路，如减法器、乘法器、ALC 算术/逻辑单元电路等，此处不再一一介绍。

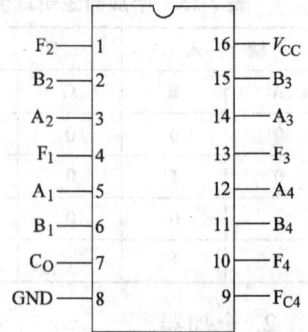

图 7-26　4 位全加器 283 外引脚排列图

二、译码器

把二进制代码代表的特定含义翻译出来的过程称为译码，完成译码功能的数字电路称之为译码器。

1. 通用译码器

通用译码器是将代码转换成电路输出状态的译码器，其代表产品二——十进制译码器（又称为 BCD 码译码器）是将输入的每一组 4 位二进制码翻译成对应的 1 位十进制数，此种译码器都有 4 个输入端，10 个输出端，常称之为 4/10 线译码器，其输入与输出的关系见表 7-17。

表 7-17　4/10 线译码器输入与输出关系表

对应十进制数	输入				输出									
	B_3	B_2	B_1	B_0	Y_0	Y_1	Y_2	Y_3	Y_4	Y_5	Y_6	Y_7	Y_8	Y_9
0	0	0	0	0	0	1	1	1	1	1	1	1	1	1
1	0	0	0	1	1	0	1	1	1	1	1	1	1	1
2	0	0	1	0	1	1	0	1	1	1	1	1	1	1
3	0	0	1	1	1	1	1	0	1	1	1	1	1	1
4	0	1	0	0	1	1	1	1	0	1	1	1	1	1
5	0	1	0	1	1	1	1	1	1	0	1	1	1	1
6	0	1	1	0	1	1	1	1	1	1	0	1	1	1
7	0	1	1	1	1	1	1	1	1	1	1	0	1	1
8	1	0	0	0	1	1	1	1	1	1	1	1	0	1
9	1	0	0	1	1	1	1	1	1	1	1	1	1	0

四—十线译码器的典型产品有 74LS42，如图 7-27 所示，应**注意**的是，74LS42 的输入采用原码形式，所用码制是 8421BCD 码，而输出采用的却是反码形式。

2. 显示译码器

显示译码器是将数字或文字的代码译出，并驱动显示器显示出数字文字符号的一种功能器件。目前使用较多的是分段式显示器，其显示方式是通过 7 段显示器完成 0~9 十个字形的显示过程。7 段显示器显示段布置及字形组合如图 7-28 所示。为了将代码所表示的十进制数字显示出来，必须通过译码器使其对应的数字段点亮，例如，8421 码的 0101 代码，对应十进制数为 5，则译码器应使 a、c、d、f、g 点亮，即它们对应的输出端有信号输出。

表 7-18 是 8421 十进制编码七段译码器的字段控制要求，其中√表示该灯亮。

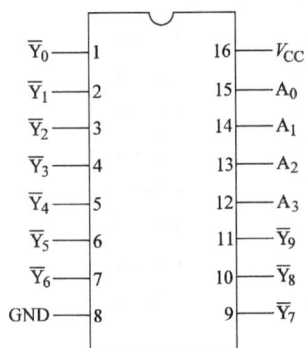

图 7-27　74LS42 外
引脚排列图

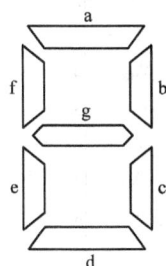

图 7-28　7 段
显示器

表 7-18　8421 十进制编码七段译码器的字段控制要求

代码				字段	a	b	c	d	e	f	g
Q_D	Q_C	Q_B	Q_A	十进制数							
0	0	0	0	0	√	√	√	√	√	√	
0	0	0	1	1		√	√				
0	0	1	0	2	√	√		√	√		√
0	0	1	1	3	√	√	√	√			√
0	1	0	0	4		√	√			√	√
0	1	0	1	5	√		√	√		√	√
0	1	1	0	6	√		√	√	√	√	√
0	1	1	1	7	√	√	√				
1	0	0	0	8	√	√	√	√	√	√	√
1	0	0	1	9	√	√	√	√		√	√

中规模集成七段显示器有 74LS48，T337 等，图 7-29 是 BCD 码七段显示译码器 74LS48
外引脚排列图。

三、编码器

把若干位二进制数码 0 和 1，按一定规律进行编排，组成不同的代码，并且赋予每组代码以特定的含义，叫做编码。编码是译码的反过程。实现编码功能的数字电路称之为编码器。图 7-30 是 3 位二进制优先编码器 74LS148 外引脚排列图，其真值表如表 7-19。

四、寄存器

用来存储数码的逻辑部件称为寄存器，它被广泛地用于各类数字系统和数字计算机中。凡是具有记忆功能的触发器都能寄存数码。一个触发器可存放一位二进制数码，因此 n 个触发器就可存放 n 位数码。

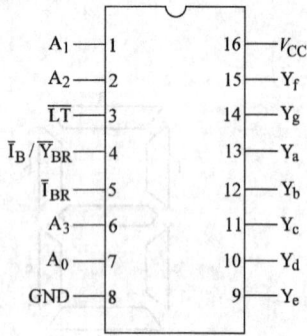

图 7-29　BCD 码七段显示译码器
74LS48 外引脚排列图

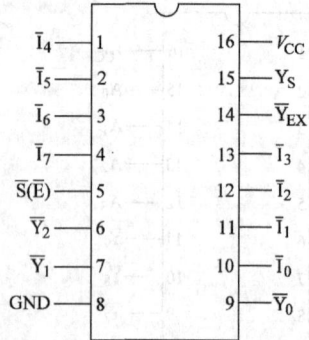

图 7-30　3 位二进制优先编码器
74LS148 外引脚排列图

表 7-19　优先编码器 74LS148

输入使能	输 入								输 出			扩展输出	输出使能
$\overline{S}(\overline{E})$	$\overline{I}_7$	$\overline{I}_6$	$\overline{I}_5$	$\overline{I}_4$	$\overline{I}_3$	$\overline{I}_2$	$\overline{I}_1$	$\overline{I}_0$	$\overline{Y}_2$	$\overline{Y}_1$	$\overline{Y}_0$	$\overline{Y}_{EX}$	$\overline{Y}_S$
1	×	×	×	×	×	×	×	×	1	1	1	1	1
0	1	1	1	1	1	1	1	1	1	1	1	1	0
0	0	×	×	×	×	×	×	×	0	0	0	0	1
0	1	0	×	×	×	×	×	×	0	0	1	0	1
0	1	1	0	×	×	×	×	×	0	1	0	0	1
0	1	1	1	0	×	×	×	×	0	1	1	0	1
0	1	1	1	1	0	×	×	×	1	0	0	0	1
0	1	1	1	1	1	0	×	×	1	0	1	0	1
0	1	1	1	1	1	1	0	×	1	1	0	0	1
0	1	1	1	1	1	1	1	0	1	1	1	0	1

寄存器按其功能不同，可分为数码寄存器和移位寄存器。

1. 数码寄存器

存放数码的组件称为数码寄存器，简称寄存器。图 7-31 是由四个 D 触发器组成的四位数码寄存器。四个触发器的时钟脉冲输入端连在一起受时钟脉冲的同步控制。$D_0 \sim D_3$ 是寄

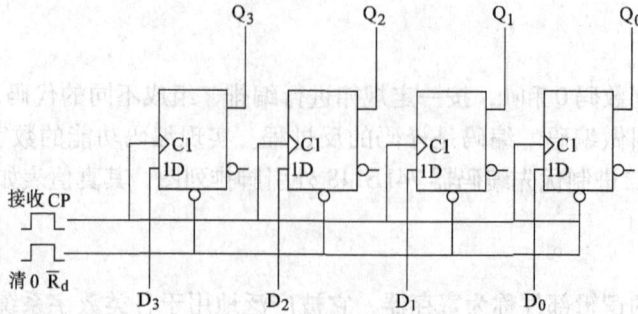

图 7-31　D 触发器组成的四位寄存器

存器并行的数据输入端，输入四位二进制数码；$Q_0 \sim Q_3$ 是寄存器并行输出端，输出四位二进制数码。

若要将四位二进制数数码 $D_0 D_1 D_2 D_3 = 1011$ 存入寄存器中，只要在时钟脉冲 CP 输入端加时钟脉冲。当 CP 上升沿出现时，触发器的输出端 $Q_0 Q_1 Q_2 Q_3 = D_0 D_1 D_2 D_3 = 1011$，于是这四位二进制数码便同时存入四个触发器中，当外部电路需要这组数据时，可从 $Q_0 Q_1 Q_2 Q_3$ 端读出。若需清除寄存器中原有数码，可在清零端加一负脉冲，使各触发器置 0 态。但因为 D 触发器的状态由 D 端的电平来决定，所以事先不用清零也可以。

这种数码寄存器称为并行输入、并行输出数码寄存器，这种输入方式就是将数码从对应的输入端同时输入到寄存器中，并行输出的数码在对应的输出端上同时出现。

2. 移位寄存器

在数字电路系统中，由于运算的需要，常常要求寄存器中输入的数码能逐位移动，这种具有数码移位功能的寄存器称为移位寄存器，它分单向移位(左移或右移)和双向移位(既能左移也能右移)寄存器两大类。

图 7-32 所示是由 D 触发器组成的四位串入—串/并出左移位寄存器。所谓串行输入方式是将数码从一个输入端逐位输入到寄存器中，而串行输出是指数码在末位输出端逐位出现。图中 D_0 为串行输入端，Q_3 为串行输出端，Q_3、Q_2、Q_1 和 Q_0 为并行输出端。各触发器的 CP 均相同，其状态方程为

$$Q_0^{n+1} = D_0 = D$$
$$Q_1^{n+1} = D_1 = Q_0^n$$
$$Q_2^{n+1} = D_2 = Q_1^n$$
$$Q_3^{n+1} = D_3 = Q_2^n$$

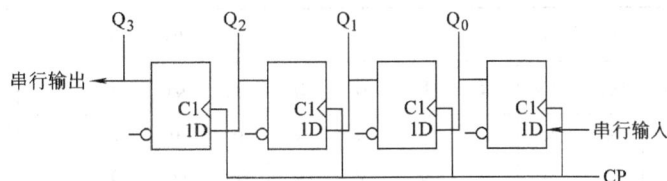

图 7-32　用 D 触发器组成的四位左移寄存器

假设各触发器的初始状态都为 0，若要寄存数码"1011"，则可由串行输入端 D_0 输入一组与移位脉冲 CP 同步的串行数码"1011"，则 Q_3、Q_2、Q_1、和 Q_0 的状态转换表如表 7-20 所示。显然：经过四个移位脉冲作用后，四位串行输入数码"1011"全部被送入移位寄存器，由 $Q_3 Q_2 Q_1 Q_0$ 端并行输出，实现了将串行码、转换成并行码的逻辑功能；当需要串行输出时，则 Q_3 端可作为串行输出端，再送入三个移位脉冲，移位寄存器中存放的四位数码"1011"就可由 Q_3 端全部移出，实行串入—串出的逻辑功能。

3. 寄存器集成电路

常用的中规模集成数码寄存器有四位、八位等多种类型。例如四位数码寄存器有 T451、T3175 等，八位数码寄存器有 T4373、T4377 等。图 7-33 是带有清除端的四位寄存器 74LS175，它由四个 D 触发器组成，表 7-21 是 74LS175 逻辑功能表。

表7-20　状态转换表

移位脉冲 CP	Q_3	Q_2	Q_1	Q_0	输入数据 D
初始	0	0	0	0	1
1	0	0	0	1	0
2	0	0	1	0	1
3	0	1	0	1	1
4	1	0	1	1	
并行输出	1	0	1	1	

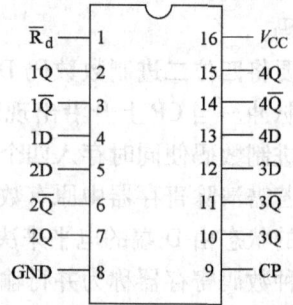

图 7-33　四位寄存器 74LS175 外引脚排列图

表 7-21　四位寄存器 74LS175 功能表

$\overline{R}_d$	CP	D	Q	$\overline{Q}$	$\overline{R}_d$	CP	D	Q	$\overline{Q}$
0	×	×	0	1	1	↑	0	0	1
1	↑	1	1	0	1	0	×	保 持	

　　集成移位寄存器是由触发器再加上一些控制门组成，常用的有四位和八位移位寄存器。图 7-34 是四位双向移位寄存器 74LS194，在其控制端加不同的电平，可实现左移、右移、并行置数，保持存数和清 0 功能表 7-22 是 74LS194 功能表。

表 7-22　四位双向移位寄存器 74LS194 功能表

$\overline{R}_d$	S_1	S_0	CP	D_{SL}	D_{SR}	A	B	C	D	Q_A	Q_B	Q_C	Q_D	功能说明
0	×	×	×	×	×	×	×	×	×	0	0	0	0	清0
1	×	×	0	×	×	×	×	×	×	Q_A	Q_B	Q_C	Q_D	保持
1	1	1	↑	×	×	a	b	c	d	a	b	c	d	并行送数
1	0	1	↑	×	1	×	×	×	×	1	Q_A	Q_B	Q_C	}右移
1	0	1	↑	×	0	×	×	×	×	0	Q_A	Q_B	Q_C	
1	1	0	↑	1	×	×	×	×	×	Q_B	Q_C	Q_D	1	}左移
1	1	0	↑	0	×	×	×	×	×	Q_B	Q_C	Q_D	0	
1	0	0	×	×	×	×	×	×	×	Q_A	Q_B	Q_C	Q_D	保持

五、计数器

　　在数字系统中使用最多的时序电路就是计数器。计数器不仅能用于对时钟脉冲计数，还可以用于分频、定时、产生节拍脉冲和进行数字运算等。

　　计数器若按各个计数单元动作的次序划分，可分为同步计数器和异步计数器；若按进制方式不同划分，可分为二进制计数器、十进制计数器以及任意进制计数器；若按计数过程中数字的增减划分，可分为加法计数器、减法计数器和加减均可的可逆计数器。

1. 异步二进制加法计数器

图 7-35 是用四个主从 JK 触发器组成的四位二进制加法计数器逻辑图。

图中各触发器的 J 端和 K 端都悬空，相当于 1，由特性方程 $Q^{n+1} = J\overline{Q^n} + \overline{K}Q^n$ 知，当时钟脉冲负跳变到来时，触发器的状态翻转。图中低位触发器的 Q 接至高位触发器的 C1 端，因此当低位触发器由 1 态变为 0 态时，Q 就输出一个负跳变电压。假设在计数之前，各触发器的置零端 $\overline{R_D}$ 加负脉冲，使所有触发器都处于 0 态，即 $Q_3Q_2Q_1Q_0 = 0000$，当计数脉冲 CP 输入后，各触发器状态的变化及计数情况见表 7-23 所示。

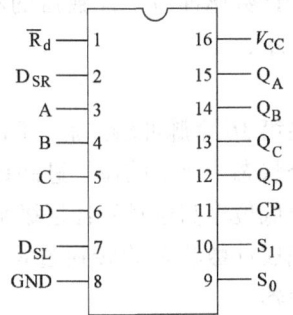

图 7-34 四位双向移位寄存器 74LS194 外引脚排列图

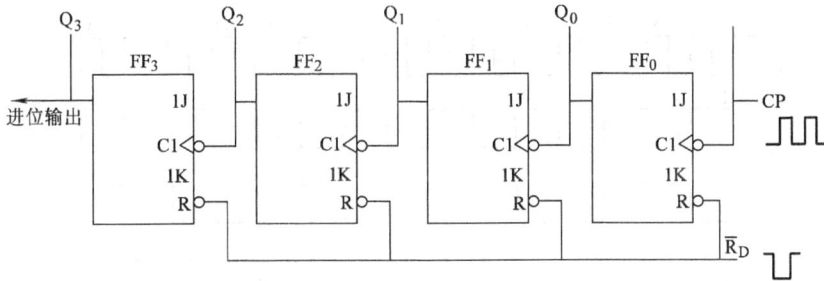

图 7-35 用 JK 触发器组成的异步二进制四位加法计数器

表 7-23 四位二进制加法计数器状态表

输入脉冲序号	Q_3	Q_2	Q_1	Q_0	输入脉冲序号	Q_3	Q_2	Q_1	Q_0
0	0	0	0	0	8	1	0	0	0
1	0	0	0	1	9	1	0	0	1
2	0	0	1	0	10	1	0	1	0
3	0	0	1	1	11	1	0	1	1
4	0	1	0	0	12	1	1	0	0
5	0	1	0	1	13	1	1	0	1
6	0	1	1	0	14	1	1	1	0
7	0	1	1	1	15	1	1	1	1

由表 7-23 可知，当第 1 个脉冲输入后 FF$_0$ 由 0 态变为 1 态，即 Q_0 由 0 变 1，Q_1、Q_2、Q_3 因没有触发脉冲输入，均保持 0 态；当第 2 个脉冲输入后 FF$_0$ 由 1 态变为 0 态，即 Q_0 由 1 变 0，所产生的脉冲负跳变使 FF$_1$ 随之翻转，由 0 变 1。但 Q_1 端由 0 变为 1 的正跳变无法使 FF$_3$ 翻转，故 Q_2、Q_3 均保持 0 态。

依次类推，每输入一个计数脉冲，FF$_0$ 翻转一次；每输入两个计数脉冲，FF$_1$ 翻转一次，每输入四个计数脉冲，FF$_2$ 翻转一次；每输入八个计数脉冲，FF$_3$ 翻转一次。所以输入十五个计数脉冲后，计数器的状态则为"1111"。显然，计数器所累计的输入脉冲数可用下式表示：

$$N = Q_3 \times 2^3 + Q_2 \times 2^2 + Q_1 \times 2^1 + Q_0 \times 2^0$$

在第 16 个脉冲输入后，四个触发器又复位到 0 态，可见一个四位二进制计数器共有 $2^4 = 16$ 个状态，所以四位二进制计数器可组成一位十六进制计数器。又因为从计数脉冲输入到完成由低位至高位触发器逐级翻转，输出计数结果，其间有一段逐级触发的延迟时间，即计数器完成计数状态的转换过程与输入的计数脉冲是不同步的，所以这种计数器又称为异步计数器。

各级触发器的状态可用波形图表示，如图 7-36 所示。由图示波形可以看出，每个触发器状态波形的频率为其相邻低位触发器状态波形频率的二分之一，即对输入脉冲进行二分频。所以，相对于计数输入脉冲而言，FF_0、FF_1、FF_2、FF_3 的输出脉冲分别是二分频、四分频、八分频、十六频，由此可见 N 位二进制计数器具有 2^n 分频功能，可作分频器使用。

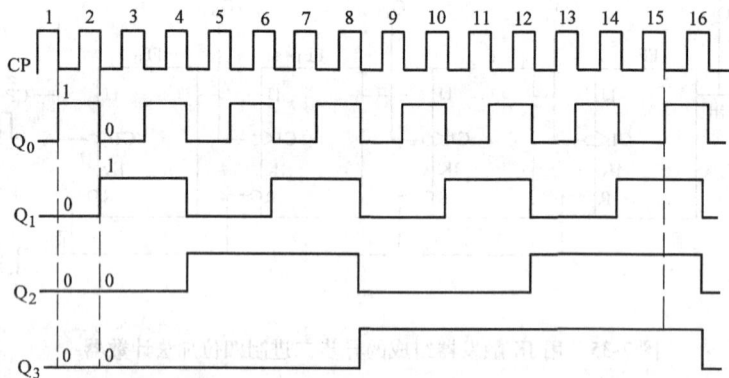

图 7-36　各级触发器的波形图

2. 集成计数器

目前使用的集成计数器有多种型号，图 7-37 是 SN7490A 型二—五—十进制集成计数器的外引线排列图。它兼有二进制、五进制和十进制三种计数功能。当十进制计数时，又有 8421BCD 和 5421BCD 码选用功能，表 7-24 是它的功能表。

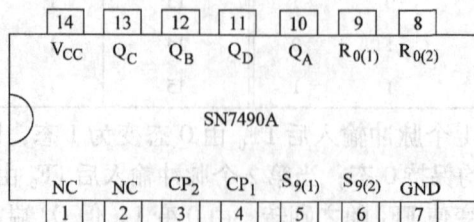

图 7-37　SN7490A 二—五—十进制
集成计数器外引线排列图

表 7-24　SN7490A 功能表

输　　入				输　　出			
$R_{0①}$	$R_{0②}$	$S_{9①}$	$S_{9②}$	Q_A	Q_B	Q_C	Q_D
1	1	0	×	0	0	0	0
1	1	×	0	0	0	0	0
×	×	1	1	1	0	0	1
×	0	×	0				
0	×	0	×		计　　数		
0	×	×	0				
×	0	0	×				

外部接线	① 将 Q_A 和 CP_2 连接执行 8421 BCD 码 ② 将 Q_D 和 CP_1 连接执行 5421 BCD 码

使用说明：

（1）编码选择　若 Q_A 与 CP_2 连接，计数脉冲从 CP_1 输入执行 8421BCD 编码；若 Q_D 与 CP_1 连接，计数脉冲从 CP_2 输入执行 5421BCD 编码。表 7-25 和表 7-26 为两种编码的真值表。

表 7-25　8421BCD 码

计数	输　出				计数	输　出			
	Q_D	Q_C	Q_B	Q_A		Q_D	Q_C	Q_B	Q_A
0	0	0	0	0	6	0	1	1	0
1	0	0	0	1	7	0	1	1	1
2	0	0	1	0	8	1	0	0	0
3	0	0	1	1	9	1	0	0	1
4	0	1	0	0	权	8	4	2	1
5	0	1	0	1					

表 7-26　5421BCD 码

计数	输　出				计数	输　出			
	Q_A	Q_D	Q_C	Q_B		Q_A	Q_D	Q_C	Q_B
0	0	0	0	0	6	1	0	0	1
1	0	0	0	1	7	1	0	1	0
2	0	0	1	0	8	1	0	1	1
3	0	0	1	1	9	1	1	0	0
4	0	1	0	0	权	5	4	2	1
5	1	0	0	0					

（2）进位制选择　若由 CP_1 输入，Q_A 输出，则是二进制计数器；若由 CP_2 输入，$Q_D Q_C Q_B$ 输出，为五进制计数器；将 Q_A 接 CP_2，由 CP_1 输入，$Q_D Q_C Q_B Q_A$ 输出，为 8421BCD 码十进制计数器；若 Q_D 接 CP_1，由 CP_2 输入，$Q_A Q_D Q_C Q_B$ 输出，则为 5421BCD 码十进制计数器。

（3）置0、置9和计数选择　若 $R_{0(1)} = R_{0(2)} = 1$ 且 $S_{9(1)}$ 或 $S_{9(2)}$ 中任一端为 0，则计数器清零；若 $S_{9(1)} = S_{9(2)} = 1$，则计数器置9，处于"1001"状态；用于计数时，$R_{0(1)}$、$R_{0(2)}$ 和 $S_{9(1)}$、$S_{9(2)}$ 均至少有一个为低电平。

（4）电源电压　4.5～5.5V，通常 $V_{CC} = 5V$。

在二、五、十进制的基础上，利用反馈控制置0或置9的方法，将 Q_D、Q_C、Q_B、Q_A 与

$R_{0①}$、$R_{0②}$ 及 $S_{9①}$、$S_{9②}$ 作适当连接,可得到二~十等九种进制的计数的一位。

第五节 半导体存储器

随着微电子技术的飞速发展,在电子计算机以及其他一些数字系统的工作过程中,都需要对大量的数据进行存储。半导体存储器就是一种能存储大量二进制信息的半导体器件,它已经成为数字系统不可缺少的组成部分。

一、概述

半导体存储器可以存放数据、指令以及运算的中间结果等信息,它实际上是大量寄存器按一定规律结合起来的整体。存储器由许多存储单元组成,这些存储单元数目非常庞大,但由于器件的引脚数目却很有限,所以在电路结构上就不可能像寄存器那样把每一个存储单元的输入和输出直接引出。为了解决这一矛盾,在存储器中给每个存储单元编了 1 个地址,只有被输入地址代码指定的那些存储单元才能与公共的输入/输出引脚接通,进行数据的读出或写入。这就好比由许多房间组成的大宾馆,每个房间有一个号码(地址码),每个房间内存储有一定的内容(一个二进制数码)。若该存储器有 10 条地址线,则共有 $2^{10} = 1024$ 个地址单元,若每一个地址单元有 8 位二进制信息,则该存储器的容量为 $2^{10} \times 8$ 位,习惯上 1k 表示 2^{10},8 位称为 1 个字节,该存储器的容量又可称为 1k 字节。

半导体存储器的种类很多,从存、取功能上可分为只读存储器(Read-Only Memory,简称 ROM)和随机存储器(Random Access Memory,简称 RAM)两大类。

二、只读存储器 ROM

只读存储器是存放固定不变信息的存储器,它所存储的信息是预先写入的,一旦写入,信息便固定于存储器内,正常工作时只能读出不能写入,即使断电信息也不会丢失,因此称为只读存储器,简称 ROM。

ROM 通常可分为 3 类:

1)固定 ROM:其存储的信息在生产厂制造时即固定下来,用户不能改变其存储内容。

2)可编程 ROM:又称为 PROM(Programmable ROM),其存储的内容由用户按自己的需要写入,但只能写 1 次,一旦写入便不能再改动。

3)可改写 ROM:又称为 EPROM(Erasable PROM),其所存内容也可由用户写入,而且可以反复擦除再写入。但在电路中正常工作时依然是只读不写。

图 7-38 是 ROM 的原理结构图。它由地址译码器、存储矩阵和输出缓冲器组成。如果地址译码器有 n 条地址线,则有 2^n 个地址单元。若每个地址单元中存放 m 位二进制数,则其存储容量为 $2^n \times m$ 位。存储矩阵由许多存储单元排列而成。存储单元可以用二极管构成,也可以用双极型晶体管或 MOS 管构成。每个单元能存放 1 位二进制代码(0 或 1)。每一个或一组存储单元有一个对应的地址代码。输出缓冲器通常由三态门或 OC 门组成。

地址译码器的作用是将输入的地址代码译成相应的控制信息,利用这个控制信号从存储矩阵中把指定的单元选出,并把其中的数据送到输出缓冲器。

输出缓冲器的作用有两个,一是提高存储器的带负载能力,二是实现对输出状态的三态

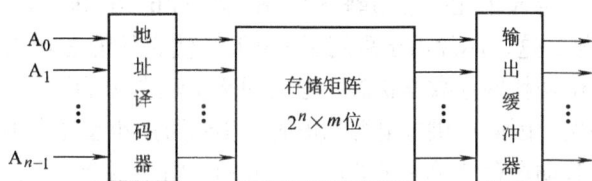

图 7-38　ROM 的原理结构图

控制，以便与系统总线联结。

　　固定 ROM 和可编程 ROM 最大的缺点是，信息一旦写入便不能再次改变。相比较而言，写入信息后还可以反复擦除再写入的 EPROM 则应用更为广泛和方便，其主要集成芯片有 2716($2k \times 8$ 位)，2732($4k \times 8$ 位)，2764($8k \times 8$ 位)，27512($64k \times 8$ 位)等型号，它们可以通过 EPROM 擦洗器产生的强红外线，对 EPROM 芯片的石英玻璃窗口进行照射，从而擦洗芯片原来的内容。另外还有电擦除 ROM，简称 E^2PROM，这种芯片由于内部设置了升压电路，读、写、擦都在 5V 电源下进行，因此它具有可在线进行擦除和编程写入的优点，擦除和写入时不需专用设备，但价格较高。

三、随机存取存储器 RAM

　　随机存取存储器简称 RAM，它可以在工作中随时从任何一个指定地址读出数据，也可以随时将数据写入任何一个指定的存储单元中去，因此这种存储器又称为随机读/写存储器。它的最大优点是读、写方便，使用灵活。但是，它也存在数据易失性的缺点(即一旦停电所存储的数据将随之丢失)。

　　RAM 有双极型和 MOS 型 2 种。MOS 型 RAM 集成度高、功率低、价格便宜，因而得到广泛应用。MOS 型 RAM 按其工作方式不同又分为静态 RAM 和动态 RAM 两类。

　　图 7-39 是 RAM 的原理结构图，它由地址译码器、存储矩阵、三态缓冲器和存储器读写控制逻辑电路组成。

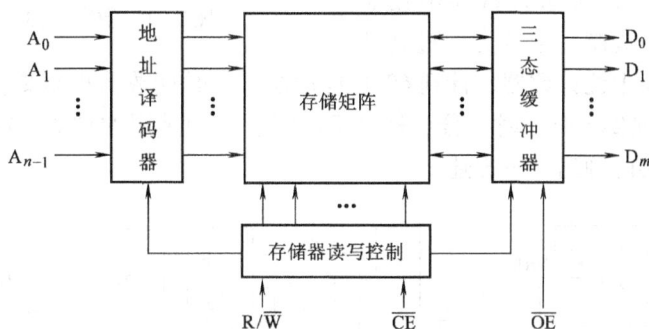

图 7-39　RAM 的原理结构图

　　和 ROM 不同的是，RAM 的数据线是双向的，数据既可以读出又可以写入，并且需要 $R/\overline{W}$ 读写控制信号用于区分读写操作。当 $R/\overline{W}$ 为高电平时 RAM 进行读操作，低电平时进行写操作。$\overline{CE}$ 和 $\overline{OE}$ 分别为片选和输出允许端，都是低电平有效。若 $\overline{CE}$ 和 $\overline{OE}$ 均无效时(即同时为"1")，三态缓冲器的数据线呈高阻状态，该 RAM 芯片与系统数据总线完全隔离。

采用六管 CMOS 静态存储单元的常用静态 RAM 芯片有 6116(2k × 8 位)、6264(8k × 8 位)、62256(32k × 8 位)等型号、这些芯片由于采用了 CMOS，使它的静态功耗很小。当它们的片选信号无效时，立即进入微功耗保存数据状态。这时只需 2V 的电源电压，5 ~ 40μA 的电流，就可保持存储的数据不丢失。因此在供电电源断电时，仍然可用小型锂电池供电，以便长期保存其存储的信息。对于单管动态存储单元虽然增加了外围电路的复杂性，但其单元本身的电路结构简单，功耗低，便于大规模集成，目前 16kb 以上的大容量存储器多为单管动态存储器。

第六节　数字电路应用举例

数字电路的应用很广，本节以带有校时功能的数字闹钟为例，介绍数字系统的概貌。

图 7-40 是数字闹钟显示图，它具有"时"、"分"的十进制数显示，"秒"信号驱动发光二极管，成为将"时"、"分"显示隔开的小数点；计数以 1 昼夜 24h 为 1 周期；具有校时电路(即有预置数功能)，任何时候可对数字闹钟进行校准；计数过程中的任意时间，均能按需起闹，其结构框图如图 7-41 所示。

图 7-40　数字闹钟显示图

由结构框图可知数字闹钟是由标准时间源、计数译码显示器、校时电路和起闹电路四大功能部件组成。各个部件的组成与工作原理如下。

1) 标准时间源产生的秒脉冲是计时的基准信号，要求有高稳定度，通常由晶体稳频振荡器产生，再经分频电路获得，如图 7-42 所示。

2) 计数译码显示器如图 7-43 所示。秒和分计数器分别用 2 位加法计数器串接而成，它们的个位为十进制，十位为六进制计

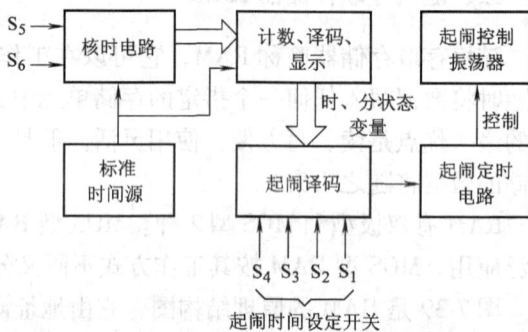

图 7-41　数字闹钟结构框图

数器，个位信号送至十位计数器，计到 60 时自动复零；时计数器也是 2 位加计数器，其模为 24，当计数器计到 24h 时，时、分、秒全部清零。图中采用的均为 T4160 同步十进制加法计数器，具体连接已画出，不再述。

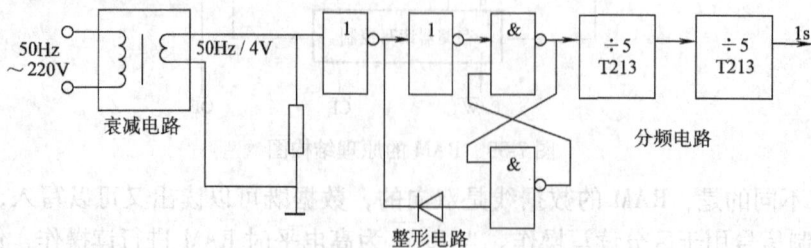

图 7-42　标准时间源组成电路

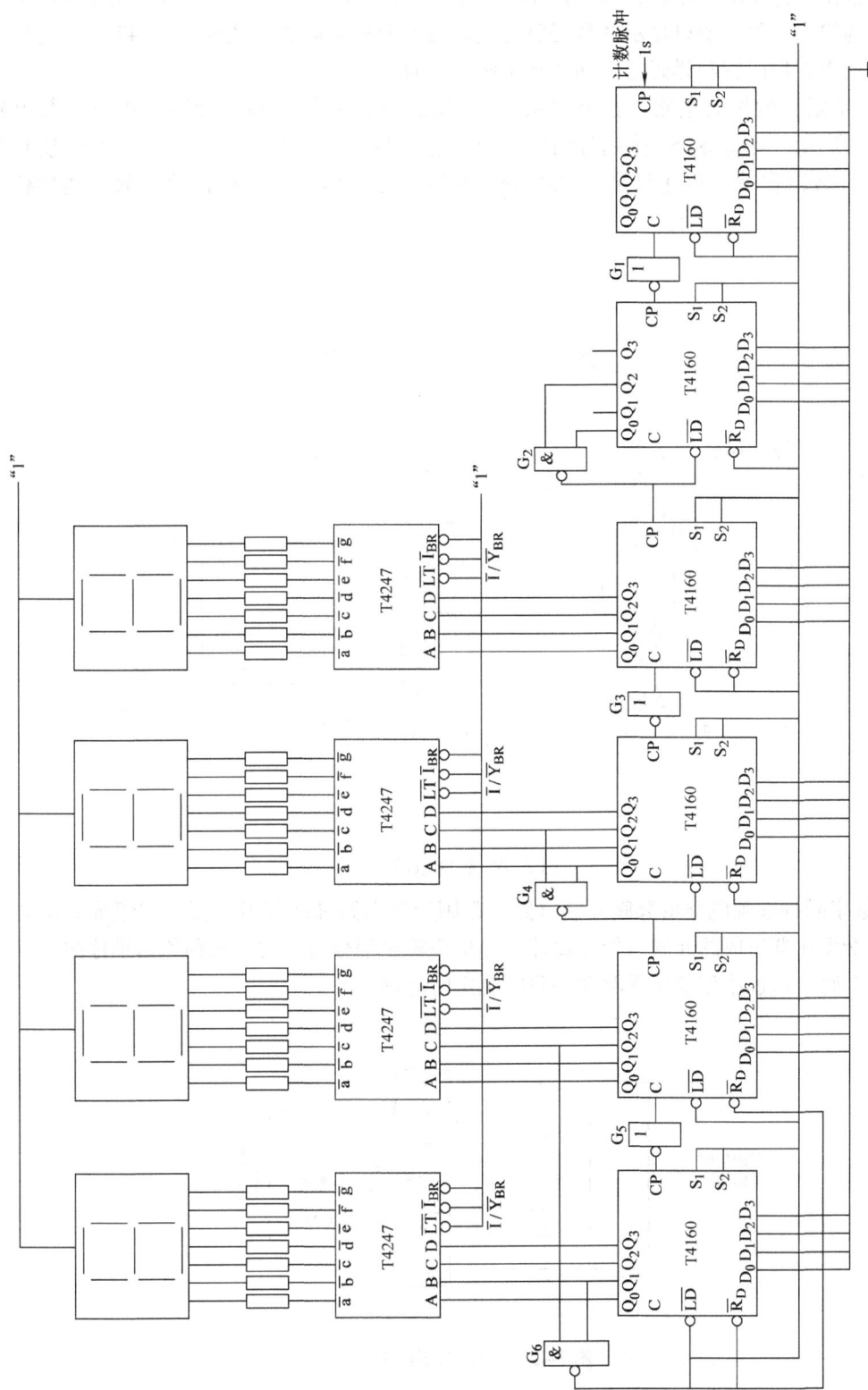

图 7-43　24h 周期的计数、译码、显示电路

译码器由 4 片 T4247 组成，每一片 T4247 驱动 1 只数码管，显示时和分。由于 T4247 是以低电平为输出信号，所以显示的数码管为共阳极的七段数码管。此外，T4247 是集电极开路输出，所以在数码管和译码器之间还加了限流电阻。

3）数字闹钟的校时电路。控制开关 S_5 和 S_6，分别控制时和分计数器校时，其电路如图 7-44 所示。当 S_5 和 S_6 接到计时时，并行信号断开，串行计时；当 S_5 和 S_6 接到校时时，秒计数器保持，停止计数，此时分和时脉冲是秒信号，进行快速计数，达到校时的目的。

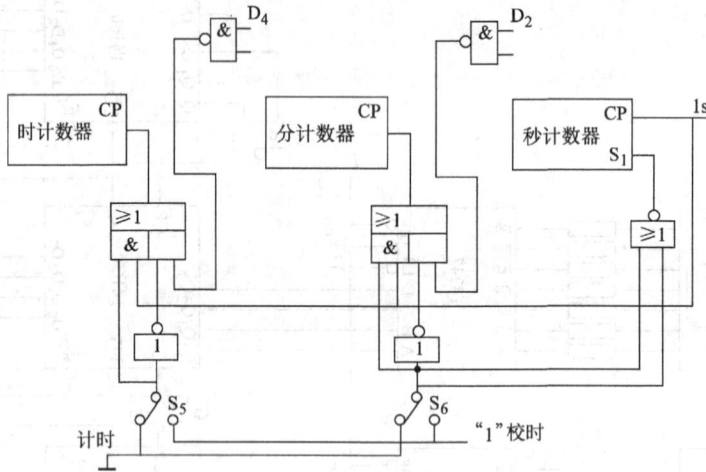

图 7-44　校时电路

4）数字闹钟起闹电路由起闹控制电路、起闹定时电路和起闹可控振荡器组成。图 7-45 是可控多谐振荡组成的起闹可控振荡器，当单稳输出信号为 0 时，振荡器封锁停振；当单稳输出为 1 时，通过小型变压器驱动一只喇叭定时起闹。

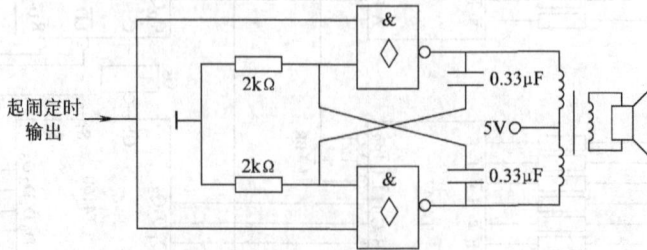

图 7-45　可控多谐振荡器

由以上四大功能部件组装完成的数字闹钟，其逻辑图如图 7-46 所示。

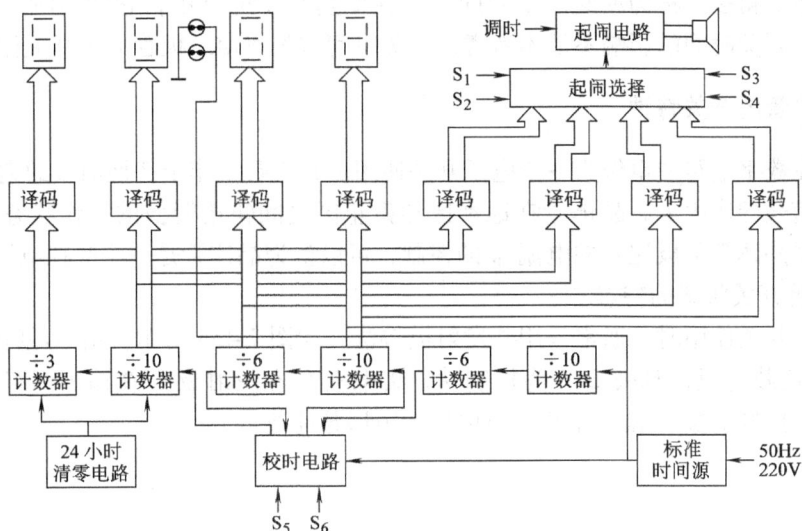

图 7-46　数字闹钟逻辑图

知识拓展与应用七　电子开关简介

一、二极管的开关特性

二极管的主要特性是单向导电性。当二极管两端加正向电压时，二极管导通，呈低阻状态，相当于开关"接通"；当加反向电压时，二极管截止，呈高阻状态，相当于开关"断开"，所以二极管具有开关作用。

1. 二极管的静态特性及开关等效电路

二极管正向导通时，两端电压 u_D 约为 $0.6 \sim 0.7V$，而流过的电流 i_D 由图 7-47 求得：

$$i_D = \frac{u - u_D}{R} \tag{7-1}$$

若外加电压 $U = 20V$，$u_D = 0.7V$，$R = 1k\Omega$，则电流 $i_D = \dfrac{20 - 0.7}{1}$

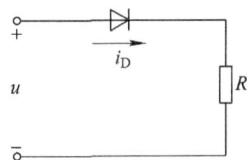

图 7-47　二极管电路

$mA = 19.3mA$。

忽略二极管的正向压降 u_D，则 $i_D = 20mA$，与由式（7-1）计算所得数据的误差为 $0.7mA$。

忽略二极管的导通电压 u_D 及反向饱和电流 I_S（与实际情况误差不大），即将二极管理想化，则

1）$u > 0$，$i_D > 0$ 时，二极管正向导通；

2）$u < 0$，$i_D = 0$ 时，二极管反向截止。

理想化的二极管可等效为开关。

2. 二极管的动态特性和反向恢复时间

二极管作为开关，从截止变为导通或从导通变为截止的过程都需要一定的时间，后者所

花费的时间要长得多，称为反向恢复时间 t_{re}。在低速数字电路中，它的影响不大；在高速数字电路中，开关时间的影响不能不考虑，开关时间过长将使二极管失去开关作用。

二、晶体管的开关特性

晶体管在数字电路中也作为一个电子开关使用。它主要工作于特性曲线的饱和区和截止区。在脉冲信号的作用下，晶体管在饱和区和截止区之间快速转换的工作状态称为开关状态。晶体管受晶体管基极注入的电流 i_B 的控制，可以认为晶体管是一个受控电子开关。

1. 晶体管开关状态的特点

晶体管作开关使用时，通常采用共发射极接法，如图 7-48a 所示。R_B 为基极限流电阻，R_C 为集电极负载电阻，基极 B 作为控制端，集电极 C 和发射极 E 在输出回路中起开关作用，其输入的控制信号 u_i 是一个正、负电压的矩形脉冲波。

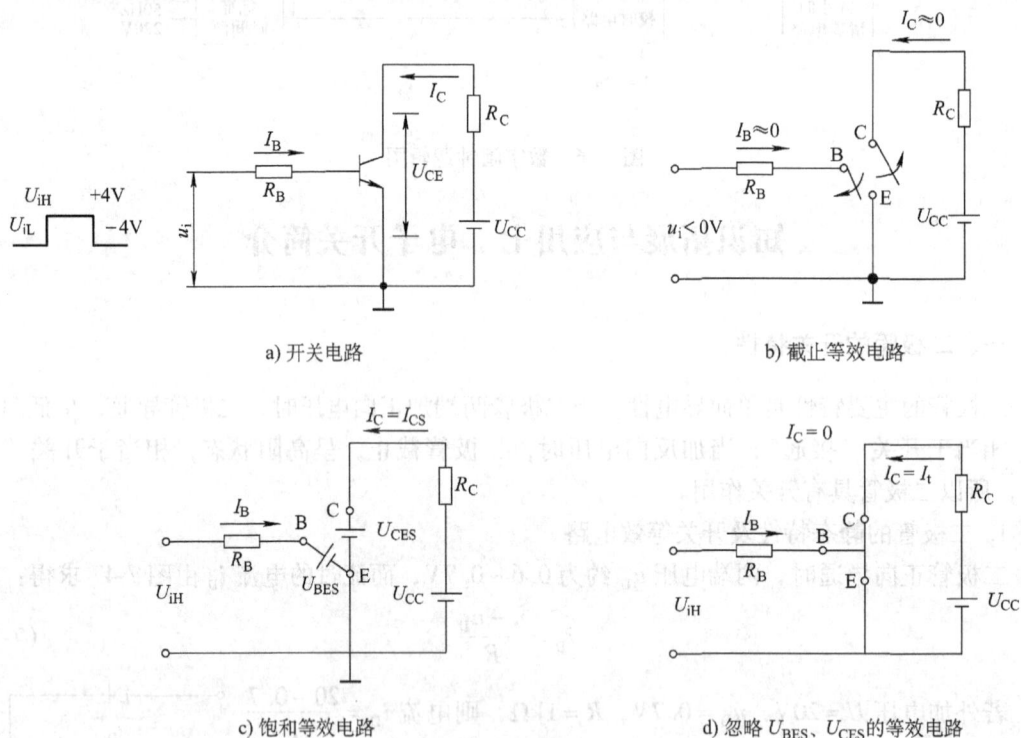

a) 开关电路　　　　　　　　　　　　b) 截止等效电路

c) 饱和等效电路　　　　　　　d) 忽略 U_{BES}、U_{CES} 的等效电路

图 7-48　晶体管开关工作

1）晶体管截止状态

当输入信号 $u_i = U_{iL} = -4V$ 时，晶体管发射结和集电结均为反向偏置，只有很小的反向漏电流 I_{EBO} 和 I_{CBO} 流过两个 PN 结，故 $I_B \approx 0$，$I_C \approx 0$，$U_{CE} \approx U_{CC}$。此时，晶体管工作于截止状态，相当于开关断开，其等效电路如图 7-48b 所示。

在实际应用中，为了提高晶体管截止的可靠性，防止因外界干扰使晶体管脱离截止区，一般都加一定的反向偏压 U_{BEO}，$|U_{BEO}| \approx 0.5 \sim 2V$。

2）晶体管饱和状态

晶体管饱和时的特征是：发射结和集电结均处于正向偏置状态。当晶体管处于临界饱和状态时，NPN 型硅管 $U_{CES} = 0.3V$，$U_{BES} = 0.7V$，集电极临界饱和电流 $I_{CS} = \dfrac{U_{CC} - U_{CES}}{R_C} \approx \dfrac{U_{CC}}{R_C}$，临界饱和基流 $I_{BS} = \dfrac{I_{CS}}{\beta} = \dfrac{U_{CC}}{\beta R_C}$。

晶体管饱和的条件是：

$$I_B \geqslant I_{BS}$$

当输入信号 $u_i = U_{iH}$ 时，晶体管发射结处于正向偏置，其导通电压 $U_{BE} = 0.7V$（硅管），此时流入基极的电流 $I_B = \dfrac{U_{iH} - U_{BE}}{R_B} \approx \dfrac{U_{iH}}{R_B}$。

晶体管工作于饱和状态时，其饱和等效电路如图 7-48c 所示。集电极 C 和发射极 E、基极 B 和发射极 E 均相当于开关闭合。

2. 晶体管的开关时间

在数字电路中，晶体管在输入脉冲信号的控制下，在截止和饱和两个状态之间不断转换。与二极管一样，状态转换是需要时间的，这个时间称为晶体管的开关时间。

三、光电控制报警与照明装置电路

光电控制报警与照明装置很适合在库房中使用。一旦库房发生盗窃案件，不但起动电灯照明而且铃声大响，如图 7-49 所示。该装置的照明原理：P、G 分别与库房的门鼻相连接。关门时，P、G 两点被锁短接，开关晶体管 VT 截止，继电器 KM1 和 KM2 失电触头断开，照明灯关闭。当进库房开门后，P、G 两点断开。此时若是白天，由于光敏电阻 RG 的阻值很小（仅约 2kΩ），晶体管 VT 不会导通，KM1、KM2 断电，切断库房供电电路，灯不亮。若是夜晚进入库房，RG 的阻值增至 1MΩ 以上，VT 则由截止跃变为饱和导通，KM1 和 KM2 得电，接通库房照明供电电路，灯亮。

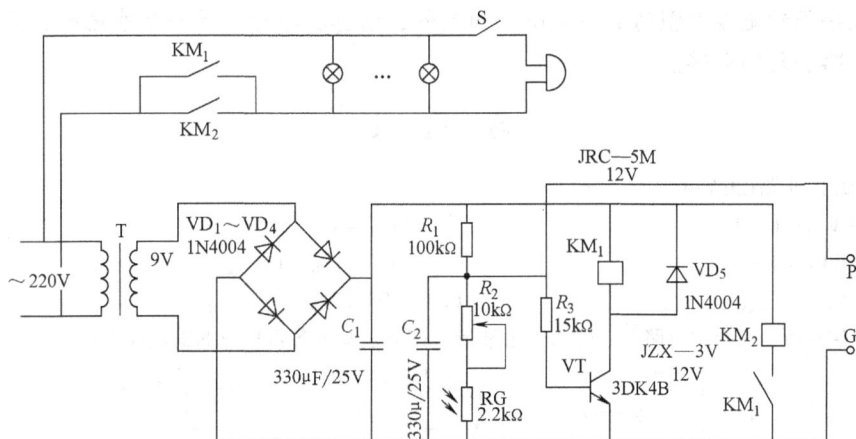

图 7-49　光电控制报警与照明装置电路原理图

该装置的防盗报警作用与原理如下：保管人员下班后，接通开关 S。当夜间小偷撬锁开门时，P、G 两点断开，VT 导通使 KM1、KM2 吸合，从而接通照明供电电路，不仅灯亮，同时使电铃发出警报。

本 章 小 结

本章主要介绍了数字电路的有关内容，包括数字电路的基本概述、组成数字电路的基本逻辑门和集成触发器、常用数字部件及其应用举例。

一、数字电路的工作信号是一种离散的信号，称为数字信号。在电路中，它往往表现为突变的电压和电流。数字电路中主要采用二进制数。二进制代码不仅可以表示数值，而且还可以表示文字和符号。

二、门电路和触发器是构成各种复杂数字电路的基本逻辑单元。最简单的与门、或门、非门不仅可以反映输入、输出之间最简单的逻辑关系，而且可以组成其他复合门。目前应用最广的两类集成门电路是 TTL 和 CMOS 门电路，它们的外特性各有不同。而触发器逻辑功能的共同特点是可以保存一位二进制信息，但由于输入方式以及触发器状态随输入信号变化的规律不同，各种触发器在具体的逻辑功能上有所差别，故又分成了 RS、JK、T、D 等几种类型。

三、常用组合逻辑电路有加法器、译码器和编码器等。加法器用于实现最基本的算术运算，编码器和译码器逻辑功能相反，在数字系统中经常配合使用。常用时序电路数字部件有寄存器、计数器等。寄存器主要用于暂存数据，移位寄存器还可以使数据左移或右移。计数器是一种最重要的时序逻辑部件，通常按状态转换与时钟的关系可分为同步和异步计数器；按计数进制可分为二进制、十进制和 N 进制计数器；按照计数值的递增或递减可分为加法和减法计数器。

四、半导体存储器是一种能存储大量数据或信号的半导体器件，主要采用了按地址存放数据的方法。从读、写的功能上，把存储器分成只读存储器(ROM)和随机存储器(RAM)两大类。

五、数字闹钟是最典型的数字电路应用实例，它包括秒脉冲计时基准电路、计数译码电路、校时电路和起闹电路。

习 题 七

7-1　完成下列数制的转换

1. $(11101)_B = ($　$)_D$
2. $(34)_D = ($　$)_B$
3. $(1100110)_B = ($　$)_H$
4. $(AF.16C)_H = ($　$)_B$
5. $(586)_D = ($　$)_{8421BCD}$
6. $(1100101)_B = ($　$)_{8421BCD}$

7-2　图7-50所示三个门电路及其输入信号波形，试分别画出各自相应的输出波形。

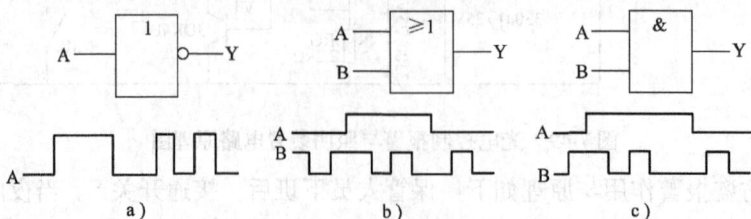

图 7-50　习题7-2图

7-3　电路如图 7-51 所示，试写出逻辑函数 F 表达式。

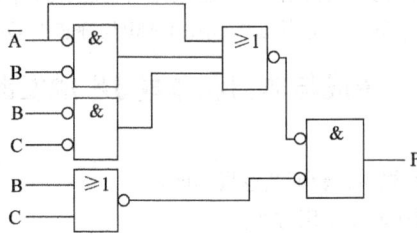

图 7-51　习题 7-3 图

7-4　已知主从 JK 触发器的输入波形如图 7-52 所示，设起始状态 $Q=0$，试画出 Q 端波形。

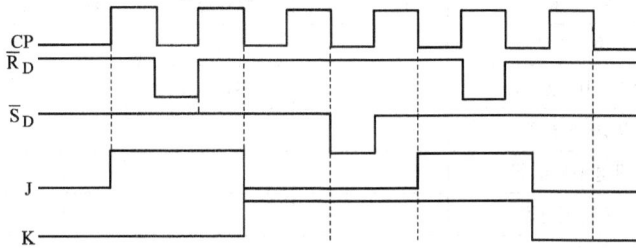

图 7-52　习题 7-4 图

7-5　电路如图 7-53 所示，设初始状态 $Q_2Q_1=00$，问经过 3 个 CP 脉冲作用后，Q_2Q_1 是什么状态？

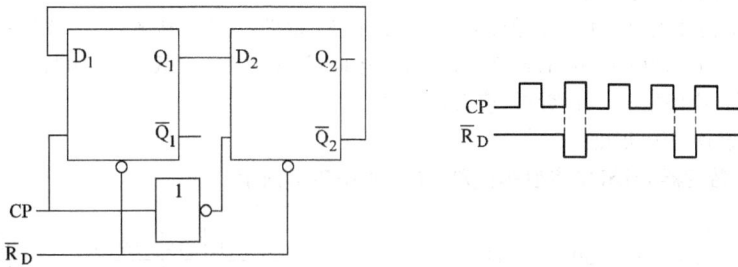

图 7-53　习题 7-5 图

7-6　电路和输入波形如图 7-54 所示，设初始状态 $Q_2Q_1=00$，试画出 Q_2、Q_1 的工作波形。

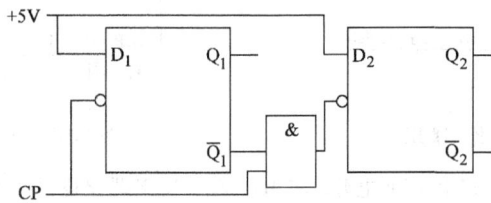

图 7-54　习题 7-6 图

7-7　组合逻辑电路与时序逻辑电路有什么不同？

7-8　同步时序逻辑电路与异步时序逻辑电路有什么不同？

7-9　　什么是数码寄存器？什么是移位寄存器？

7-10　　RAM 在工作电源下可进行哪三种操作？数据在掉电后是否保持不变？

7-11　　ROM 和 RAM 最明显的不同之处是什么？动态 RAM 与静态 RAM 的区别是什么？

实验与实训五　集成与非门和集成 JK 触发器的功能测试

一、实验目的

1. 了解集成与非门的引脚排列规律并验证其逻辑功能。

2. 掌握集成 JK 触发器的逻辑功能及使用方法。

二、实验器材

本实验器材见表 7-27。

表 7-27　实验所需器材

序　号	名　　称	符　　号	型号规格	数　量	备　注
1	四 2 输入与非门		74LS00	1	所需器材的型号规格仅供参考，可根据实训情况自定
2	集成双 JK 触发器		74LS112	1	
3	逻辑电平开关			1	
4	逻辑电平显示器			1	
5	+5V 直流电源			1	
6	导线			若干	

三、实验内容与步骤

1. 与非门 74LS00 逻辑功能测试

1）熟悉四 2 输入集成与非门 74LS00 的外引脚分布（如图 7-55 所示）。

2）将集成与非门插入面包板，用导线将"14"脚接 5V 电源，"7"脚接地，"1Y"接发光二极管。2 个输入端"1A"、"1B"按电平的四种高低组合方式分别接高电平"1"、低电平"0"，观察发光二极管对应四种不同输入时的亮暗情况，并将结果填入表 7-28。

2. 集成 JK 触发器逻辑功能测试

1）认识双 JK 触发器 74LS112 各管脚排列位置，见图 7-56 所示。

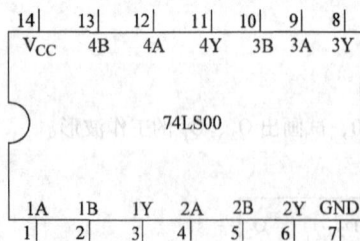

图 7-55　74LS00 外引脚图

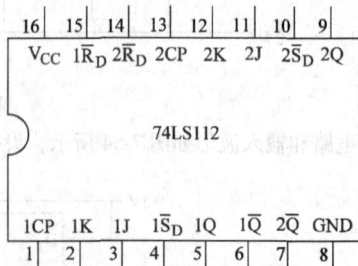

图 7-56　74LS112 外引脚图

2）置位和复位功能测试。接上 +5V 电源，将 $\overline{R}_D$、$\overline{S}_D$、J、K 端接逻辑开关输出插口，Q、$\overline{Q}$ 接逻辑电平显示输入插口，CP 端接单次脉冲源。按表 7-29 所列情况，观察 Q 端和 $\overline{Q}$ 端的逻辑状态并记录。

3）JK 触发器逻辑功能测试。将 $\overline{R}_D$ 和 $\overline{S}_D$ 接"1"，J 和 K 按表 7-30，接逻辑电平信号，观察触发器 Q、$\overline{Q}$ 状态变化，观察触发器状态更新是否发生在 CP 脉冲的下降沿（即 CP 由 1→0），并做记录。

四、实验结果分析

1. 写出与非门的逻辑表达式，与表 7-28 对照，检查结果是否正确。总结与非门输入与输出变量之间的逻辑关系。

2. 根据表 7-29 测试结果，理解直接置位端 $\overline{S}_D$ 和复位端 $\overline{R}_D$ 的作用。

表 7-28　与非门输入输出变量关系表

A	B	Y
0	0	
0	1	
1	0	
1	1	

表　7-29

CP	J	K	$\overline{R}_D$	$\overline{S}_D$	Q	$\overline{Q}$
×	×	×	0	1		
×	×	×	1	0		

3. 根据表 7-30 测试结果，理解 JK 触发器的逻辑功能。

表　7-30

J	K	CP	Q^{n+1}	
			$Q^n = 0$	$Q^n = 1$
0	0	0→1		
		1→0		
0	1	0→1		
		1→0		
1	0	0→1		
		1→0		
1	1	0→1		
		1→0		

*第八章 传感器基础知识

随着电子技术及计算机技术的发展，汽车电子化程度不断提高，传感器作为汽车自动控制系统的关键部件，其技术性能直接影响自动控制系统的性能。而在现代智能化概念汽车的设计中，传感器则是最为重要的功能部件。普通汽车上大约装有几十只传感器，豪华轿车上则更多。

本章将介绍几种常用传感器，并着重讲解其基本原理与结构，为学习专业课程奠定基础。

第一节 力敏传感器

力敏传感器是将各种力学量转换为电信号的器件。力学量主要是指力、压力、应力、速度、加速度、位移和质量等。力敏传感器是用来检测气体、固体、液体等物质间相互作用力的传感器。力敏传感器品种规格繁多，可以按不同的方法进行分类，如按被测量进行分类：有力传感器、压力传感器、差压传感器和液位传感器等。目前常用的传感器主要是压阻式力敏传感器和电容式力敏传感器。使用比较多的力敏传感器的材料有半导体、金属及合成材料。这里主要介绍压阻式力敏传感器和电容式力敏传感器的结构和原理。

一、压阻式力敏传感器

在了解压阻式力敏传感器时，首先认识一下电阻应变片这种元件。电阻应变片是一种将被测件上的应变变化转换成为一种电信号的敏感器件。它是压阻式应变传感器的主要组成部分之一。电阻应变片应用最多的是金属电阻应变片和半导体应变片两种。金属电阻应变片又有丝状应变片和金属箔状应变片两种。通常是将应变片通过特殊的粘合剂紧密地粘合在产生力学应变的基体上，当基体受力发生应力变化时，电阻应变片也一起产生形变，使应变片的阻值发生改变，从而使加在电阻上的电压发生变化。这种应变片在受力时产生的阻值变化通常较小，一般这种应变片都组成应变电桥，并通过后续的仪表放大器进行放大，再传输给处理电路显示或执行机构。

1. 金属电阻应变片的内部结构

如图8-1所示，是电阻应变片的结构示意图，它由基体材料、金属应变丝或应变箔、绝缘保护片和引线等部分组成。根据不同的用途，电阻应变片的阻值可以由设计者设计，但电阻的取值范围应注意：阻值太小，所需的驱动电流太大，同时应变片的发热致使本身的温度过高，不同的环境中使用，使应变片的阻值变化太大，输出零点漂移明显，调零电路过于复杂。而电阻太大，阻

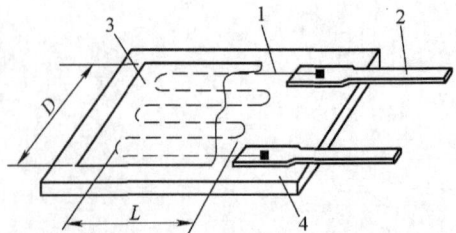

图8-1 金属电阻应变片的结构
1—金属应变丝 2—引线 3—保护层 4—基体

抗太高，抗外界的电磁干扰能力较差。一般均为几十欧至几十千欧左右。

2. 电阻应变片的工作原理

电阻应变片的工作原理基于金属的应变效应。金属丝的电阻随着它所受的机械变形（拉伸或压缩）的大小而发生相应变化的现象称为金属的电阻应变效应。

由物理学知识可知，一根金属丝的电阻为

$$R = \rho \frac{L}{S} \tag{8-1}$$

式中，R 为金属丝的电阻（Ω）；ρ 为金属丝的电阻率（$\Omega \cdot m$）；L 为金属丝的长度（m）；S 为金属丝的横截面积（m^2）。

当金属丝在外力作用下受拉而伸长时，其横截面将相应减小，这些量的变化，必然引起金属丝电阻的改变。电阻的改变量 ΔR 可用下式表示：

$$\Delta R = R_0 K_D \varepsilon_x$$

式中，ΔR 为金属丝受拉力变形后电阻值的改变量；R_0 为金属丝未受力时的电阻值；K_D 为金属丝的灵敏系数；ε_x 为金属丝轴向应变。

二、电容式力敏传感器

电容式力敏传感器利用电容器的原理，将被测非电量转化为电容量的变化，从而实现了非电量到电量的转化。电容式力敏传感器不仅广泛地应用于位移、振动、加速度、角度等机械量的精密测量，还应用于压力、差压、液面、料面和成分含量等方面的测量。电容式力敏传感器在汽车检测与控制中也有多处应用。

1. 电容式力敏传感器的特点

电容式力敏传感器的特点有：结构简单、性能稳定、可在恶劣环境下工作；阻抗高，功率小；动态响应好、灵敏度高、分辨力强；没有因振动而引起的漂移。另外，电容量的变化与板间距离变化为非线性，还有，测试导线分布电容对测量误差影响较大。随着对电容式传感器结构和检测原理的深入研究及新材料、新工艺、新电路的开发，尤其是计算机技术和电路集成化技术的发展，电容式力敏传感器的一些缺点将逐步得到克服，其精度和稳定性将会大大提高。

2. 电容式力敏传感器的工作原理

电容式力敏传感器是一个可变参数的电容器，其基本原理可用图8-2所示的平板电容器加以说明。当忽略边缘效应时，平板电容器的电容为

$$C = \frac{\varepsilon S}{d} = \frac{\varepsilon_r \varepsilon_0 S}{d} \tag{8-2}$$

式中，S 为极板面积；d 为极板间距离；ε_r 为相对介电常量；ε_0 为真空介电常量，（$\varepsilon_0 = 8.85 \times 10^{-12} F/m$）；$\varepsilon$ 为电容器极板间介质的介电常量。

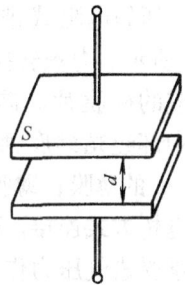

图 8-2　平板电容器

当被测参数使式（8-2）中 S、d 或 ε 发生变化时，电容量也随之变化。如果保持其中两个参数不变，仅改变另一个参数，就可以将该参数的变化转换为电容量的变化。

根据电容器变化的参数不同，电容式力敏传感器可分为三种类型：即变面积式、变间隙式和变介电常量式。变面积式一般用于测量角位移（1″到几十度）或较大的线位移；变间隙式一般用来测量微小的线位移（0.01μm 到零点几毫米）；变介电常量式常用于固体或液体的物位测量以及各种介质的湿度、密度的测量等。

3. 电容式位移传感器

图 8-3 所示是一种常用的变介电常量式电容式力敏传感器的结构形式。图中，两平行电极固定不动，极间距离为 d，相对介电常量为 ε_{r2} 的电介质以不同深度插入电容器中，将改变两种介质的极板覆盖面积，从而改变电容器的电容量。相对介电常量为 ε_{r2} 的电介质在某一位置时，电容式位移传感器的总电容量 C 为

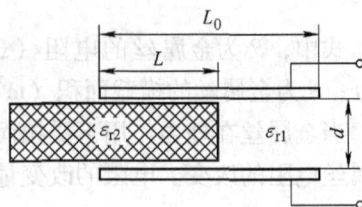

图 8-3 变介电常量式电容式传感器

$$C = C_1 + C_2 = \varepsilon_0 b_0 \frac{\varepsilon_{r1}(L_0 - L) + \varepsilon_{r2}L}{d}$$

式中，L_0 为电容器极板的长度；b_0 为电容器极板的宽度；L 为 ε_{r2} 介质进入极板的深度。

若电介质 $\varepsilon_{r1} = 1$，则当 $L = 0$ 时，传感器的初始电容为

$$C_0 = \frac{\varepsilon_r \varepsilon_0 L_0 b_0}{d}$$

当被测介质进入极板间 L 深度时，引起的电容相对变化量为

$$\frac{\Delta C}{C_0} = \frac{C - C_0}{C_0} = \frac{(\varepsilon_{r2} - 1)L}{L_0}$$

可见，电容量的变化与电介质 ε_{r2} 的移动量 L 呈线性关系。

三、力敏传感器在汽车中的应用

汽车进气系统中力敏传感器（汽车电控中常称压力传感器）是一个重要的部件，进气压力传感器又称进气歧管压力传感器，其作用是检测发动机的进气压力，作为发动机喷油量控制的基本信号。目前常用的进气压力传感器有压敏电阻式、电容式等。

压敏电阻式进气压力传感器的工作原理如图 8-4 所示。力敏转换元件是利用半导体的压阻效应制成的硅膜片。硅膜片为正方形，线度约 3mm，其中部经光刻腐蚀形成直径约为 2mm、厚度约为 50μm 的薄膜，薄膜四周分布四个应变电阻，电阻以电桥方式连接。薄膜一侧是真空室，薄膜的另一侧承受进气压力作用。进气压力越大，膜片的变形

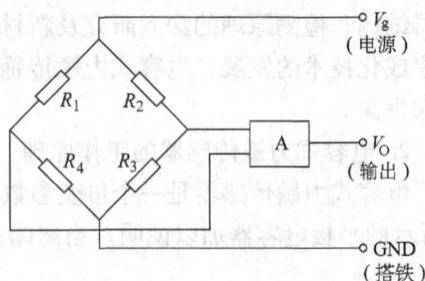

图 8-4 压敏电阻式进气压力
传感器的工作原理
R_1、R_2、R_3、R_4—应变电阻 A—放大电路

就越大，应变电阻的阻值与压力成正比。利用单臂电桥的形式将电路连接使进气压力转变为电信号，并经集成电路放大后输出到电控单元。

第二节 温度传感器

温度是工程应用和科学研究中经常需要测试的参数，从钢铁制造到半导体生产以及汽车中的某些仪表与显示系统也是依靠温度测试来实现的。

一、热敏电阻器

用来测量温度的传感器的种类很多，热敏电阻器就是其中之一。热敏电阻是利用半导体材料的电阻随温度显著变化这一特性制成的感温元件。它是由某些金属氧化物按一定的配方比例压制烧结而成。在某一温度范围内，根据测量热敏电阻阻值的变化，便可知被测介质的温度变化。

1. 热敏电阻的种类及负温度系数热敏电阻的温度曲线

热敏电阻一般分为三类：负温度系数（NTC）热敏电阻、正温度系数（PTC）热敏电阻和临界温度（CTR）热敏电阻。

热敏电阻是非线性电阻，它的非线性特性表现在其电阻值与温度间呈指数关系和电流随电压的变化不服从欧姆定律。图 8-5 所示为负温度系数（NTC）热敏电阻的温度曲线。

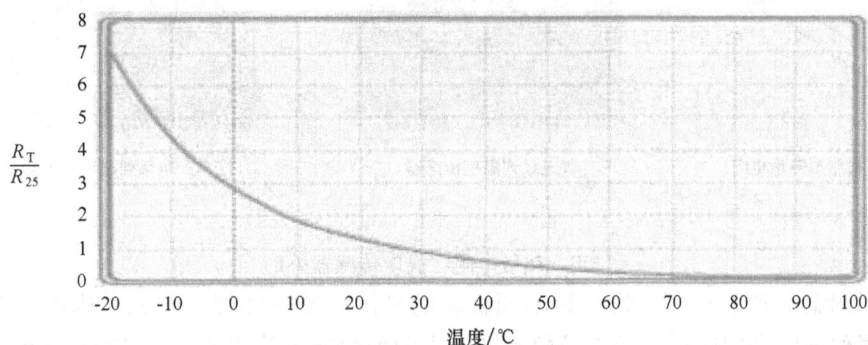

图 8-5 热敏电阻的温度曲线

2. 热敏电阻的结构

热敏电阻是由热敏电阻热感温元件、引线及壳体等构成的，如图 8-6 所示。

根据不同的使用要求，热敏电阻或温度传感器可制成不同的结构外形，如图 8-7 所示。

3. 热敏电阻的应用

由图 8-5 所示可看出负温度系数（NTC）热敏电阻作为测量元件，测温范围通常为 −20 ~40℃，如汽车燃油液位报警装置中的应用，电冰箱温度的控制，也广泛用作仪表及电表的温度补偿元件。正温度系数（PTC）热敏电阻在家用电器中作为定温发热体的用途越来越广泛。

二、热电偶

热电偶是工业上最常用的温度检测元件之一。它具有构造简单，使用方便，测量精度高、范围广等优点。

1. 热电偶测温的基本原理

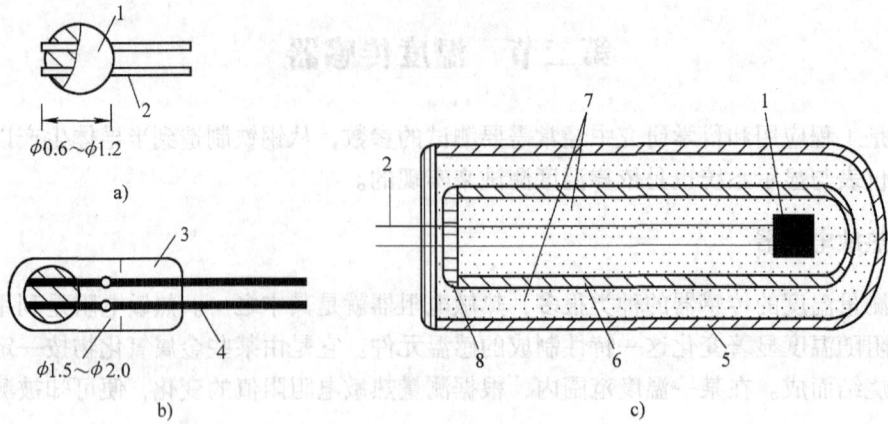

图 8-6　热敏电阻的结构
1—感温元件　2—引线　3—玻璃壳层　4—杜美丝　5—耐热钢管
6—氧化铝保护管　7—耐热氧化铝粉末　8—玻璃粘结密封

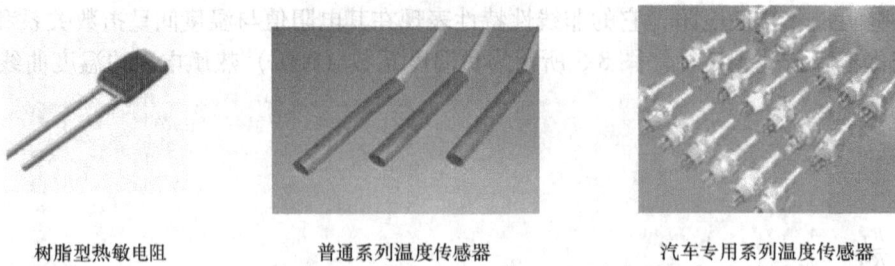

树脂型热敏电阻　　　　普通系列温度传感器　　　　汽车专用系列温度传感器

图 8-7　热敏电阻、温度传感器外形

热电偶测温的基本原理是将两种不同材料的导体或半导体焊接起来，构成一个闭合回路。由于两种不同金属所携带的电子数不同，当两种两导体的两个接点之间存在温差时，就会发生高电位向低电位放电现象，因而在回路中形成电流，温度差越大，电流越大，这种现象称为热电效应，也叫塞贝克效应。热电偶就是利用这一效应来工作的。

如图 8-8 所示，热电偶有两个接点，一个称为工作端 (T)，又称为测量端或热端，测温时将它放于被测介质中；另一端称为自由端 (T_0)，又称为参考端或冷端。根据测量端热电动势的大小，可以测量出介质中的温度。对于已选定的热电偶，当参考端温度 T_0 恒定时，总的热电动势 $E_{AB}(T_0) = C$ 为常量。此时，$E_{AB}(T_0)$ 就和温度 T 成单值函数关系，即

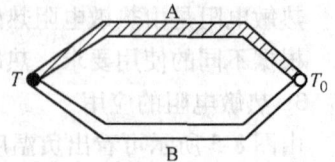

图 8-8　热电偶原理图

$$E_{AB}(T - T_0) = E_{AB}(T) - C \qquad (8\text{-}3)$$

2. 热电偶的结构及符号

热电偶按低温、中温、高温和超高温分为四种类型；按其结构的特点又分铠装式热电偶和薄膜式热电偶两大类；铠装式热电偶多用于中温以上，薄膜式热电偶一般用于低温的场所，铠装式热电偶和薄膜式热电偶的基本结构大体相同。现以薄膜式热电偶为例介绍其结构

及符号。如图8-9所示，它主要由工作端、绝缘层、电极A、电极B、接头夹、引线等六部分组成。其中电极A、B为核心部分，通过工艺制作加工将两种不同导体一端结合，另一端固定在接头夹上，再用绝缘材料薄膜封装，并从电极A、B端引出外接导线。

3. 热电偶在陶瓷生产中的应用

常规热电偶在陶瓷生产中的用途不断扩大的同时，具有更佳功能的特殊热电偶产品不断问世。如钨铼系热电偶，它是一种较好的超高温热电偶材料，其最高使用温度受绝缘材料限制，一般可达到2400℃的使用条件。如在真空中以裸线测量时可用到更高温度。目前，我国生产的钨铼热电偶，它以钨铼5为正极、钨铼20作负极。使用范围为300～2000℃，分度精度可达±1%。国际上某些氮化硅陶瓷烧结温度已达到1800℃以上，采

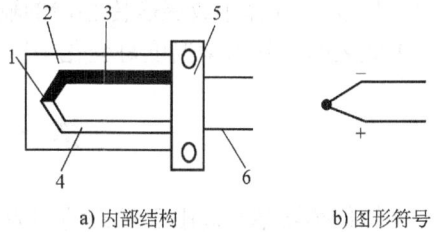

图8-9　薄膜式热电偶的结构及符号
1—工作端　2—绝缘层　3—电极A
4—电极B　5—接头夹　6—引线

用钨铼热电偶进行测温是完全可行的。此外适用超导陶瓷生产使用的金铁—镍铬低温热电偶，快速反应薄膜热电偶及非金属热电偶材料，由于具备各种优点和价格低廉、资源丰富，都获得可喜的进展。

三、半导体集成温敏传感器

半导体集成温敏传感器是将感温PN结及相关电子线路集成在一个小硅片上，构成一个小型化、一体化的专用集成电路芯片。集成温敏传感器具有体积小、反应快、线性度高、复现性好和价格低等优点。由于PN结受耐热性能和特性范围的限制，它只能测量 -50～150℃之间的温度。

1. 半导体集成温敏传感器的外部结构

半导体集成温敏传感器按其输出方式分为两种类型，即电流输出型和电压输出型。常用半导体集成温敏传感器的外形和引脚如图8-10所示。如AD590、AD592型为电流输出型，AN6701为电压输出型；AD590为铁壳封装，AD592和AN6701为塑料封装；AD590、AD592的引脚功能为：1脚接电源，2脚为电流输出端，3脚接地；AN6701的引脚功能为：1脚接

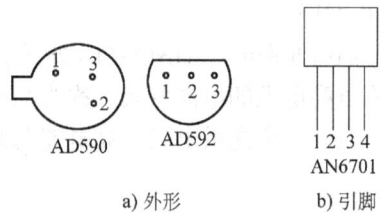

图8-10　半导体集成温敏传
感器的外形和引脚

电源，2脚为电压输出端，3脚4脚接温度补偿电阻，同时4脚也接地。

2. 半导体集成温敏传感器的测温原理

当半导体PN结温度发生变化时，其导电能力（PN结的电流）也会发生变化。半导体集成温敏传感器就是利用半导体PN结导电能力随温度变化这一特性制成的。

如电流输出型半导体集成温敏传感器AD590，其输出电流与热力学温度的关系为

$$\frac{I_T}{T} = 1 \mu A/K$$

式中，I_T为半导体集成温敏传感器的输出电流，T为热力学温度。

上式表明，热力学温度每变化一度，电流I_T随之变化$1\mu A$，且为线性关系。

电压输出型半导体集成温敏传感器 AN6701，其输出电压与热力学温度的关系为

$$\frac{U_T}{T} = 10\text{mV/K}$$

式中，U_T 为半导体集成温敏传感器的输出电压。

上式表明，热力学温度每变化一度，电压 U_T 随之变化 10mV，且为线性关系。

第三节　光敏传感器

光敏传感器不只局限于对光的探测，它还可以作为探测元件组成其他传感器，对许多非电量进行检测，只要将这些非电量转换为光信号的变化即可。光敏传感器是目前产量最多、应用最广的传感器之一，它在自动控制和非电量电测技术中占有非常重要的地位。

一、光敏电阻

1. 光敏电阻的工作原理

最简单的光敏传感器是光敏电阻，当光子冲击接合处就会产生电流。光敏电阻的工作原理是基于内光电效应。在半导体光敏材料两端装上电极引线，将其封装在带有透明窗的管壳里就构成光敏电阻。为了增加灵敏度，两电极常做成梳状。构成光敏电阻的材料有金属的硫化物、硒化物和碲化物等半导体。

光敏电阻既可以在直流电压下工作，也可在交流电压下工作。在直流电路中光敏电阻工作原理示意图如图 8-11 所示。其工作原理为：

当无光照时，如图 8-11a 所示，光敏电阻的阻值非常大，称为暗电阻；此时流过暗电阻的电流非常小，称为暗电流。虽然不同材料制作的暗电阻的阻值数据不太相同，但一般可在 $1 \sim 100\text{M}\Omega$ 之间。

当有光照时，如图 8-11b 所示，光敏电阻的阻值非常小，称为亮电阻（约几千欧）；此时流过亮电阻的电流变大，称为亮电流。

对于一个光敏电阻，亮电流与暗电流的差值越大，表明光敏电阻的灵敏度越高。

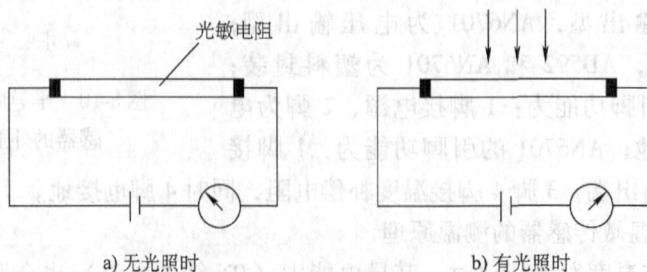

a) 无光照时　　　　　　　　　　b) 有光照时

图 8-11　光敏电阻工作原理示意图

2. 光敏电阻的结构及图形符号

光敏电阻的外形、结构及图形符号如图 8-12 所示。常用的光导体材料有硫化镉、硫化铊和硫化铅。为了提高光敏电阻的灵敏度，应尽量减少电极间的距离，但是距离太小会影响光导体的受光量，因而光导体的面积不能太小，通常采取在光导体上蒸镀金属梳状电极，增加导电极板的面积，提高光敏电阻的灵敏度。潮湿对光敏电阻有很大影响，所以必须用严密

的外壳封装。

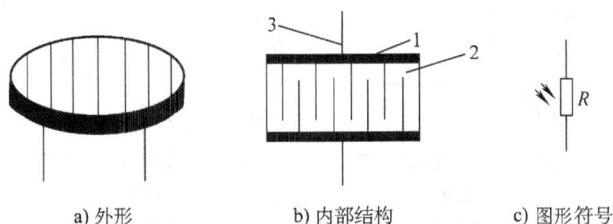

a) 外形   b) 内部结构   c) 图形符号

图 8-12 光敏电阻的外形、结构及图形符号
1—梳状电极 2—光导体 3—引线

二、光电池

光电池又称太阳电池，是一种将光能转换为电能的光电器件。利用光电池能将光信号变为电信号的特点，可以制作成光敏传感器，光敏传感器现已广泛应用于控制系统中。另外，光电池可以组成大面积的光电池组，用于特殊设备和地区作为永久性电源，如人造卫星、太空站、宇宙飞船、航标灯、气象观测、无线电通信及边远山区等。这种电源具有轻便、无噪声、无污染等优点。

光电池种类很多，目前使用最多的是硅光电池和硒光电池。其中硅光电池有很高的光照灵敏度，以及较宽的光谱响应和良好的线性度。因此，在自动检测中使用很多。

1. 硅光电池的工作原理

硅光电池的工作原理示意图如图 8-13 所示。其工作原理为：

当硅光电池 PN 结无光照时，如图 8-13a 所示，硅光电池不产生电压，电流表中没有电流流过。

当硅光电池 PN 结有光照时，如图 8-13b 所示，光子能量就在 PN 结附近激发电子-空穴对，从而使 N 区和 P 区之间产生电位差（称光生电动势），电流表中有电流（称光电流）流过，其方向由 P 区经外电路至 N 区。

2. 硅光电池的光照特性

硅光电池的光照特性如图 8-14 所示。显然，硅光电池在不同光照度下，光生电动势与光电流的变化特性不同。

图 8-14a 为开路电压特性曲线，硅光电池的开路电压与光照度是非线性关系，并且在光照度为 2000lx 时就进入了饱和。

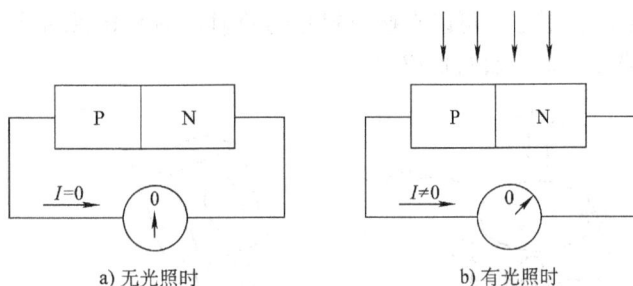

a) 无光照时   b) 有光照时

图 8-13 硅光电池的工作原理示意图

图 8-14b 为短路电流特性曲线，硅光电池的短路电流在很大范围内与光照度成线性关系。因此，硅光电池作为测量元件使用时，应把它作为电流源来使用，充分利用短路电流与光照度成线性关系这一优点。

3. 硅光电池的结构及符号

硅光电池的外形、结构及符号如图 8-15 所示。其中光敏面反射膜为很薄的蓝色一氧化

a) 开路电压特性曲线   b) 短路电流特性曲线

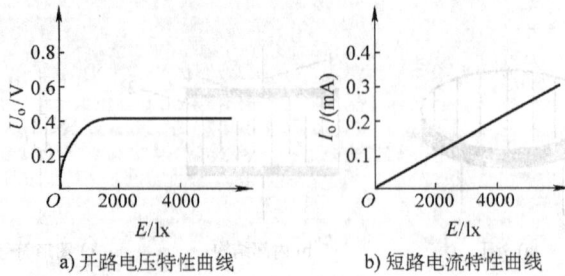

图 8-14　硅光电池的光照特性

硅膜，该膜对入射光有很高的吸收率。

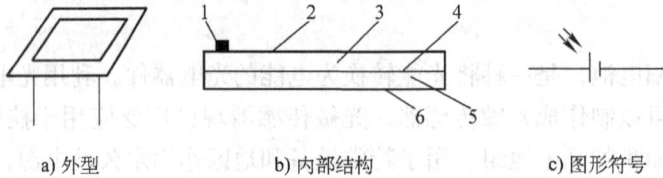

a) 外型   b) 内部结构   c) 图形符号

图 8-15　硅光电池的外形、结构及符号

1—负电极　2—光敏面反射膜　3—N 型半导体层　4—PN 结
5—P 型半导体层　6—正电极

三、光敏二极管和光敏晶体管

光敏二极管、光敏晶体管的工作原理都是基于内光电效应的。光敏晶体管的灵敏度比光敏二极管高，但频率特性较差，暗电流也较大。不久前还研制出光敏晶闸管，它的导通电流比光敏晶体管大得多，工作电压有的可达数百伏，因此输出功率大，主要用于光控开关电路及光耦合器中。

1. 光敏二极管的结构及工作原理

光敏二极管的结构与一般二极管的不同之处在于：光敏二极管的 PN 结设置在透明管壳顶部的正下方，可以直接受到光的照射。图 8-16 所示是其结构示意图，它在电路中处于反向偏置状态，如图 8-17 所示。

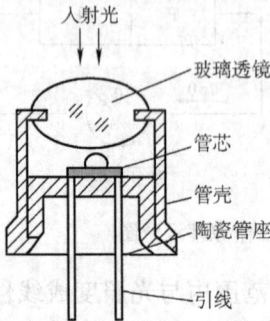

入射光
玻璃透镜
管芯
管壳
陶瓷管座
引线

图 8-16　光敏二极管的结构示意图

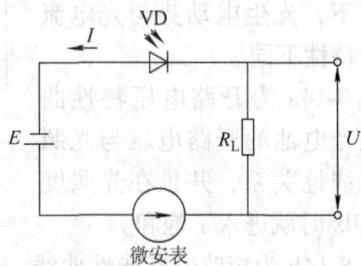

微安表

图 8-17　光敏二极管的测试电路

在没有光照时，由于光敏二极管反向偏置，因此反向电流很小，这时的电流称为暗电流，相当于普通二极管的反向饱和漏电流。当光照射在光敏二极管的 PN 结（又称耗尽层）

上时，在 PN 结附近产生的电子-空穴对数量也随之增加，光电流池相应增大，光电流与照度成正比。光敏二极管的原理图如图 8-18 所示。

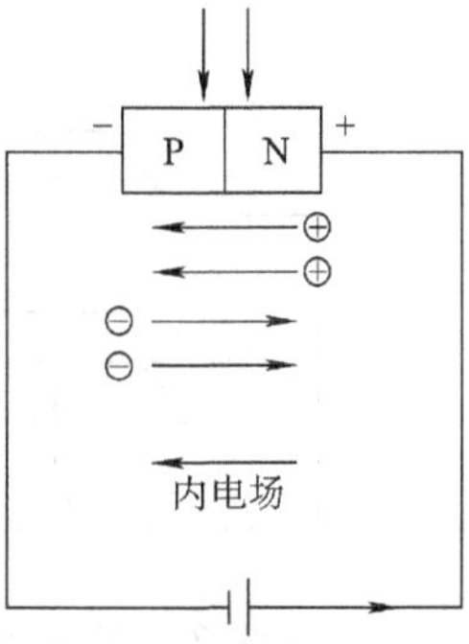

目前还研制出了几种新型的光敏二极管，它们都具有优异的特性。

2. 光敏晶体管的结构及工作原理

光敏晶体管有两个 PN 结。与普通晶体管相似，有电流增益。图 8-19 所示为 NPN 型光敏晶体管的结构。多数光敏晶体管的基极没有引出线，只有正、负（c、e）两个引脚，所以其外形与光敏二极管相似，从外观上很难区别。

光线通过透明窗口落在基区及集电结上，当电路按图 8-20 所标示的电压极性连接时，集电结反偏，发射结正偏。当入射光子在集电结附近产生电子-空穴对后，与普通晶体管的电流放大作用相似，集电极电流 I_c 是原始光电流的 β 倍，因此光敏晶体管比光敏二极管的灵敏度高许多。

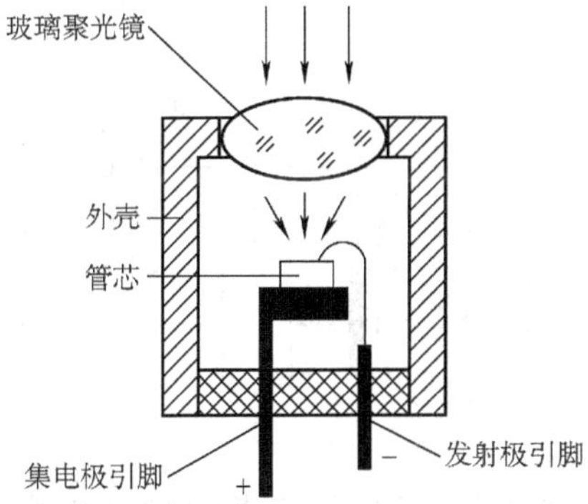

图 8-18　光敏二极管工作原理图

图 8-19　NPN 型光敏晶体管的结构

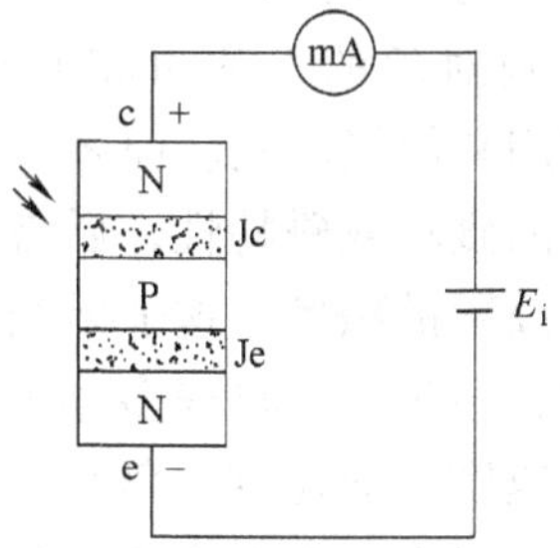

图 8-20　NPN 型光敏晶体管工作原理图

第四节　霍尔传感器

霍尔传感器是一种磁传感器。用它可以检测磁场及其变化，可在各种与磁场有关的场合中使用。霍尔传感器以霍尔效应为其工作基础，由霍尔元件和它的附属电路组成。霍尔传感器在工业生产、交通运输和日常生活中有着非常广泛的应用。

1. 霍尔效应

霍尔效应，是指磁场作用于载流金属导体、半导体中的载流子时，产生横向电位差的物理现象。如图 8-21 所示，在半导体薄片两端通以控制电流 I，并在薄片的垂直方向施加磁感应强度为 B 的匀强磁场，则在垂直于电流和磁场的方向上，将产生电势差为 U_H 的霍尔电压，它们之间的关系为

$$U_H = k\frac{IB}{d}$$

式中，d 为薄片的厚度，k 称为霍尔系数，它的大小与薄片的材料有关。

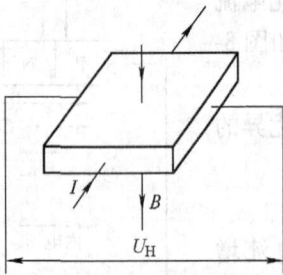

图 8-21 霍尔效应示意图

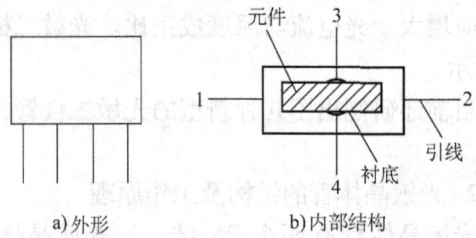

a)外形   b)内部结构

图 8-22 霍尔元件的外形和结构

2. 霍尔元件的基本结构

霍尔元件的外形和结构如图 8-22 所示。它由衬底、十字形霍尔元件、电极引线等构成。霍尔元件有 4 端引线，1、2 是电流输入端，3、4 端为电压输出端。

3. 霍尔传感器的应用

将霍尔元件、放大电路、温度补偿电路、稳压源及输出电路等集成于一个芯片上而制成的一种完善的霍尔传感器，通常称为霍尔集成传感器。霍尔集成传感器有两种类型：一种为线性型；一种为开关型。

按被检测对象的性质可将它们的应用分为：直接应用和间接应用。前者是直接检测受检对象本身的磁场或磁特性，后者是检测受检对象上人为设置的磁场，这个磁场是被检测的信息的载体，通过它，将许多非电、非磁的物理量，例如速度、加速度、角度、角速度、转数、转速以及工作状态发生变化的时间等，转变成电学量来进行检测和控制。

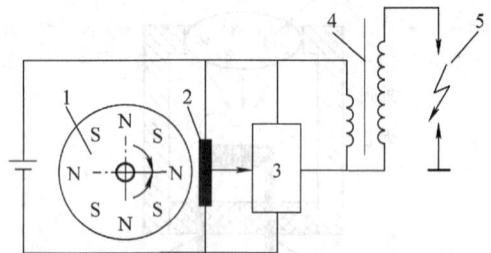

图 8-23 汽车四汽缸点火装置示意图
1—磁轮鼓 2—霍尔传感器 3—功率开关
4—点火线圈 5—火花塞

霍尔传感器在汽车电控系统中有多处应用，霍尔式汽车无触点点火装置就是其中一例。汽车四汽缸点火装置示意图如图 8-23 所示。图中的磁轮鼓代替了传统的凸轮及白金触点。当发动机主轴带动磁轮鼓转动时，霍尔元件感受磁场极性交替改变，输出一连串与汽缸活塞运动同步的脉冲信号去触发晶体管功率开关，点火线圈二次侧产生很高的感应电压，火花塞产生火花放电，完成汽缸点火过程。

知识拓展与应用八 智能传感器简介

为了能够与信息时代信息量激增、要求捕获和处理信息的能力日益增强的技术发展趋势保持一致，对于传感器性能指标（包括精确性、可靠性、灵敏性等）的要求越来越严格；与此同时，传感器系统的操作友好性亦被提上了议事日程，因此还要求传感器必须配有标准的输出模式；而传统的传感器往往很难满足上述要求，所以它们将逐步被高性能的智能型传感器所取代；后者主要由硅材料构成，具有体积小、重量轻、反应快、灵敏度高等优点。

智能型传感器是 20 世纪 80 年代末出现的另外一种涉及多种学科的新型传感器系统。此类传感器系统一经问世即刻受到科研界的普遍重视，尤其在探测器应用领域，如分布式实时探测、网络探测和多信号探测方面一直颇受欢迎，产生了较大的影响。

智能型传感器是指那些装有微处理器的，不但能够执行信息处理和信息存储，而且还能够进行逻辑思考和结论判断的传感器系统。这一类传感器就相当于是微型机与传感器的综合体一样，其主要组成部分包括主传感器、辅助传感器及微型机的硬件设备。如智能化压力传感器，主传感器为压力传感器，用来探测压力参数，辅助传感器通常为温度传感器和环境压力传感器。采用这种技术时可以方便地调节和校正由于温度的变化而导致的测量误差，而环境压力传感器测量工作环境的压力变化并对测定结果进行校正；而硬件系统除了能够对传感器的弱输出信号进行放大、处理和存储外，还执行与计算机之间的通信联络。

通常情况下，一个通用的检测仪器只能用来探测一种物理量，其信号调节是由那些与主探测部件相连接着的模拟电路来完成的；但智能型传感器却能够实现多项的功能，而且其精度更高、处理质量也更好。与传统的传感器相比，智能化传感器具有以下优点：

1）智能型传感器不但能够对信息进行处理、分析和调节，能够对所测的数值及其误差进行补偿，而且还能够进行逻辑思考和结论判断，能够借助于一览表对非线性信号进行线性化处理，借助于软件滤波器滤波数字信号。此外，还能够利用软件实现非线性补偿或其他更复杂的环境补偿，以改进测量精度。

2）智能型传感器具有自诊断和自校准功能，可以用来检测工作环境。当工作环境临近其极限条件时，它将发出告警信号，并根据其分析器的输入信号给出相关的诊断信息。当智能化传感器由于某些内部故障而不能正常工作时，它能够借助其内部检测链路找出异常现象或出了故障的部件。

3）智能型传感器能够完成多传感器多参数混合测量，从而进一步拓宽了其探测与应用领域，而微处理器的介入使得智能化传感器能够更加方便地对多种信号进行实时处理。此外，其灵活的配置功能既能够使相同类型的传感器实现最佳的工作性能，也能够使它们适合于各不相同的工作环境。

4）智能型传感器既能够很方便地实时处理所探测到的大量数据，也可以根据需要将它们存储起来。存储大量信息的目的主要是以备事后查询，这一类信息包括设备的历史信息以及有关探测分析结果的索引等。

5）智能型传感器备有一个数字式通信接口，通过此接口可以直接与其所属计算机进行通信联络和交换信息。此外，智能化传感器的信息管理程序也非常简单方便，譬如，可以对探测系统进行远距离控制或者在锁定方式下工作，也可以将所测的数据发送给远程用户等。

目前，智能型传感器技术正处于蓬勃发展时期，具有代表意义的典型产品是美国霍尼韦尔公司的 ST-3000 系列智能变送器和德国斯特曼公司的二维加速度传感器，以及另外一些含有微处理器（MCU）的单片集成压力传感器、具有多维检测能力的智能传感器和固体图像传感器（SSIS）等。与此同时，基于模糊理论的新型智能传感器和神经网络技术在智能化传感器系统的研究和发展中的重要作用也日益受到了相关研究人员的极大重视。

智能型传感器多用于压力、力、振动冲击加速度、流量、温度、湿度的测量，另外，智能化传感器在空间技术研究领域亦有比较成功的应用。

随着智能型传感器技术的发展和使用普及，无疑将会应用到汽车的现代化概念的设计中。随着智能型传感器技术的发展，智能型传感器还将会进一步扩展到化学、电磁、光学和核物理等研究领域。可以预见，新兴的智能化传感器将会在关系到全人类国民生产的各个领域发挥越来越大的作用。

本章小结

本章主要介绍了几种常用传感器的基础知识，包括力敏传感器、热敏传感器、光敏传感器和霍尔传感器。

一、力敏传感器。本章主要介绍压阻式力敏传感器和电容式力敏传感器，电阻应变片是一种将被测件上的应变变化转换成为一种电信号的敏感器件，它由基体材料、金属应变丝或应变箔、绝缘保护片和引线等部分组成。电容式传感器利用电容器原理，将被测非电量转化为电容的量变化，来实现非电量到电量的转化。

二、温度传感器。热敏电阻是利用半导体材料的电阻随温度显著变化这一特性制成的感温元件。热敏电阻一般分为三类：负温度系数（NTC）热敏电阻、正温度系数（PTC）热敏电阻和临界温度（CTR）热敏电阻，负温度系数（NTC）热敏电阻作为测量元件，测温范围通常为 $-20 \sim 40℃$；热电偶是利用热电效应工作的，常规热电偶在陶瓷生产中的用途不断扩大的同时，具有更佳功能的特殊热电偶产品不断问世。

三、光敏传感器。最简单的光敏传感器是光敏电阻，光敏电阻的工作原理是基于内光电效应；光电池是一种将光能转换为电能的光电器，利用光电池能将光信号变为电信号的特点，可作为光电传感器使用；光敏晶体管的工作原理也是基于内光电效应。

四、霍尔传感器。霍尔效应，是指磁场作用于载流金属导体、半导体中的载流子时，产生横向电位差的物理现象。霍尔传感器的核心是霍尔元件，它将非电、非磁的物理量，例如速度、加速度、角度、角速度、转数、转速以及工作状态发生变化的时间等，转变成电学量来进行检测和控制。

习　题　八

8-1　说明金属电阻应变片测量机械形变的基本原理。

8-2　金属电阻应变片与半导体电阻应变片的应变效应有何不同？

8-3　使用半导体电阻应变片时应注意哪些问题？

8-4　什么是金属的热电效应？说明热电偶的测温原理。

8-5　什么是霍尔效应？霍尔电动势与哪些因素有关？

8-6　试说明光敏电阻的工作原理。

8-7　光电池有哪些优点。

8-8　试说明光电池的工作原理。

第九章　电工测量与安全用电

常用的电工测量主要是指对电流、电压、电阻、电功率、电能等电工量(包括电量和磁量)的测量。通过电工测量，我们能够了解和掌握电气设备的特性和运行情况；对于故障设备，可以通过电工测量分析出故障位置，检查出故障器件。用来测量各种电工量的仪器仪表统称为电工仪表。

随着社会的发展，电能的应用越来越广泛，因此增强安全用电意识，掌握安全用电常识非常重要。

本章将介绍电工仪表的基本知识、常用电工量的测量方法、电气维修中经常用到的电工仪表的正确使用方法及人体触电的原因、防止触电的方法和触电急救方法。

第一节　电工仪表的基本知识

一、电工仪表的分类

电工仪表种类繁多，一般分为直读式和比较式两大类。直读式仪表直接从仪表指示的读数中确定被测量的大小；比较式仪表是在测量过程中将被测量与标准量进行比较后才确定其被测量数值的仪表，如各类电桥等。通常直读式仪表的面板上有表盘和指针，表盘上刻有标度尺和各种符号，指针根据仪表所测电工量的大小而发生不同角度的偏转，根据指针指在标度尺上的位置可读出被测量的大小。通常表盘上的标度尺与指针如图9-1所示。

直读式仪表还可以按以下几种方法分类。

（1）按照被测对象分类　按照被测对象可以将电工仪表分为电流表、电压表、欧姆表、兆欧表、功率表、电度表、频率表和功率因数表等。

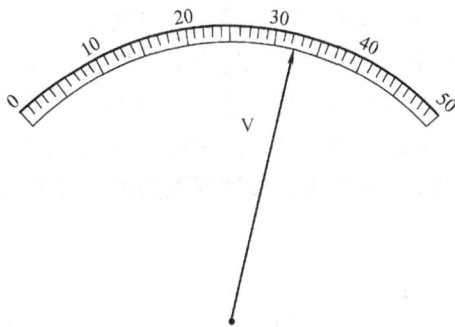

图 9-1　标度尺与指针

（2）按照被测电流的种类分类　按照被测电流的种类可以将电工仪表分为直流仪表、交流仪表和交直流两用仪表三种。

（3）按照仪表的工作原理分类　根据仪表工作原理的不同，电工仪表可以分为磁电系仪表、电磁系仪表、电动系仪表和感应系仪表等。磁电系仪表是根据通电导体在磁场中受到磁力作用的原理来工作的，如直流电流表、直流电压表、欧姆表等；电磁系仪表是根据铁磁材料被磁化后产生相互作用力的原理进行工作的，如交流电流表、交流电压表等；电动系仪表是根据两个通电线圈之间产生相互作用力的原理工作的，如功率表等；感应系仪表是根据交变磁场中的导体感应涡流，且磁场产生电磁力的原理制成的，如电度表等。

（4）按照使用方法分类　按照使用方法电工仪表可以分为安装式和便携式两种。安装式仪表是固定安装在开关板或电气设备面板上的仪表；便携式仪表是可以携带的仪表，主要用于实验、调试设备和维修工作。

二、电工仪表的准确度

准确度也称精度或误差，它表示测量结果的准确程度，即仪表指示值（测得值）与实际值之间的基本误差值。基本误差是指仪表在规定条件下使用时，由于仪表内部结构的特性和质量等方面的因素所引起的误差，这是仪表本身的固有误差。仪表的准确度等级是用基本误差百分数的数值来表示的（如仪表的基本误差为 2.5%，该仪表的准确度等级就为 2.5 级），数值越小，准确度越高。国家标准将电工仪表的准确度分成 7 个等级，准确度等级与基本误差见表 9-1。

表 9-1　仪表的准确度等级

仪表的准确度等级	0.1	0.2	0.5	1.0	1.5	2.5	5.0
基本误差%	±0.1	±0.2	±0.5	±1.0	±1.5	±2.5	±5.0

在使用中应合理地选用仪表的准确度等级，以保证测量结果的误差不超过允许范围。但是不应盲目追求仪表的高准确度，因为仪表的准确度愈高，结构愈复杂，价格愈贵，维修也愈困难。所以要从实际出发，能用较低等级仪表的场合，就不要选用高准确度的仪表。通常准确度等级为 0.1 级和 0.2 级的仪表是用来作精密测量或作为标准表来校验其他仪表；0.5 级至 1.5 级仪表用于实验的一般测量；1.0 级至 5.0 级的仪表用于一般工业生产，例如发电厂、变电所主控盘和配电盘上的仪表一般都是 1.0 级至 5.0 级的仪表。

测量结果的准确性不仅与测量所用的仪表准确度等级有关，也与外界的因素有关。例如，环境温度不在规定的正常温度范围内，仪表就会出现温度误差；仪表放置的位置不正确会引起不平衡误差；读数时眼睛的位置不正确会形成视觉误差等，如图 9-2 所示。

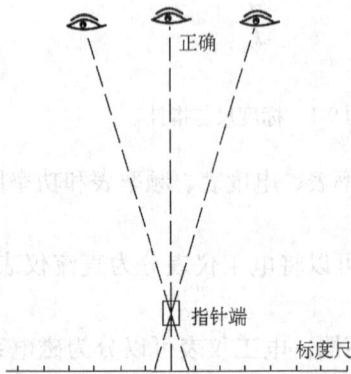

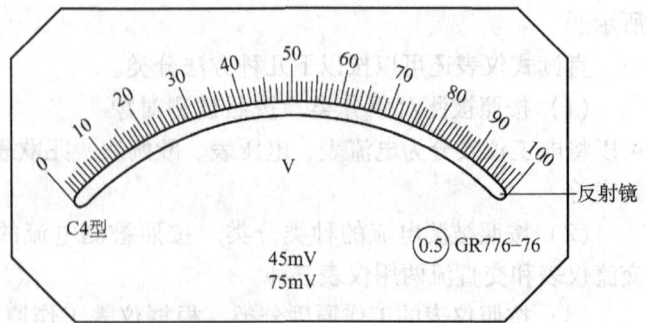

图 9-2　视觉误差　　　　　　　图 9-3　高精度仪表的标度

在一些准确度等级较高的仪表中，为减小视觉误差，表盘的标度尺上附有一条弧形反射镜，如图 9-3 所示。读数时，应调整视线使镜中指针的像与指针重合，这时所读出的数据就比较准确。

三、电工仪表常用符号

为了方便使用，电工仪表的使用条件、技术特性、原理结构和准确度等级，往往用一些特定符号标注在电工仪表的面板和表盘上，使用时可根据表上所标记的符号，了解仪表的特性，以确定是否符合测量需要。表9-2所示为现有国家标准中电工仪表常用的符号及意义。

表9-2 常用电工仪表的图形符号及其意义

图形符号	符号意义	图形符号	符号意义
Ⓐ	电流表	φ	相位表
mA	毫安表	cosφ	功率因数表
μA	微安表	∩	磁电系
Ⓥ	电压表		
kWh	电能表(千瓦时表)		电磁系
Ω	欧姆表(电阻表)		
⊥或↑	仪表垂直放置		电动系
∠60°	仪表倾斜60°放置		
n或→	仪表水平放置	(0.1)	20℃，位置正常，没有外磁场影响下，准确度0.1级，相对额定误差±0.1%
∼50	50Hz的交流电		
Ⓐ	工作环境0~40℃、湿度85%以下	(1.0)	20℃，位置正常，没有外磁场影响下，准确度1.0级，相对额定误差±1.0%
Ⓑ	工作环境-20~50℃、湿度85%以下		
Ⓒ	工作环境-40~60℃、湿度98%以下	✳	公共端(多量限仪表和复用电表)
MΩ	兆欧表	⏚	接地用的端钮(螺钉或螺杆)
Hz	频率表	---	直流表
mV	毫伏表	∼	交流表
kV	千伏表		感应系
W	功率表	-	负端钮
kW	千瓦表	+	正端钮
⌒	交直流表	⊥	与外壳相连接的端钮
3∼或≈	三相交流电		与屏蔽相连接的端钮
		⌢	双向旋转

四、电工仪表使用注意事项

1) 仔细阅读说明书,按照说明书要求使用仪表。
2) 正确选用仪表的量程,应使被测量的大小尽量在仪表量程的三分之二以上。
3) 仪表使用前应将指针调到零位,测量时要正确读数。
4) 测量电路连接要正确,测量进行中不得带电变换仪表的开关位置和变换测量电路。
5) 仪表用完后,应正确复位,并妥善保管。

第二节　电流与电压的测量

电流与电压的测量是电工测量中最基本的部分,测量电流的仪表称为电流表,测量电压的仪表称为电压表。图9-4 为一种电压表的外形。

根据被测电流的大小,电流表可分为微安表、毫安表、安培表和千安表。根据被测电压的大小,电压表也可以分为毫伏表、伏特表和千伏表。

一、电流的测量

测量某一电路中的电流,通常是将电流表串联在被测电路中,由于电流表存在一定的内阻,会对被测电路产生影响,引起测量误差,所以选用电流表时必须选用内阻远小于电路负载电阻的电流表。

1. 直流电流的测量　测量直流电流需用直流电流表或交直流两用表,电流表与被测电路串联如图9-5a所示。直流电流表具有极性,在两个接线端钮处标有

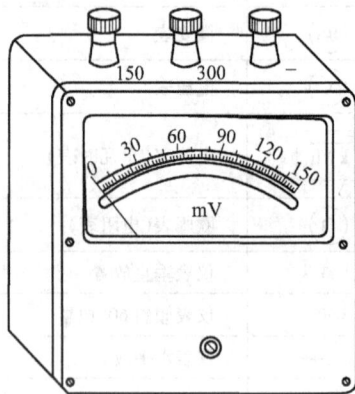

图9-4　电压表外形

"+"、"-"号(或者只标"-"号,正端标注电流表的量程)。接线时,应使被测电流方向从电流表"+"端流进,"-"端流出,不能接反,否则将损坏测量仪表。

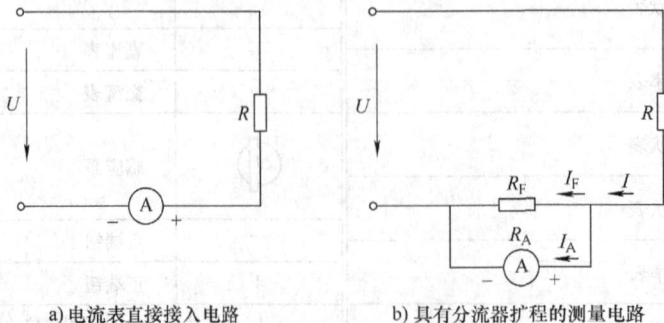

a) 电流表直接接入电路　　　　b) 具有分流器扩程的测量电路

图9-5　直流电流测量电路

仪表指针满刻度偏转时的数值称为量程,被测量必须小于量程,否则仪表将可能损坏。有些仪表往往有好几档量程可供使用时选择,在测量时应根据被测量的大小选择合适的量

程，以提高测量的准确度。在无法估计被测量的大小时，一般先选用大量程档（或大量程仪表）进行测量，得到大致数值后再选用合适的量程。如果需要测量超过电流表量程的电流，可在电流表上并联一个分流电阻进行分流，将电流表的量程扩大，简称扩程，电路如图9-5b所示。

分流电阻 R_F 也称为分流器，分流器的电阻值为

$$R_F = \frac{R_A}{n-1} \tag{9-1}$$

式中，R_F 为分流器电阻值（Ω）；R_A 为电流表内阻（Ω）；n 为需要扩大电流量程的倍数，$n = \frac{I}{I_A}$；I_A 为电流表的量程（A）；I 为需要电流表扩大到的量程（A）。

[**例9-1**] 有一量程为100mA，内阻为1Ω 的电流表，现欲将量程扩大到10A，问并联分流器的电阻值应为多少？

解：电流表量程欲扩大的倍数为

$$n = \frac{I}{I_A} = \frac{10}{100 \times 10^{-3}} = 100$$

由式(9-1)可得

$$R_F = \frac{R_A}{n-1} = \frac{1}{100-1}\Omega \approx 0.01\Omega$$

可以看出：分流器的电阻值越小，电流表扩大的量程就越大。分流器一般是用电阻温度系数很小的锰铜制成，它可以在电流表的外部，成为独立的装置，也可以装在电流表壳的里面。多量程的电流表就是内部装有多个分流器，一个分流器对应一个量程。

2. 交流电流的测量 测量交流电流一般采用交流电流表或交直流两用表，同直流电流测量电路一样，只要被测电流在电流量程范围内就可以将电流表直接串联在被测电路中，如图9-6a 所示。交流电流表不分极性，两个接线端钮可以随意变换方向。

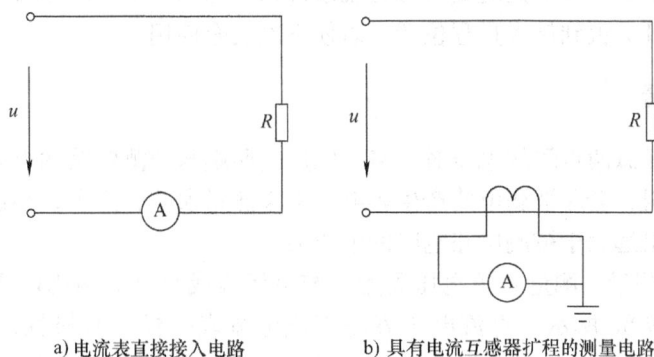

a) 电流表直接接入电路　　　　b) 具有电流互感器扩程的测量电路

图9-6 交流电流测量电路

如果被测电流大于电流表量程时，一般采用电流互感器来扩大电流表的量程，如图9-6b所示。在实际工程中，配电流互感器的电流表通常是量程为5A 的电流表，电流互感器二次侧额定电流一般也为5A，与电流表相接，这样只要改变电流互感器的电流比（即改变一次额定电流），就可以将5A 的电流表扩大到不同的量程。例如量程5A 的电流表配上电流比为100/5 的互感器后，就可以作为量程为100A 的电流表使用。与电流互感器配套使用的电流

表，其表盘上的标度尺在实际测量时就已经按照所配套的电流互感器一次侧额定电流进行分度，这样在测量电流时就可以直接读出被测电流的数值，无需换算。安装电流互感器时一定要注意二次绕组必须与电流表连接好，不允许开路，另外，二次绕组的一端与铁心均需接地。

3. 钳形电流表　钳形电流表简称钳形表，是一种便携式仪表。它是一种特殊的交流电流表，它不需要断开被测电路就可以进行交流电流的测量，这给测量工作带来了很大的方便。

钳形表的主要部分是一个铁心可以张开的电流互感器和一只交流表，如图9-7a所示。电流互感器二次绕组绕在铁心上，并与交流电流表相连接，张开的铁心将被测电路的导线套在其中，这根套在铁心中的导线相当一匝线圈，于是构成了电流互感器的一次绕组。当被测导线有交流电流通过时，二次绕组将产生感应出电流，并通过电流表显示出被测电流值。

钳形表上都有量程选择开关，测量时必须注意选择合适的量程。当不知被测电流大小时，应先将量程开关置于最大位置，然后打开铁心把被测量导线置于铁心内，根据指针偏转程度，再将量程开关置于适当位置。为了测量准确，被测导线应放在铁心的中央。

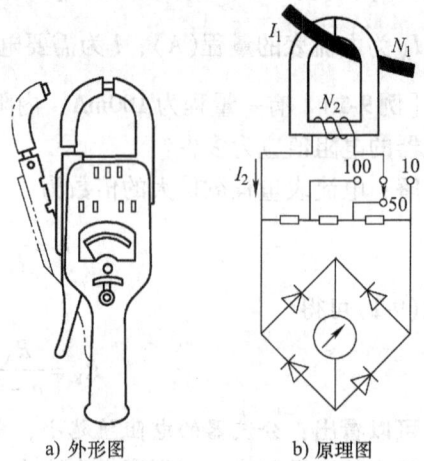

a) 外形图　　　b) 原理图

图9-7　钳形电流表

第一次张合铁心时钳形表可能会发生叫声，这是交流振动声，遇到这种情况，可再次张合铁心，直至叫声消失为止。钳形表在测量前应先进行机械调零，使指针指向零位。需要特别**注意**的是：被测电路电压不能超过钳形电流表的额定电压，以免绝缘击穿和人身触电。测量结束后应将量程开关扳到最大量程位置，以便下次安全使用。

二、电压的测量

测量电路中的任意两点间的电压时，需将电压表两端与被测电路两点并联，由于电压表本身存在一定的内阻，会对被测电路产生影响，引起测量误差，为了减小这种影响，选用电压表时必须选用内阻远大于被测电路电阻的电压表。

1. 直流电压的测量　测量直流电压需用直流电压表或交直流两用电压表，电压表与被测电路并联，如图9-8a所示。直流电压表与直流电流表一样具有极性，测量时电压表的"＋"端接被测电路的高电位(正端)，"－"端接被测电路的低电位端(负端)，不能接反，否则将可能损坏测量仪表。测量电压时同样也要正确选择电压表量程，如果需要测量超过电压表量程的电压，可以与电压表串联一个附加电阻进行分压，将电压表量程扩大，如图9-8b所示。

附加电阻也称为倍压器，倍压器的电阻值为

$$R_S = (m-1)R_V \tag{9-2}$$

式中，R_S 为倍压器电阻值(Ω)；R_V 为电压表内阻(Ω)；m 为需要扩大电压量程的倍数，

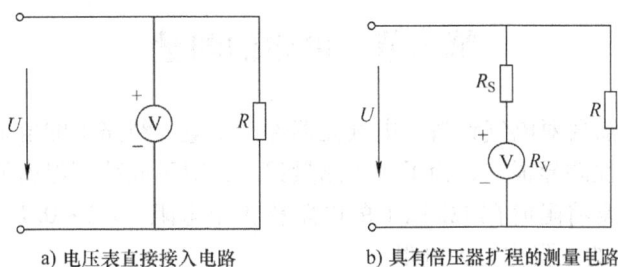

a) 电压表直接接入电路　　　　b) 具有倍压器扩程的测量电路

图9-8　直流电压测量电路

$m = \dfrac{U}{U_V}$；U_V 为电压表的量程（V）；U 为需要电压表扩大到的量程（V）。

[**例9-2**]　有一量程为100V，内阻为200kΩ 的直流电压表，若需将量程扩大到500V，问串入的倍压器的电阻值应为多少？

解：电压表量程欲扩大的倍数为

$$m = \frac{U}{U_V} = \frac{500}{100} = 5$$

由式（9-2）可得

$$R_S = (m-1)R_V = (5-1) \times 200 \times 10^3 \Omega = 800 \times 10^3 \Omega = 800k\Omega$$

可以看出：电压表需要扩大的量程越大，所串联的倍压器的阻值应越大。多量程的电压表内部具有多个倍压器，不同的量程串接不同阻值的倍压器。

2. 交流电压的测量　测量交流电压采用交流电压表，只要被测电压在电压表量程范围内，就可以将电压表直接并联在被测电路的两端，如图9-9a 所示。与直流电压测量不同的是交流电压表的两个接线端子没有极性，可以任意掉换。

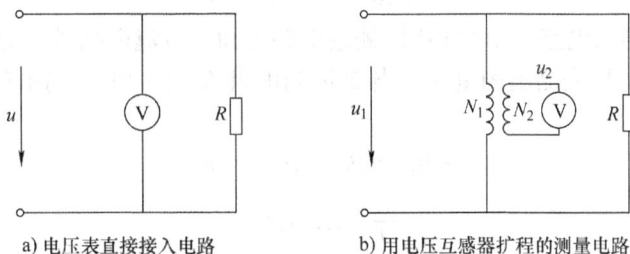

a) 电压表直接接入电路　　　　b) 用电压互感器扩程的测量电路

图9-9　交流电压测量电路

在实际工程中，若要测量高电压电路，一般采用电压互感器来扩大交流电压表的量程，如图 9-9b 所示。配有电压互感器的电压表一般采用量程为100V 的交流电压表，电压互感器的二次侧额定电压也为100V，与电压表相接，一次侧额定电压决定了电压表扩程后的量程，接于被测电路的两端。例如量程为100V 的电压表配上电压比为1000/100 的电压互感器就组成了一个量程为1000V 的交流电压表。与电压互感器配套使用的电压表表盘标度尺就是按照电压互感器一次侧额定电压进行分度的，所以测量时可以通过指针所在的位置直接读出被测电压值。在使用中电压互感器二次绕组不允许短路，另外，二次绕组的一端与铁心均需接地。

第三节　电阻的测量

电气工程中经常需要对电气设备、电气元器件以及电气线路中的电阻进行测量，而不同测量对象的电阻值往往差异很大，为了减小测量误差，对不同范围阻值的电阻应选择不同的仪表和测量方法。通常将阻值在 1Ω 以下的电阻称为小电阻，$1\Omega \sim 0.1M\Omega$ 之间的电阻称为中电阻，$0.1M\Omega$ 以上的电阻称为大电阻。

一、伏安法

如果测量出被测电阻 R_X 两端的电压 U 和流过 R_X 的电流 I，根据欧姆定律($R_X = U/I$)就可以求出被测电阻的阻值，这种测量方法就称为伏安法。这是一种间接测量法，一般适合测中阻值电阻。

伏安法测电阻有两种测量电路，一种为电流表内接电路，一种为电流表外接电路，如图 9-10 所示。

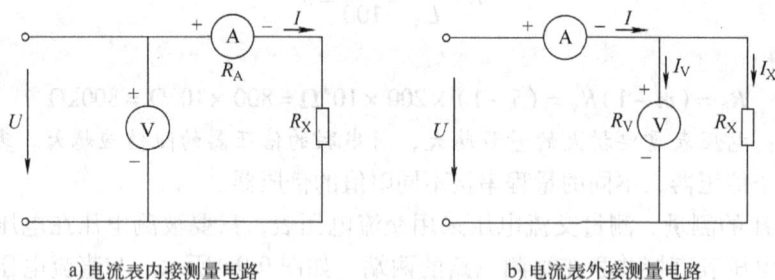

a) 电流表内接测量电路　　　　　　　　　　b) 电流表外接测量电路

图 9-10　伏安法测电阻

1. 电流表内接测量电路　由图 9-10a 测量电路可知，电流表测量出的电流 I 是被测电阻 R_X 中的电流，但是电压表测出的电压 U 却是被测电阻 R_X 上的电压与电流表上的电压之和，因此有

$$U = IR_A + IR_X = I(R_A + R_X)$$

因此

$$\frac{U}{I} = R_A + R_X$$

只有当 $R_A \ll R_X$ 时，忽略 R_A，才有

$$R_X \approx \frac{U}{I}$$

可见该测量电路只适用 $R_A \ll R_X$ 的情况，即适用于测量大阻值(远大于电流表内阻)的电阻，否则将产生较大的误差。

2. 电流表外接测量电路　由图 9-10b 所示测量电路可知，电压表测量出的电压 U 是被测电阻 R_X 上的电压，但是电流表测出的电流 I 却是被测电阻 R_X 中的电流 I_X 与电压表中的电流 I_V 之和，因此有

$$I = I_X + I_V = \frac{U}{R_X} + \frac{U}{R_V} = U\left(\frac{1}{R_X} + \frac{1}{R_V}\right)$$

于是

$$\frac{U}{I} = \frac{1}{\dfrac{1}{R_\mathrm{x}} + \dfrac{1}{R_\mathrm{V}}} = \frac{R_\mathrm{x} R_\mathrm{V}}{R_\mathrm{V} + R_\mathrm{x}} = \frac{R_\mathrm{x}}{1 + \dfrac{R_\mathrm{x}}{R_\mathrm{V}}}$$

只有当 $R_\mathrm{x} \ll R_\mathrm{V}$，即当 $R_\mathrm{x}/R_\mathrm{V}$ 很小，甚至可以忽略时，才有

$$R_\mathrm{x} \approx \frac{U}{I}$$

可见该测量电路只适用 $R_\mathrm{x} \ll R_\mathrm{V}$ 的情况，即适用于测量小阻值（远小于电压表内阻）的电阻，否则也会产生很大的误差。

二、欧姆表法

欧姆表法是指用欧姆表直接测量被测电阻阻值的方法，这是一种直接测量法，测量电阻很方便，它也是适合测中电阻。

1. 欧姆表的基本组成　欧姆表的等效电路如图 9-11 所示，它是由直流电源 E（通常采用干电池）、限流电阻 R、内阻为 R_A 的电流表（通常为微安级表头）串联而成。图中 R_x 为被测电阻。

2. 欧姆表的测量原理　在图 9-11 中，根据欧姆定律可知流过被测电阻的电流 I_x 为

$$I_\mathrm{x} = \frac{E}{R + R_\mathrm{A} + r + R_\mathrm{x}} = \frac{E}{R_0 + R_\mathrm{x}} \qquad (9\text{-}3)$$

式中，r 为直流电源内阻；$R_0 = R + R_\mathrm{A} + r$ 为欧姆表综合内阻，简称欧姆表内阻。

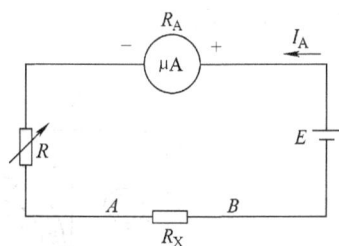

图 9-11　欧姆表基本电路

由于是串联电路，所以流过被测电阻的电流与流过电流表的电流相等。因此，当电源 E、欧姆表内阻 R_0 一定时，电流表指针偏转角的大小（电流 I_x 的大小）只与被测电阻 R_x 的大小有关，即电流表指针的偏转角反映了被测电阻的大小。如果电流表的标度尺按电阻值刻度，就可以直接测量电阻的大小。

当被测电阻 $R_\mathrm{x} = 0$ 时（将 A、B 两测量端短接），电路中电阻最小（等于欧姆表内阻 R_0），通过电流表的电流 $I_\mathrm{x} = E/R_0$ 最大，如果适当地调节限流电阻 R（改变了 R_0），就可以使 $I_\mathrm{x} = I$，I 为电流表量程，此时电流表指针满刻度偏转，在此位置表盘刻度标出 0Ω；当被测电阻 R_x 为某一阻值时，$I_\mathrm{x} < I$ 指针就指在小于满刻度的某一位置上；当 $R_\mathrm{x} = R_0$ 时，$I_\mathrm{x} = 1/2I$，指针指在刻度盘的中间位置，在此位置表盘刻度标出与 R_0 相同的阻值；当被测电阻 $R_\mathrm{x} \to \infty$（A、B 两端开路）时，$I_\mathrm{x} = 0$，指针不动，停在左边的起始位置上，在此表盘刻度标出 ∞，表示被测电阻为无穷大（开路）。从以上对欧姆表测量电路的分析可以看出，欧姆表的标度尺刻度与其他仪表标度尺刻度相反，零值在标度尺

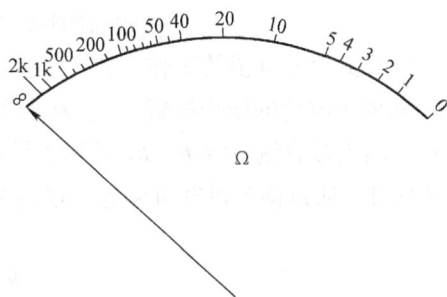

图 9-12　欧姆表的刻度

最右端，最大值在最左端。由式(9-3)可见 I_x 与 R_x 不是线性关系，所以欧姆表标度尺刻度不是均匀的，从右到左越来越密，如图9-12所示。

欧姆表的使用方法可以参照第四节中"万用表欧姆档的使用"。

三、电桥法

在上述两种测量电阻的方法中，欧姆表法的测量准确度较差，伏安法虽然测量准确度较高，但操作比较麻烦，并且两种方法的测量范围又受到一定的限制。当要求对电阻进行较精确测量时，通常采用直流电桥，用直流电桥测量电阻的方法称为电桥法。

电桥是一种比较式仪表，它的准确度和灵敏度都很高，电桥分直流电桥和交流电桥。直流电桥用来精确测量电阻，而交流电桥一般用来精确测量电容、电感等。根据结构的不同，直流电桥又分为单臂电桥和双臂电桥。

1. 直流单臂电桥

直流单臂电桥又称惠斯登电桥，通常用于 $1\Omega \sim 0.1M\Omega$ 电阻的测量，常用单臂电桥的面板如图9-13所示。

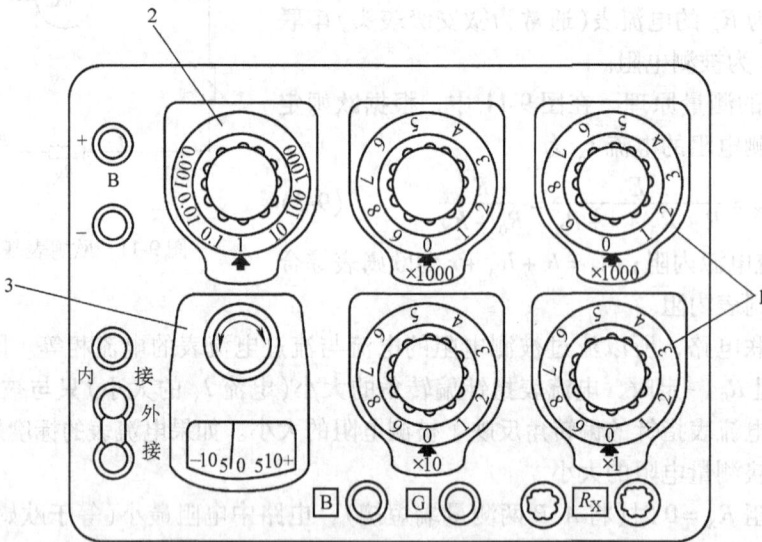

图9-13　直流单臂电桥面板

1—比较臂旋钮　2—比例臂旋钮　3—检流计

（1）直流单臂电桥的工作原理　直流单臂电桥原理电路如图9-14所示，电阻 R_x、R_2、R_3、R_4 构成了电桥的四个桥臂，R_x 为被测电阻，其余三个臂由电桥内部的标准可调电阻组成。a、c 两点接直流电源 E，b、d 两点接检流计（相当于高灵敏度的小电流表）。

测量时，通过调节桥臂可调电阻使得检流计的电流为0，即 $U_{bd} = 0$，这时电桥平衡，于是有

$$R_x I_x = R_4 I_4 \tag{9-4}$$

$$R_2 I_2 = R_3 I_3 \tag{9-5}$$

由于检流计中的电流为0，可得 $I_x = I_2$，$I_4 = I_3$，将其代入式(9-4)并除以式(9-5)可得被

测电阻

$$R_X = \frac{R_2}{R_3} R_4 \qquad (9\text{-}6)$$

　　在实际的电桥电路中，式(9-6)中 R_2/R_3 的值
是 10 的整数倍，提供一个相对固定的比例系数，
因此这两个电阻构成的桥臂称为比例臂。R_4 的值
可以从 0 开始逐渐调节，其值可以细化到 4 位有效
数，R_4 称为比较臂。以 QJ23 型直流单臂电桥为
例，其面板上装有五个标有读数的旋钮，如图 9-13
所示，其中在左上角的旋钮是调节 R_2/R_3 比例臂的
旋钮，共有七档可调，其比例系数分别为 0.001、
0.01、0.1、1、10、100、1000。比较臂 R_4 由有四

图 9-14　直流单臂电桥原理电路

个带旋钮的十进制电阻箱构成，通过调节可以得到 $0000 \sim 9999\Omega$ 范围内任意一个整数值电
阻。测量时，调节比例臂与比较臂各个旋钮，使得检流计指示为 0，此时比较臂旋钮的读数
即为被测电阻阻值的基数，比例臂的读数则表示出比例系数，两者相乘即得被测电阻 R_X 的
阻值。

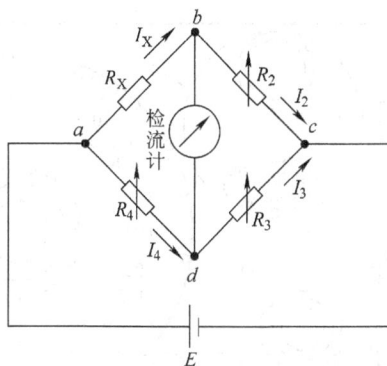

　　(2) 直流单臂电桥的使用方法(以 QJ23 型电桥为例)

　　1) 使用前先检查电池，电压偏低应及时更换。使用外接电源时注意极性，电压不能超
过规定值。

　　2) 打开检流计的机械锁扣。

　　3) 调整好检流计的机械零位。

　　4) 接入被测电阻 R_X。

　　5) 估计被测电阻的阻值大小，选好适当的倍率，使电桥比较臂的四档都用上，这样可
使设备得到充分利用，可以获得四位有效数字的读数。若其读数为几千、几百或几十欧姆
时，倍率应选为 1；若读数中小数点后有两位，倍率应选 0.01；若读数中小数点后有三位，
倍率就该选为 0.001。

　　6) 先按下电源按钮，再按下检流计按钮。

　　7) 若检流计指针向"＋"或向"－"偏转，需将比较臂的数值调小或调大，使指针指在零
位。这时可以读出比较臂的示数几千几百几十几，再乘上倍率的大小，即为被测电阻的阻值。

　　8) 测完后，先断开检流计按钮，然后断开电源按钮。

　　9) 拆下被测电阻。

　　10) 锁上检流计的机械锁扣。

　　2. 直流双臂电桥

　　直流双臂电桥也称凯尔文电桥，是用于 1Ω 以下的小电阻测量，其外形和面板如图 9-15
所示。

　　对于 1Ω 以下的小电阻测量，由于接触电阻和测量用的导线电阻都不容忽略，它们都将
对测量的准确度产生很大影响，直流双臂电桥正是能消除这种影响(电路原理略)。

　　直流双臂电桥的使用方法基本上与直流单臂电桥相类似。使用中还应注意以下两个
问题：

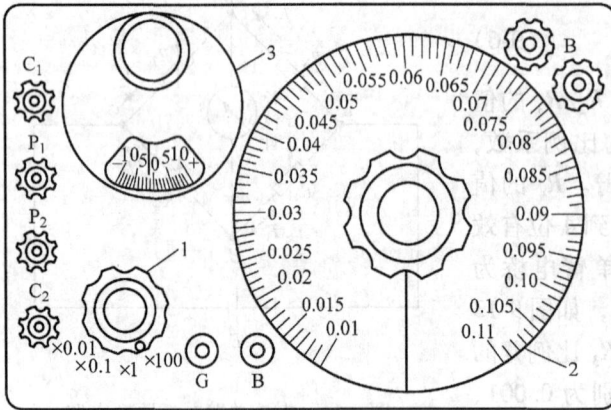

图 9-15　直流双臂电桥面板
1—比例臂旋钮　2—比较臂旋钮　3—检流计

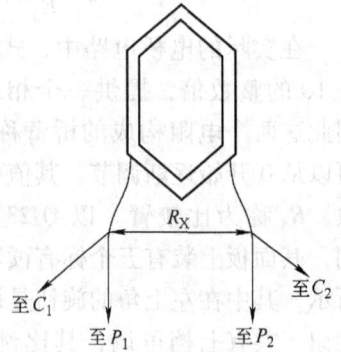

图 9-16　双臂电桥与被测
电阻的接法

1）被测电阻的接入，应采用"四端接法"。一般的电阻元件（如线圈等）只有两个端头，可按图 9-16 所示引出四根接线，再接入电桥。

2）直流双臂电桥的工作电流很大，应该注意电源电池的消耗情况，消耗严重的应及时换新电池。测量操作时，动作要迅速，测量结束后，应及时将电路断开。

四、兆欧表法

兆欧表法就是用兆欧表测量电阻的方法，兆欧表又称绝缘电阻表，是专门用来测量大电阻的仪表。

在电气工程中为了保证电气设备的正常运行和操作人员的安全，需要经常检查电气设备的绝缘性能。由于这些设备使用的电压一般比较高，要求绝缘电阻又比较大，如果用上述的几种方法进行测量显然无法满足要求，也无法获得准确的结果，因此在工程中测量绝缘电阻必须采用兆欧表法。

（1）兆欧表的结构和规格　兆欧表的内部是由一个手摇发电机和测量机构组成，外部有测量接线柱，手摇发电机手柄以及表盘和指针，表盘标度尺是以 MΩ 为单位，其外形和标度尺如图 9-17 所示。

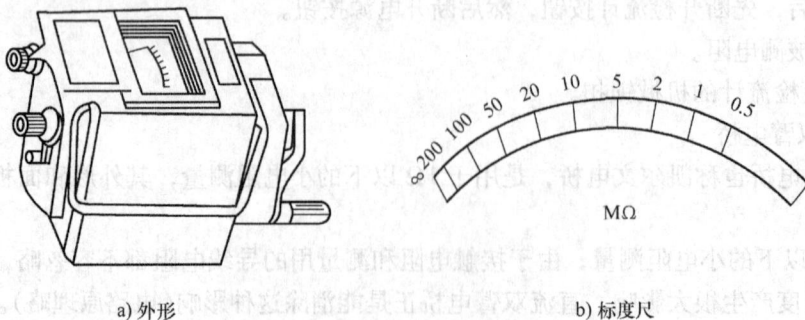

a) 外形　　　　　　　　　　　b) 标度尺

图 9-17　兆欧表

兆欧表不同于其他仪表，它的指针在仪表不用时可以停留在任何位置。兆欧表的规格取决于手摇发电机的输出电压，常用的规格有250V、500V、1000V、2500V和5000V等多种。

（2）兆欧表的选用 选用兆欧表主要应考虑它的输出电压要与被测设备的额定电压相对应，通常测量额定电压在500V以下的设备或线路的绝缘电阻时，可选用500V或1000V的兆欧表；测量额定电压在500V以上的设备或线路的绝缘电阻时，应选用1000～2500V的兆欧表。

（3）兆欧表的接线和测量方法 兆欧表有三个接线柱，其中两个较大的接线柱上分别标有"接地"E和"线路"L，另一个较小的接线柱上标有"保护环"或"屏蔽G"。

1）测量照明或电力线路对地的绝缘电阻。按图9-18a把线接好，顺时针转动摇把，转速由慢变快，约1min后，发电机转速稳定时（120r/min），表针也稳定下来，这时表针指示的数值就是所测得的绝缘电阻值。

2）测量电机的绝缘电阻。将兆欧表的接线柱E接机壳，L接电机的绕组，如图9-18b所示，然后进行摇测。

3）测量电缆的绝缘电阻。测量电缆的线芯和外壳的绝缘电阻时，除将外壳接E，线芯接L外，中间的绝缘层还需和G相接，如图9-18c所示。

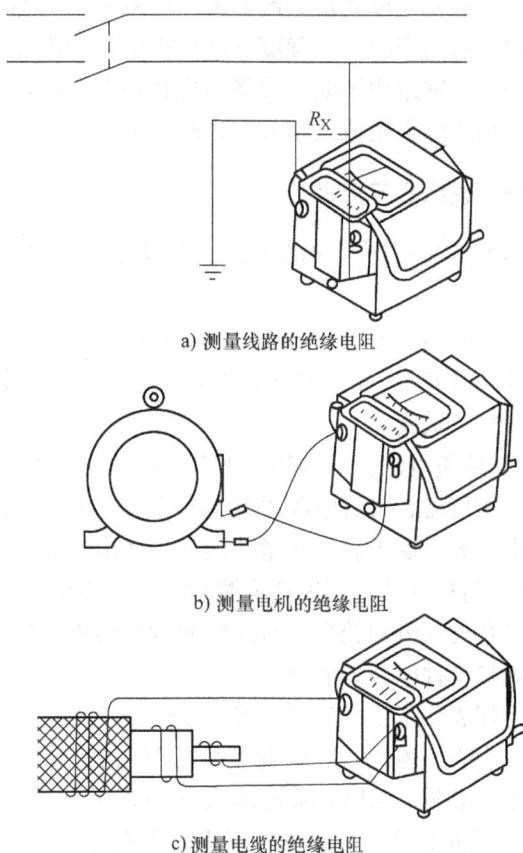

a) 测量线路的绝缘电阻

b) 测量电机的绝缘电阻

c) 测量电缆的绝缘电阻

图9-18 兆欧表测量电路

（4）使用兆欧表的注意事项

1）测量电器设备绝缘电阻时，必须先断电，经放电后才能测量。

2）测量时兆欧表应放在水平位置上，未接线前先转动兆欧表做开路试验，指针是否指在"∞"处，再把L和E短接，轻摇发电机，看指针是否指在"0"。若开路指"∞"，短路指"0"，则说明兆欧表是好的。短路试验时，时间不能过长，否则会损坏仪表。

3）兆欧表接线柱的引线应采用绝缘良好的多股软线，同时各软线不能绞在一起。

4）兆欧表测完后立即使被测物放电，在兆欧表摇把未停止转动和被测物未放电前，不可用手去接触被测物的测量部分或拆除导线，以防触电。

第四节 万 用 表

万用表是万用电表的简称，顾名思义，它是一种有很多用途的电工测量仪表。万用表实质上就是将电流表、电压表以及欧姆表进行了综合，并增加了一些附加电路，构成了一个能够测量直流电流、直流电压、交流电压、电阻等多种电量和多种量程的便携式仪表。功能较全的万用表还可以测量交流电流、电感量、电容量、功率以及晶体管直流放大倍数 h_{FE} 等电气参数。万用表测量准确度不高（多为 2.5 级），但是用途广泛，使用简单，携带方便，价格低廉，特别适用于电气线路的检查和电气设备的安装、调试与维修。

万用表分为模拟式和数字式两大类。

一、模拟式万用表

（1）模拟式万用表的组成　模拟式万用表主要由表头、测量电路和转换开关三部分组成。

1）表头：模拟万用表的主要部件，其作用是用来指示被测量的数值，通常都是采用高灵敏度的微安表（满量程电流值为 $10 \sim 100\mu A$）做万用表的表头，表头的灵敏度决定了整个万用表的灵敏度。

2）测量电路：其作用是把各种被测量转换到适合表头测量的微小电流。它是由多个分流器、倍压器、直流电源以及其他的附加电路组成，通过与表头的组合实现多量程的电流表、电压表、欧姆表的测量功能及一些附加的测量功能。

3）转换开关：用来切换测量电路，实现对测量种类和量程的换接的开关。由于万用表的测量种类和量程较多，对应的测量电路也较多，所以转换开关一般采用多刀多掷开关，以适应换接多种电路的需要。

万用表除了上面三个主要部分，还有表盘、表壳、表笔等。各种型号的万用表外形不尽相同，MF47 型万用表的面板如图 9-19 所示，在万用表的面板上有带有标度尺和各种符号的表盘、转换开关的旋钮、机械调零螺丝、电气调零旋钮、测量晶体管的插座以及表笔的插孔和接线柱等。

（2）万用表的表盘　在万用表的表盘上，通常印有标度尺、数字和各种符号，如图 9-20 所示。

1）弧形标度尺。位于刻度盘的最上方的，不等分的电阻量标度尺；向下依次是一条测直流用的 50 格等分的标度尺；一条 50V 以上测交流用的标度尺；一条 10V 交流专用标度尺及一条 dB 标度尺。有的万用表上还有 A、μF、mH 及 h_{FE} 等标度尺。

2）常用符号及其意义。为了方便使用，万用表的使用条件和技术特性往往用

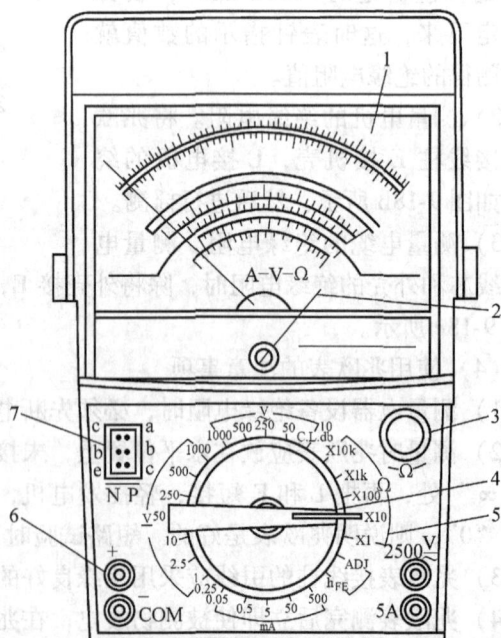

图 9-19　MF47 型万用表面板图
1—表盘　2—机械调零螺丝　3—电气调零旋钮
4—转换开关旋钮　5—测量种类和量程
6—表笔插孔　7—晶体管插座

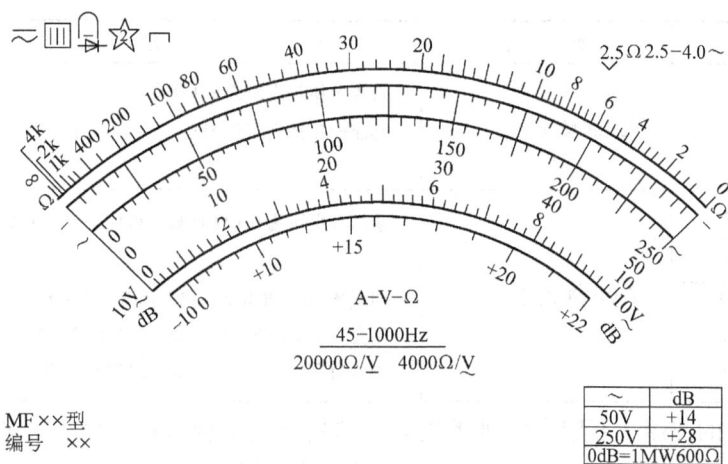

图 9-20 万用表的表盘示例

一些特定符号标注在万用表的表盘上，使用时可根据表盘上的标记符号，了解万用表的特性，以确定是否符合测量需要。万用表表盘上的常用符号及其意义如表 9-3 所示。

表 9-3 万用表表盘的符号及其意义

符 号	类 别	意 义
A-V-Ω		万用表(三用表)
≃		交直流两用
一或 DC	用途	直流
~ 或 AC		交流(单相)
⌂	表头结构	磁电系表头
⌂		整流系表头(带半导体整流器的磁电系表头)
⌂		Ⅰ级(磁电系)
Ⅱ		Ⅱ级
Ⅲ	防外磁场等级	Ⅲ级
Ⅳ		Ⅳ级
⌐ 或 →	使用方法	水平放置
☆ 或 ⚡2kV		绝缘强度试验电压为2kV
☆	绝缘强度等级	绝缘强度试验电压为500V
☆0		不进行绝缘强度试验
2.5—或 ②.5		直流电压、电流测量误差小于2.5%
4.0~或 ④.0	测量准确度等级	交流电压测量误差小于4.0%
2.5 ∨		以标度尺长度百分数表示的准确度等级(例如2.5级)
45~1500Hz	适用频率	工作频率范围为45~1500Hz

（续）

符　号	类　别	意　义
20kΩ/V̲ 50kΩ/V̲	电压灵敏度	直流电压档内阻为20kΩ/V 交流电压档内阻为5kΩ/V
0dB＝1mW600Ω	音频电平测量	参考零电平为600Ω负载上得到1mW功率

～	dB
50V	+14
100V	+20
250V	+28

其中音频电平测量意义栏：
- 用交流50V档测量，表上读数加14dB
- 用交流100V档测量，表上读数加20dB
- 用交流250V档测量，表上读数加28dB

（3）万用表的使用　万用表的种类繁多，结构形式多种多样，面板上的旋钮、开关的布局也各有差异。因此，在使用万用表之前，首先应仔细阅读该表的技术说明书，了解它的技术性能，熟悉各部件的作用，分清面板上各标度尺所对应测量的量，并了解万用表的使用条件，为正确使用万用表打下一个良好的基础。

一般地说，使用万用表时，必须注意以下几点。

1）插孔（或接线柱）的选择。在进行测量之前，首先应检查表笔应插在什么位置上。红表笔应插到标有"＋"符号的插孔内，黑表笔应插到标有"－"或"＊"符号的插孔内。有些万用表针对特殊量设有专用插孔（如MF47型万用表面板上设有"5A"和"2500V̲"两个专用插孔），在测量这些特殊量时，应把红表笔改插到相应的专用插孔内，而黑表笔的位置不变。

2）测量档位的选择。使用万用表时，应根据测量的对象，将转换开关旋至相应的位置上。例如，当测量交流电压时，应把转换开关旋至标有"V̲"的范围内。有的万用表面板上设有两个转换开关旋钮，当进行电阻测量时，先把左边的旋钮旋到"Ω"位置，然后再把右边的旋钮旋到适当的量程（倍率）位置上。在进行档位选择时，应慎重选择合适的量程范围，稍有不慎就有可能损坏仪表。特别是测量电压时，如果误选了电流档或电阻档，将会使表头和测量电路遭受严重的损伤。

3）量程的选择。用万用表测量交直流电流或电压时，其量程选择的要求与电流表或电压表的量程选择相同，即尽量使指针在满刻度值2/3以上区域，以保证测量结果的准确度。用万用表测量电阻时，则应尽量使指针在中心刻度值的（1/10～10）倍之间。如果测量前无法估计出被测量的大致范围，则应先把转换开关旋到量程最大的位置进行粗测，然后再选择适当的量程进行精确测量。

4）正确读数。万用表的表盘上有几条标度尺，它们分别适用于不同的测量种类。测量时应在对应的标度尺中读取数据，同时应注意标度尺读数和量程档的配合。

5）欧姆档的使用

①　每一次测量电阻，都必须调零，即将两支表笔短接，旋动"电气调零旋钮"，使指针指示在"Ω"标度尺的"0"刻度线上。特别是改变了欧姆倍率档后，必须重新进行调零，这是保证测量准确必不可少的步骤。当调零无法使指针达到欧姆零位时，则说明电池的电压太低，应更换新电池。

②　测量电阻时，被测电路不允许带电，否则，不仅是测量结果不准确，而且很有可能

损坏表头。

③　被测电阻不能有并联支路，否则其测量结果是被测电阻与并联支路电阻并联后的等效电阻，而不是被测电阻的阻值。由于这一原因，测量电阻时，不能用手去接触被测电阻的两端，避免因人体电阻而造成不必要的测量误差。

④　用万用表欧姆档测量小功率晶体管的参数时，要注意一般不能用 $R \times 1$ 或 $R \times 10k$ 档。因为 $R \times 1$ 档综合内阻很小，测量时电流较大。而 $R \times 10k$ 档的表内电源电压较高，这两种情况下都有可能损坏晶体管。另外，要注意万用表的红表笔是与表内电池的负极相连接的，而黑表笔是与表内电池的正极相边接的。

⑤　万用表欧姆档不能直接测量微安表头、检流计、标准电池等仪器仪表的内阻，在使用的间歇中，不要让两根表笔短接，以免浪费电池。

6）注意操作安全。在万用表的使用过程中，必须十分重视人身和仪表的安全。一般地说，要注意以下几点。

①　测量时绝不允许用手接触表笔的金属部分，否则会发生触电或影响准确度。

②　不允许带电转动转换开关，尤其是当测量高电压和大电流时。否则在转换开关的动触点和静触点分离的瞬间产生电弧，使动触点和静触点氧化，甚至烧毁。

③　测量含有交流分量的直流电压时，要充分考虑转换开关的最高耐压值，否则会因为电压幅值过大而使转换开关中的绝缘材料被击穿。

④　万用表使用完毕后，一般应该把转换开关旋至交流电压的最大量程档，或旋至"OFF"档。

7）万用表的保管

①　万用表应经常保持清洁干燥，避免振动或潮湿。

②　万用表长期不用时，要把电池取出，以防日久电池变质渗液，损坏万用表。

二、数字万用表

数字万用表属于新型、通用的数字仪表，又称数字多用表。它是大规模集成电路、数字显示技术乃至计算机技术的结晶。数字万用表与模拟万用表的测量过程和指示方式完全不同。模拟万用表是先通过一定的测量电路将被测的模拟电量转换成电流信号，再由电流信号去驱动磁电系测量机构使表头指针偏转，通过表盘上标度尺的读数指示出被测量的大小，如图 9-21 所示；数字万用表是先由模/数转换器（A/D 转换器）将被测模拟量变换成数字量，然后通过电子计数器的计数，最后把测量结果用数字直接显示在显示器上，如图 9-22 所示。

图 9-21　模拟万用表的测量过程

图 9-22　数字万用表的测量过程

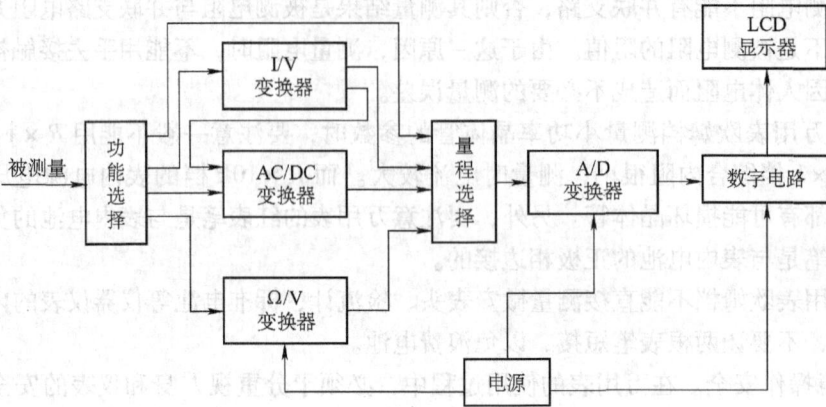

图 9-23　普通数字万用表基本组成框图

1. 数字万用表的基本组成

数字万用表是由功率选择开关把各种被测量分别通过相应的能量变换，变换成直流电压，并按照规定的线路送到量程选择开关，然后将相应的直流电压送到 A/D 转换器，由 A/D 转换器将直流电压转换成数字信号，经数字电路处理后通过液晶（LCD）显示器显示出被测量的数值。

图 9-23 所示是普通数字万用表的基本组成框图。从图中可以看出，整个数字万用表由四个基本部分组成：

1）模拟电路。它包括功能选择电路，各种变换器电路，量程选择电路。

2）A/D 转换器。

3）数字电路。

4）显示器电路。

在数字万用表中 A/D 转换器是数字万用表的核心部分。上述电路大都是集成电路（IC）。如用于 $3\frac{1}{2}$ 位仪表中的 ICL7106 集成电路，它包括了 A/D 转换器和数字电路两大部分。如今已有多种用于数字万用表的专用集成电路产品，它们可以用来制成各种各样的数字万用表。

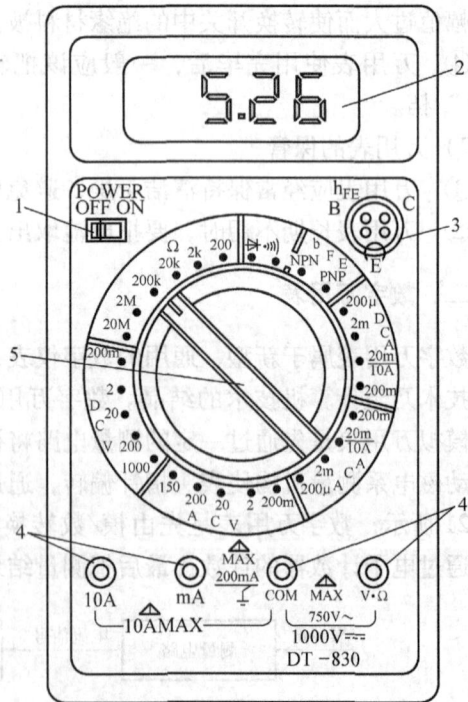

图 9-24　DT830 型数字万用表面板
1—电源开关　2—显示器　3—h_{FE}插口
4—输入插口　5—量程转换开关

2. 数字万用表的面板（以 DT830 型为例）

DT830 型数字万用表的面板布置如图 9-24 所示，各部分的作用为：

1）电源开关。

2）显示屏（LCD）。最大显示 1999 或 –1999，有自动调零及极性自动显示功能。

3）h_{FE}插口。测试晶体管的专用插口，测试时，将晶体管的三个管脚插入对应的 E、B、C 孔内即可。

4）输入插口。共有"10A"、"mA"、"COM"、"V·Ω"四个孔。注意，黑表笔始终插在"COM"孔内；红表笔则根据具体测量对象插入不同的孔内。面板下方还有"10AMAX"或"MAX200mA"和"MAX750V～、1000V –"标记，前者表示在对应的插孔内所测量的电流值不能超过 10A 或 200mA；后者表示测交流电压不能超过 750V，测直流电压不能超过 1000V。

5）量程转换开关。开关周围用不同的颜色和分界线标出各种不同测量种类和量程。

3. 数字万用表的基本使用方法（以 DT830 型为例）

1）电压测量。将红表笔插入"V·Ω"孔内，根据直流或交流电压合理选择量程；再把 DT830 型数字万用表与被测电路并联，即可进行测量。注意，不同的量程，测量精度也不同。例如，测量一节 1.5V 的干电池，分别用"2V"、"20V"、"200V"、"1000V"档位测量，其测量值分别为 1.552V、1.55V、1.6V、2V。所以不能用高量程档位去测小电压。

2）电流测量。将红表笔插入"mA"或"10A"插孔（根据估计的测量值的大小），合理选择量程，把 DT830 型数字万用表串联接入被测电路，即可进行测量。

3）电阻测量。将红表笔插入"V·Ω"孔内，合理选择量程，即可进行测量。

4）二极管的测量。将红表笔插入"V·Ω"孔内，量程开关转至标有二极管符号的位置，再把二根表笔按图 9-25 所示的方法连接二极管的两端。其中图 9-25a 为正向测量，若管子正常，则电压值为 0.5V～0.8V（硅管）或 0.25V～0.3V（锗管）；图 9-25b 是反向测量，若管子正常，则显示出"1"，若损坏，将显示"000"。

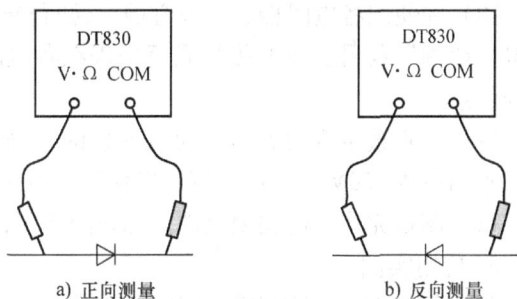

图 9-25　二极管的测量

5）h_{FE}值测量。根据被测管的类型（PNP 或 NPN）的不同，把量程开关转至"PNP"或"NPN"处，再把被测管的三个脚插入相应的 E、B、C 孔内，此时，显示屏将显示出 h_{FE} 值的大小。

6）电路通、断的检查。将红表笔插入"V·Ω"孔内，量程开关转至标有"·)))"符号处，让表笔触及被测电路，若表内蜂鸣器发出叫声，则说明电路是通的，反之，则不通。

4. 使用注意事项

1）仪表的使用或存放应避免高温（>40℃）、寒冷（<0℃）、阳光直射、高湿度及强烈振动环境。

2）数字万用表在刚测量时，显示屏上的数值会有跳数现象，这是正常的，应当待显示数值稳定后（约 1～2s）才能读数，切勿用最初跳数变化中的某一数值，当作测量值读取。另外，被测元器件的引脚因日久氧化或锈污，造成被测元件和表笔之间接触不良，显示屏会出现长时间的跳数现象，无法读取正确测量值。这时应先清除氧化层和锈污，使表笔接触良好后再测量。

3）测量时，如果显示屏上只有"半位"上的读数 1，则表示被测数据超出所在量程范围（二极管测量除外），这种现象称为溢出。这时说明量程选得太小，可换高一档量程再测试。

4）数字万用表的功能多，量程档位也多。这样相邻两个档位之间的距离便很小。因此转换量程开关时动作要慢，用力不要过猛。在开关转换到位后，再轻轻地左右拨动一下，看看是否真的到位，以确保量程开关接触良好。

5）严禁在测量的同时旋动量程开关，特别是在测量高电压、大电流的情况下。以防产生电弧烧坏量程开关。

6）交流电压档只能直接测量低频（小于 500Hz）正弦波信号。

7）测量晶体管 h_{FE} 值时，由于工作电压仅为 2.8V，且由于 U_{BE} 的影响，因此，测量值偏高，只能是一个近似值。

8）大部分数字万用表测试一些连续变化电量的过程，如观察电容器的充放电过程，不如模拟式万用表方便直观。这时可采用数字表和模拟表结合使用，或者选用 $3\frac{1}{2}$ 位自动量程数字/模拟条图双显示万用表，如 DT960 型或 DT960T 型，它们具有数字、模拟双重显示功能。

9）测 10Ω 以下精密小电阻时（200Ω 档），先将两表笔短接，测出表笔电阻（约 0.2Ω），然后在测量中减去这一数值。

10）在使用各电阻档、二极管档、通断档时，红表笔接"V·Ω"插孔（带正电），黑表笔接"COM"插孔。这与模拟式万用表在各电阻档时的表笔带电极性恰好相反，使用时应特别注意。

11）尽管数字万用表内有比较完善的各种保护电路，使用时仍应避免误操作，如不能用电阻档去测 220V 交流电压等，以免带来不必要的损失。

12）测量完毕，应关闭电源。如长期不用，应取出电池，以免因电池变质损坏仪表。

5. 应用实例

（1）用 DT830 型数字万用表作感应测电器　将量程开关置于交流 200mV 档，红表笔插入"V·Ω"孔内（"COM"孔内不能插表笔），手持红笔进行如下测量。

1）确定市电布线的走向及是否带电，手持表笔离墙 10cm 左右进行移动，若有市电，显示屏上读数就会迅速增值；否则，无增值。

2）相线的确定：此时应把档位转至交流 2V 或 20V（降低灵敏度），手持表笔依次接触两个电线端，若有一端显示屏读数迅速增值，则表明这端就是相线端。

（2）判别发光二极管的好坏　发光二极管 LED 有单色、双色、变色三种类型。其正向压降一般约为 1.5～2.3V，工作电流为 5～20mA，因此，用普通的模拟万用表不能使其发光。用数字万用表检查发光二极管的方法如下：

1）对于单色 LED 的检查。首先把被测管按照图 9-26 所示的方法插入 DT830 型数字万用表的"h_{FE}"孔，再把量程开关转至 PNP 档。若此 LED 发光，表明该管正常；若不发光，可交换被测管的正负极重测一次，假如两次均不发光，说明 LED 内部开路。

2）对于变色 LED 的检查。DT830 型数字万用表仍放在 PNP 档，并按图 9-27 所示的方法把被测管插入"h_{FE}"孔，即把 LED 的 C 极固定插在 C 孔内，依次将 LED 的 R、G 极插入

E 孔，正常的话，应发出红光和绿光；如同时把 R、G 极插入 E 孔，则应发出复合的橙色光。至于双色 LED 的检查，也与以上方法类似。

（3）判别数码管的好坏　图 9-28 所示为 HDR—2 型数码管的管脚与内部结构。检查时，首先将 DT830 型数字万用表的量程开关置于 NPN 档，此时 C 孔带正电，E 孔带负电。从 E 孔引出的一根导线连接数码管的"－"极（3 脚或 8 脚），再从 C 孔引出一导线依次碰触区段的引出脚，若数码管正常，则相应的区段应发光。

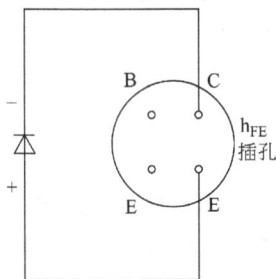

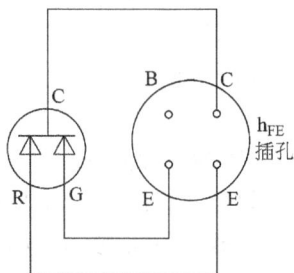

图 9-26　单色 LED 的检查　　　　图 9-27　变色 LED 的检查　　　　图 9-28　HDR—2 型数码管的结构

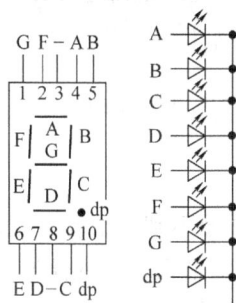

第五节　安全用电

众所周知，当前从事工程的人员经常会接触到各种电气设备，这就要求他们应具有一定的安全用电知识，按照安全用电的相关规定从事工作，从而避免人身和设备事故。持安全电工证上岗，是我国劳动保护的重要政策之一，充分体现了党和政府关心劳动人民的安全和健康。电，不仅已应用在工农业生产的各个领域，也进入了普通百姓家。电，可以说无处不在。因此，接触电的机会也就多了，触电事故时有发生，了解安全用电知识显得十分必要。

一、触电

触电是指由于人体与带电体的意外接触，而使人体承受过高的电压，以致引起死亡或局部受伤的现象。从本质上看，触电是指电流对人体的伤害。触电依伤害程度不同分为"电伤"和"电击"两种。所谓电伤，是指人体外部因电弧或熔丝熔断时飞溅的金属沫等而造成局部烧伤的现象。而电击是指电流通过人体内部器官的损伤，是最危险的触电事故。

触电事故的发生各种各样，触电方式主要有单相触电、两相触电和跨步电压触电等，如图 9-29 所示。但对于广大用户来说，中性点接地系统中的单线触电最为常见。下面以图 9-29a 为例进行分析。

在三相四线制供电系统中，中性点通过专用的接地体接地。当人体触及任何一根裸导线或绝缘失效的导线时，人体就会通过电流，其大小为

$$I = \frac{U_P}{R_0 + R_m}$$

式中，U_P 为相电压有效值；R_0 为接地电阻，其值一般为 4Ω 以下；R_m 为人体电阻（约为几百到几千欧），当出汗或受潮时其电阻值会显著减少。

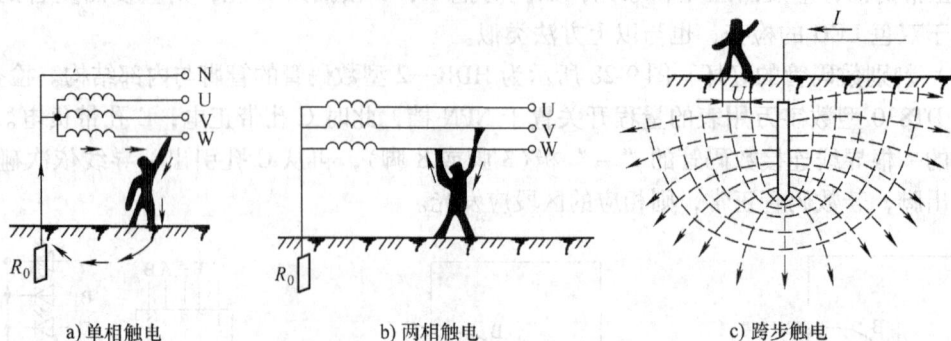

a) 单相触电　　　　　　　　b) 两相触电　　　　　　　　c) 跨步触电

图 9-29　触电方式

在最不利的情况下人体电阻约为 $1k\Omega$，此时 U_P 若为 220V，通过人体的交流电流将达到 0.22A。然而，当人体通过的交流电流的有效值超过 1mA 时，人体就会有轻微麻感；当其有效值超过 10mA 时，触电人就不易自己脱离电源，当超过 50mA 以上时，在 1s 内人会因心脏停止跳动而死亡。

从上面的公式不难看出，用电环境、场所的不同，应有不同的安全电压。我国规定特别危险环境中使用的手持电动工具应采用 42V 安全电压；有电击危险的环境中使用的手持照明灯和局部照明灯采用 36V 或 24V 安全电压；金属容器内，特别潮湿处等特别环境中使用的手持照明灯应采用 12V 安全电压；水下作业应采用 6V 安全电压。

二、用电设备的接地与接零

通常，为了用电安全，防止触电，一般将裸导线置于高处或加设防护遮拦。但对于有些电动机，变压器或家用电器等，往往无法避免接触。在正常情况下这些电气设备的外壳是不带电的。倘若由于某种原因，内部的绝缘损坏或带电的导体碰壳，则金属外壳带电。此时若人与该设备接触，就可能发生触电事故。为了防止这种情况的发生，电气设备的金属外壳必须采取保护接地或保护接零的措施。

1. 保护接地　在变压器中性点不直接接地的电网中，一切电气设备（如电动机、变压器、照明灯具等）的金属外壳通过很小的电阻与大地可靠连接起来，这种接地方法称为保护接地。保护接地电路如图 9-30 所示。由图可见当电动机采用保护接地后，若电机 U 相绕组因绝缘损坏而碰壳，此时人虽触及金属外壳，但由于人体电阻 R_m（约几百～几千欧）远大于接地电阻 R_0（约 4Ω），所以大部分电流由接地体流过，人体几乎没有电流流过，从而保证了人身安全。反之，若外壳不接地，则电流只能经过人体，再经供电系统和大地间的复阻抗形成回路，引发触电事故。

2. 保护接零　在 1kV 以下变压器中性点直接接地的电力网中，一切电气设备的金属外壳应与电网零干线可靠连接，这种连接方法称为保护接零。

在图 9-31 中，假设 W 相出现事故碰壳时，形成相线和零线的单相短路，从而使 W 相保护装置（如熔断器）迅速动作，切断电源，防止人身触电的可能。

必须指出，在变压器中性点接地系统中，只允许采用保护接零，不允许采用保护接地。因为保护接零是利用短路电流起动保护装置，接地时设备接地电阻和变压器接地电阻几乎平分相电压，此时的电流一般不会使短路保护装置动作，设备长期与大地间有漏电电压。此时若有人触及设备，就可能引起触电。

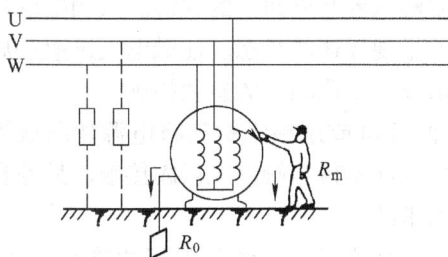

图 9-30 保护接地原理

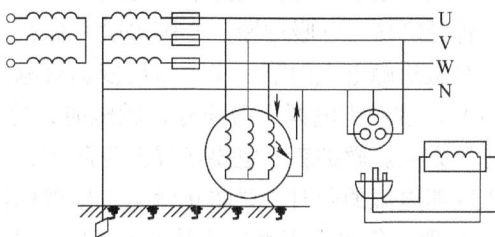

图 9-31 保护接零原理

另外，在同一电力网中，绝不允许一部分电气设备保护接零，另一部分设备保护接地。

三、家庭安全用电常识

随着生活水平的不断提高，家用电器的不断普及，在家庭生活用电上也要注意安全。主要应重视以下几点：

1）在任何情况下，均不能用手鉴定接线端裸导线是否有电。如须了解线路是否有电，应使用完好的验电设备。

2）家用电器的熔丝禁用铜丝代替，禁止用一般胶布或药用胶布代替电工胶布。

3）常用电器的控制开关应接在火线上，这样开关断电后，电器不会有电压。

4）家用电器的外壳应良好地接零，因此单相家用电器应使用三孔插座和三柱插头，其外形如图 9-32 所示。

正确的接法是将用电器的外壳通过导线接在中间插脚上，再通过插座与电源的零线相连，如图 9-33 所示。**必须指出**：绝不允许把保护零线与设备电源的接零线共用，否则可能引起触电事故。

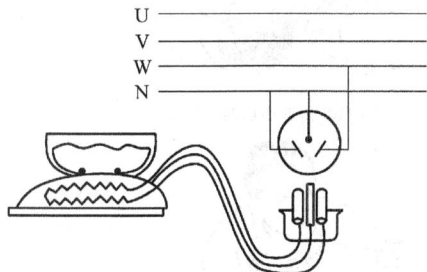

图 9-32 三孔插座与三脚插头

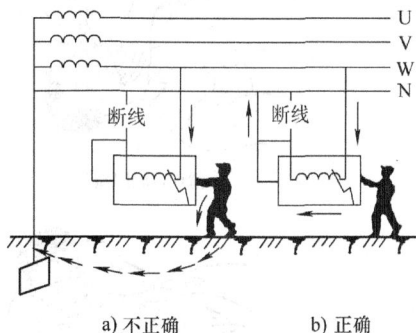

a) 不正确   b) 正确

图 9-33 家用电器外壳接零

5）当发生电气火灾时，首先应切断电源，然后灭火。在切断电源前严禁用水或一般酸性泡沫灭火器来灭火，只能用二氧化碳、二氟一氯、一溴甲烷（即 1211）、二氟二溴式干粉灭火器。在灭火器材不足的情况下，可借助细砂子、细土灭火。

四、触电急救

当发生触电事故时，迅速准确地进行现场抢救是使触电者起死回生的关键。人触电以后会出现神经麻痹、呼吸中断、心脏停跳等症状，外表上呈现昏迷的状态。使触电人迅速脱离电源，是救治触电人的第一步，然后依据触电人具体情况，采取相应的急救措施。

（1）尽快脱离电源　遇到有人触电时，可通过拉闸断电或用绝缘材料将电源切断或挑去电源等方法。救护者一定要做好自身防护，在切除电源前不得与触电人裸露接触。另外在触电人脱离电源的同时，要防止触电人出现摔伤等二次事故。

（2）现场急救　当触电人脱离电源后，应视触电人身体状况，确定护理和抢救方法，即对症救护。

1）触电人神志清醒，但有些心慌、四肢发麻、全身无力；或触电人一度昏迷且已清醒过来，应使触电人安静休息，不要走动，严密观察，必要时送医院诊治。

2）触电人已失去知觉，但心脏仍在跳动，还有呼吸，应使触电人在空气清新和地方舒适、安静地平躺，保持呼吸通畅，并迅速请医生现场诊治。

3）如果触电人失去知觉，呼吸停止，但心脏仍在跳动，则应立即进行人工呼吸，并及时请医生到现场。

4）触电人呼吸和心脏跳动完全停止，应立即进行人工呼吸和心胸外挤压急救等，并迅速请医生到现场。

人工呼吸和胸外挤压法，应该就地开始，就是在送往医院的途中也应继续进行。

人工呼吸和心胸挤压的操作方法包括俯卧压背法，仰卧牵臂法，口对口人工吹气法，胸外心脏挤压法。下面只介绍简单易行、效果较好的"口对口吹气法"和"胸外挤压心脏法"两种方法。

口对口吹气法：①迅速解开触电人衣扣，松开紧身的内衣、裤带，使触电人的胸部和腹部自由扩张。将触电人仰卧，颈部伸直。如果舌头后缩，要将其拉直，使呼吸道畅通。当触

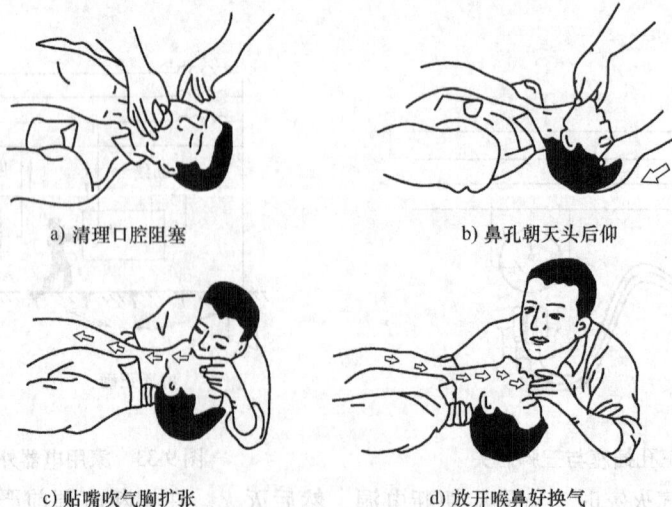

a) 清理口腔阻塞　　　　b) 鼻孔朝天头后仰

c) 贴嘴吹气胸扩张　　　　d) 放开喉鼻好换气

图 9-34　口对口人工呼吸法

电人牙关紧闭，可用小木棒从嘴角伸入牙缝慢慢撬开，将触电人头部后仰，舌根就不会阻塞气流，如图9-34a所示。②救护人在触电人头部的旁边，一只手握紧触电人的头部，另一只手扶起触电人的下鸽，使嘴张开，如图9-34b所示。③救护人做深吸气后，口对口吹气，同时观察触电人胸部的膨胀情况，以胸部略有起伏为宜。起伏过大，表示吹气太多，易把肺泡吹破。若不见起伏，表示吹气不足，所以吹气要适度，如图9-34c所示。④当吹气完毕准备换气时，口要立即分开，并放开捏紧的鼻孔，让触电人自动向外呼气，如图9-34d所示。

按以上吹气方法反复进行，大约每5s吹一次，吹气约2s，呼气约3s。

胸外心脏挤压法：①将触电人仰卧，同样要保持呼吸道畅通，背部着地处应平整稳固。②选好正确的压触部位(心脏的位置约在胸骨下半段和脊椎骨之间)，如图9-35a所示。救护人在触电人一边，两手交叉相叠，把下面那只手的掌根放在触电人的胸骨上(注意不能压胸骨下端的尖角骨)。③开始挤压时，救护人的肘关节要伸直，用力要适当，要略带冲击性地挤压，挤压深度约为3～5cm，如图9-35b所示。④一次冲压后，掌根应迅速放松，但不要离开胸部，使触电人胸骨复位，如图9-35c所示。

挤压次数：成年人约60次/min，儿童约90～100次/min。挤压过程中，应随时注意脉搏是否跳动。

触电人心脏停止跳动时，现场若仅一个人抢救，应将上述两法交替进行，即每吹气1～2次，再挤压10～15次，如此循环往复进行。当触电人面色好转，嘴唇逐渐红润，瞳孔明显缩小，心跳、呼吸微起，即已将触电人从死亡的边缘拉回。

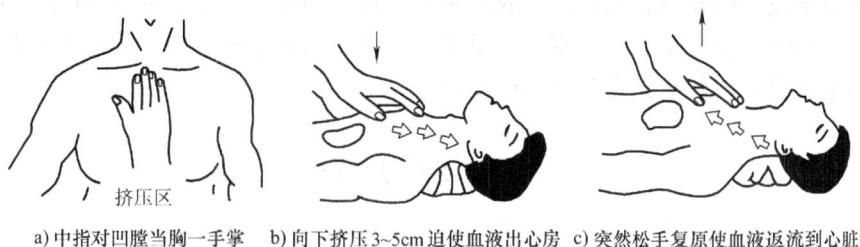

a)中指对凹膛当胸一手掌　　b)向下挤压3~5cm迫使血液出心房　c)突然松手复原使血液返流到心脏

图9-35　胸外挤压法

知识拓展与应用九　电流对人体的伤害

一、人体的电阻

人体电阻不是一个固定数值，由于皮肤干燥和潮湿的程度不同，人体的电阻可在几百欧到几千欧之间变化。

二、电流对人体的伤害

人体是导体，能够传导电流，而且人体对电流是很敏感的，人体触电时，电流对人伤害程度与人体的电阻、通过人体电流的大小、电压的高低和电流的频率以及触电时间有关。

通过大量的实践得出下面的规律：人体上通过1mA、50Hz交流电流或5mA直流电流时，就有麻、痛的感觉。但通过 10mA 左右的电流自己尚能摆脱电源。若通过 50Hz、25mA 交流电流时，则感到麻木、巨痛，且不能自己摆脱电源。超过 50mA，就很危险。若有 50Hz、100mA 交流电流通过人体，则会造成呼吸窒息，心脏停止跳动，直到死亡。

人体触电之后，除通过人体电流的大小对人产生不同的危害作用之外，触电时间的长短，对人的危害程度也有很大的影响。触电电流越大，时间越长，对人的危害也越大。因此，人体触电后的危害程度取决于触电电流与触电时间的乘积，当电流和时间的乘积超过 50mA·s 后，就有可能造成生命危险。

三、安全电压

触电伤亡的直接原因，虽然不是由于电压而是由于电流，但在制定安全措施时，应规定出安全电压，在一般情况下，通过人体的电流在 30mA 以下时被认为是安全的。若电流达到 30mA，则由人体的电阻情况安全电压应在 50V 以下。实践证明，电压为 36V 时，一般不会引起严重后果。因此，人们通常把 36V 及 36V 以下的电压视为安全电压。但由于人体触电时的接触状态不同，因此绝不能认为 36V 的电压就是安全电压。例如，在游泳池中或人体大部分浸于水中状态下，其安全电压为 2.5V 以下；在湿度很大的地方，或人体显著淋湿以及电气装置外壳表面潮湿状态下，其安全电压为 25V 以下。

四、增强安全用电意识

随着科学技术的发展，无论是工农业生产，或是日常生活，对电能的应用越来越广泛，因此，安全用电十分重要。增强安全用电意识，懂得安全用电常识，才能从事电气操作，避免发生触电事故，以保护人身和设备的安全。

本 章 小 结

本章介绍了电工仪表的基本知识、常用电工量的测量方法、电气维修中经常用到的电工仪表的正确使用方法及安全用电知识，主要内容是：

一、电工仪表的基本知识，电工仪表的种类，电工仪表的准确度，常用电工仪表的图形符号。

二、电流的测量（直流电流的测量、交流电流的测量）；电压的测量（直流电压的测量、交流电压的测量）。

三、电阻的测量，伏安法、欧姆表法、电桥法、兆欧表法。

四、模拟式万用表的组成、万用表的表盘、万用表的使用；数字万用表。

五、安全用电知识，触电、用电设备的接地与接零、家庭安全用电常识。

习 题 九

9-1　按国家标准，仪表的准确度分成几级？对应每级的基本误差各为多少？

9-2　解释图 9-36 所示符号或文字的含义。

9-3　正确使用电工仪表应注意哪些问题？

9-4　有一电流表，量程为 5mA，内阻 20Ω。现将量程扩大为 1A，问需要并联多大的电阻？

9-5　简述钳形电流表的主要结构和工作原理。它与一般电流表相比，在测量线路电流时有什么方便之处？

9-6　有一电压表，量程为 50V，内阻 2000Ω。问需要接入多大阻值的倍压器才能获得 300V 的量程？

9-7　电流表与电压表有何区别？在电路中如何连接？使用时应注意什么？

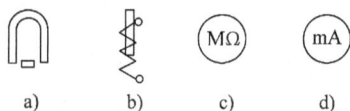

图 9-36　习题 9-2 图

9-8　扩大交流电压表、交流电流表的量程，应加互感器，试说明其原理，并分析扩大直流电压表或直流电流表量程为什么不能用互感器？

9-9　欧姆表内部由哪些部分组成？为什么说它的电阻刻度只能是非均匀的？

9-10　电桥分为几种？它们的区别是什么？

9-11　如何测量大、中、小电阻？

9-12　简述使用兆欧表的基本方法和注意事项。

9-13　举例说明什么是直接测量法，间接测量法与比较测量法？

9-14　模拟式万用表主要由哪些部分组成？各部分的作用是什么？

9-15　简述万用表的功能及使用中的注意事项。

9-16　人体触电有哪几种方式？试比较其危害程度。

9-17　常见鸟类落在裸露的高压线上，为什么不会产生触电后果？人体接触 380V/220V 系统中的单根导线是否会造成触电事故？

9-18　接地和接零各有什么不同，分别用在什么情况下？

9-19　触电者脱离电源后，应采取哪些应急措施？

附　录

附录 A　希腊字母表

正　体		斜　体		读　音
大　写	小　写	大　写	小　写	（国际音标注音）
A	α	*A*	*α*	['ælfə]
B	β	*B*	*β*	['Biːtə, 'Beitə]
Γ	γ	*Γ*	*γ*	['gæmə]
Δ	δ	*Δ*	*δ*	['deltə]
E	ε	*E*	*ε*	[ep'sailən, 'epsilən]
Z	ζ	*Z*	*ζ*	['ziːtə]
H	η	*H*	*η*	['iːtə, 'eitə]
Θ	θ	*Θ*	*θ*	['θiːtə]
I	ι	*I*	*ι*	[ai'outə]
K	κ	*K*	*κ*	['kæpə]
Λ	λ	*Λ*	*λ*	['læmdə]
M	μ	*M*	*μ*	[mjuː]
N	ν	*N*	*ν*	[njuː]
Ξ	ξ	*Ξ*	*ξ*	[gzai, ksai, zɑi]
O	o	*O*	*o*	[ou'mɑikrən]
Π	π	*Π*	*π*	[pɑi]
P	ρ	*P*	*ρ*	[rou]
Σ	σ	*Σ*	*σ*	['sigmə]
T	τ	*T*	*τ*	[tɔː]
Υ	υ	*Υ*	*υ*	[juːp'sailən, 'juːpsilən]
Φ	φ	*Φ*	*φ*	[fɑi]
X	χ	*X*	*χ*	[kɑi]
Ψ	ψ	*Ψ*	*ψ*	[psɑi]
Ω	ω	*Ω*	*ω*	['oumigə]

附录 B　常用物理量单位换算表

物理量的名称	单位符号	中文简写	换算关系
电流（I）	A mA μA	安 毫安 微安	1A = 1 000mA 1A = 1 000 000μA
电压（U）	V mV μV kV	伏 毫伏 微伏 千伏	1V = 1 000mV 1V = 1 000 000μV 1kV = 1 000V
电阻（R）	Ω kΩ MΩ	欧 千欧 兆欧	1kΩ = 1 000Ω 1MΩ = 1 000 000Ω
功率（P）	W mW μW	瓦 毫瓦 微瓦	1W = 1 000mW 1W = 1 000 000μW
频率（f）	Hz kHz MHz	赫 千赫 兆赫	1kHz = 1 000Hz 1MHz = 1 000 000Hz
电容（C）	F μF pF	法 微法 皮法	1F = 1 000 000μF 1μF = 1 000 000pF
电感（L）	H mH μH	亨 毫亨 微亨	1H = 1 000mH 1H = 1 000 000μH
时间（t）	s ms μs ns	秒 毫秒 微秒 纳秒	1s = 1 000ms 1s = 1 000 000μs 1s = 10^9ns

附录 C　常用半导体分立器件命名方法

第一部分		第二部分		第三部分		第四部分	第五部分
用阿拉伯数字表示器件的电极数目		用汉语拼音字母表示器件的材料和极性		用汉语拼音字母表示器件的类别		用阿拉伯数字表示序号	用汉语拼音字母表示规格号
符号	意义	符号	意义	符号	意义		
2	二极管	A	N 型，锗材料	P	小信号管		
		B	P 型，锗材料	V	混频检波管		
		C	N 型，硅材料	W	电压调整管和电压基准管		
		D	P 型，硅材料	C	变容管		
3	三极管	A	PNP 型，锗材料	Z	整流管		
		B	NPN 型，锗材料	L	整流堆		
		C	PNP 型，硅材料	S	隧道管		
		D	NPN 型，硅材料	K	开关管		
		E	化合物材料	X	低频小功率晶体管 $(f_a < 3$ 兆赫，$P_C < 1$ 瓦$)$		
				U	光电器件		
				G	高频小功率晶体管 $(f_a \geqslant 3$ 兆赫，$P_C < 1$ 瓦$)$		
				D	低频大功率晶体管 $(f_a < 3$ 兆赫，$P_C \geqslant 1$ 瓦$)$		
				A	高频大功率晶体管 $(f_a \geqslant 3$ 兆赫，$P_C \geqslant 1$ 瓦$)$		
				T	闸流管		
				Y	体效应管		
				B	雪崩管		
				J	阶跃恢复管		

1. N 型硅整流二极管

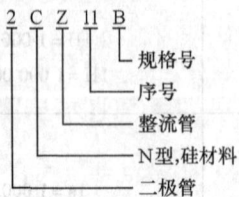

```
2 C Z 11 B
        └── 规格号
     └───── 序号
   └──────── 整流管
 └────────── N型,硅材料
└──────────── 二极管
```

2. NPN 型硅高频小功率三极管

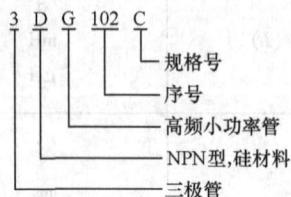

```
3 D G 102 C
         └── 规格号
      └───── 序号
    └──────── 高频小功率管
  └────────── NPN型,硅材料
└──────────── 三极管
```

参考文献

[1]　沈裕钟．电工学工业电子学［M］．4 版．北京：高等教育出版社，1997.

[2]　丁卫民．电工学与工业电子［M］．北京：机械工业出版社，2003.

[3]　储克森．电工基础［M］．北京：机械工业出版社，2003.

[4]　储克森．电工技术实训［M］．北京：机械工业出版社，2002.

[5]　陈其纯．电工线路［M］．北京：高等教育出版社，2004.

[6]　刘继平．电子技术［M］．北京：机械工业出版社，2002.

[7]　曲金玉．汽车电器与电子设备［M］．北京：机械工业出版社，2006.

[8]　张大鹏，张宪．学看汽车电路图［M］．北京：化学工业出版社，2006.

[9]　程军．传感器及实用检测技术［M］．北京：机械工业出版社，2008.

[10]　冯考琴．新编电工实用电路集萃［M］．北京：机械工业出版社，2009.

[11]　储克森．汽车电工电子基础［M］．北京：机械工业出版社，2010.